SOLIDWORKS 全球专业认证考试培训教程

SOLIDWORKS CSWA 认证指导

王　琼　严海军　麻东升　**编著**

王天虎　**主审**

机械工业出版社
CHINA MACHINE PRESS

本书以CSWA认证考试为主线，讲解了SOLIDWORKS基础理论知识、基本建模知识、装配体知识、高级建模知识等内容，并强调了考前准备的要点，每部分均包含基本操作、例题、样题，并配有注意事项和操作技巧。书中提供的例题、样题均配备对应的高清语音教学视频，扫描书中二维码即可免费观看。

本书可以作为在校学生参加CSWA认证的学习参考书，也可作为SOLIDWORKS初学者的入门参考资料。

图书在版编目（CIP）数据

SOLIDWORKS CSWA 认证指导 / 王琼，严海军，麻东升编著．—北京：机械工业出版社，2020.11（2023.2 重印）

SOLIDWORKS 全球专业认证考试培训教程

ISBN 978-7-111-66706-3

Ⅰ．① S… Ⅱ．①王… ②严… ③麻… Ⅲ．①机械设计 – 计算机辅助设计 – 应用软件 – 教材 Ⅳ．① TH122

中国版本图书馆 CIP 数据核字（2020）第 187078 号

机械工业出版社（北京市百万庄大街 22 号 邮政编码 100037）
策划编辑：张雁茹　责任编辑：张雁茹
责任校对：张　力　封面设计：张　静
责任印制：单爱军
北京虎彩文化传播有限公司印刷
2023 年 2 月第 1 版第 2 次印刷
184mm × 260mm · 10 印张 · 249 千字
标准书号：ISBN 978-7-111-66706-3
定价：45.00 元

电话服务　网络服务
客服电话：010-88361066　机工官网：www.cmpbook.com
010-88379833　机工官博：weibo.com/cmp1952
010-68326294　金书网：www.golden-book.com
封底无防伪标均为盗版　机工教育服务网：www.cmpedu.com

前　言

SOLIDWORKS 软件是世界上第一款基于 Windows 开发的三维 CAD 系统，并且从第一个版本推出到现在的 20 多年里一直在优化。其凭借功能强大、易学易用、技术创新三大特点成为最为主流的三维机械设计软件之一。

三维软件已基本取代了二维软件，成为机械工程师的主要设计工具。企业在工程技术人员的招聘过程中，对三维建模技巧的掌握程度已成为主要的衡量标准之一。整个人才市场对持有有口碑、有公信力的原厂认证资格证书的人才需求不断增加，而真正熟练掌握三维软件操作，同时又具备原厂认证资格证书的高校毕业生则深受企业的欢迎，这一点可以从各大人才招聘平台对人员的需求中得到印证，因为这类人员进入企业后能快速进入工作状态，给企业带来相应的效益。

SOLIDWORKS 公司为应用该软件的设计人员提供两个层次的认证，即 CSWA（SOLIDWORKS 认证助理工程师）和 CSWP（SOLIDWORKS 认证专业工程师），其认证资格全球通用。其中，CSWA 是针对在校学生基本掌握 SOLIDWORKS 进行的技能认证，CSWP 是针对在校生及社会人员熟练掌握 SOLIDWORKS 并能应用高级技巧进行产品建模的技能认证。通过认证可以证明其具备相应的软件应用能力，对其就业和职场提升具有一定的推动作用。

目前，全国已有数百家院校开展 SOLIDWORKS 的教学和相关认证工作，从 2007 年起至今，已有近 8 万学生和社会人员获得了 CSWA、CSWP 证书，在他们的职业生涯中起到了相当大的帮助作用。关于如何参加认证，可发送邮件至 js.yhj@126.com 进行咨询。

本书主要针对 CSWA 认证的基本要求、知识点、操作技巧进行讲解，分析考试中的各种题型，并配备一定数量的练习供训练使用，通过本书可有效地提升考试通过率，同时提高 SOLIDWORKS 的使用水平。

本书以 SOLIDWORKS 2018 为蓝本，如使用不同版本的软件，在实际操作过程中会有出入，操作时应加以注意。本书由云南农业大学王琼、SOLIDWORKS 认证专家严海军、天津工业职业学院麻东升共同编著。其中，第 2、3 章由王琼编著，第 1、6 章由严海军编著，第 4、5 章由麻东升编著。

由于水平有限，书中难免存在疏漏与不足之处，恳请读者与专家批评指正。

编　者

目 录

第1章 考前准备

1.1 什么是SOLIDWORKS全球认证

SOLIDWORKS全球认证是SOLIDWORKS公司对工程师使用SOLIDWORKS的水平和能力的一种测试和认可，是一种被实践证明的、用于评价个人在三维建模上专业技术才能的、全球性的评价体系。

该认证证书被国际上的制造企业视为CAD应用工程师的能力凭证，在中国、美国、加拿大、日本、欧盟等大部分国家和地区得到了广泛的认可。

SOLIDWORKS在中国开放以下认证类型。

（1）CSWA　SOLIDWORKS认证助理工程师，是针对在校学生专门开设的认证，证明其具备基本建模、装配、识读工程图的能力。

（2）CSWP　SOLIDWORKS认证专业工程师，是面向所有工程技术人员（包括在校学生）开设的认证，证明其具备应用高级功能进行复杂建模、模型编辑、高级装配的能力，并能解决常见问题。

（3）CSWP专业模块认证　CSWP专业模块认证包含CSWP钣金、CSWP焊件、CSWP曲面、CSWP工模具、CSWP工程图，每个专业模块认证均相互独立，可根据自身专业需要或职业发展方向选择其中一个或多个模块进行认证。CSWP专业模块认证必须在完成CSWP认证的基础上才能参加。

（4）CSWE　SOLIDWORKS认证专家，是面向所有工程技术人员（包括在校学生）开设的认证。其必须在完成CSWP认证的基础上才能参加。证明工程师具备利用SOLIDWORKS高级功能和特征轻松解决复杂建模难题的能力，其知识范围几乎包括SOLIDWORKS软件所有领域的知识。

（5）CSWSP–FEA　SOLIDWORKS认证专业工程师仿真专家，是面向所有工程技术人员（包括在校学生）开设的认证，证明其具备全面了解SOLIDWORKS内各种仿真工具的能力，表明其能够设置、运行各种类型的仿真情形，检查这些情形的结果，以及解释SOLIDWORKS Simulation提供的各种结果。

SOLIDWORKS在中国的认证年鉴如下。

- 2006年开通CSWP中国认证工作。
- 2007年开通CSWA中国认证工作。
- 2010年CSWP题库更新，增加试题类型，修改考试时长。
- 2011年CSWA题库更新。
- 2012年开通CSWE中国认证工作。
- 2015年CSWA题库更新，以SOLIDWORKS 2010为基础软件。

• 2018 年 CSWA/CSWP 题库更新，以 SOLIDWORKS 2015 为基础软件。

1.2 为什么要参加 SOLIDWORKS 认证

现代机械制造业（航空航天、汽车整车除外）中 SOLIDWORKS 软件的正版使用率在所有三维软件中处于领先地位；在国家推进现代制造业的大环境下，中国将会进一步成为世界制造业的中心。这种情况下，国外的众多大公司将会在中国开办更多的公司，设计和加工更多的产品，因此，获得 SOLIDWORKS 认证将可能在未来的职业中获得更多的机会。

作为企业的管理者，如果没有评价标准，在招聘员工时可能不容易确定哪些人能够熟练使用 SOLIDWORKS，哪些人是 SOLIDWORKS 新手。而作为个人，CSWA/CSWP 能够证明自己使用 SOLIDWORKS 的能力和水平，因此，通过 SOLIDWORKS 认证将在职业上有更大的竞争力。

通过 CSWP 认证考试后，说明你的能力已经得到了 SOLIDWORKS 公司的证明。所有 SOLIDWORKS 认证专家都可以在宣传册、网页和商业名片上使用“Certified SOLIDWORKS Professional”标识。SOLIDWORKS 认证专家个人提供的资料也会发布到 SOLIDWORKS 网站的认证专家名单中，以便于用人单位查询。

事实上，很多公司的人力资源经理在招聘 SOLIDWORKS 技术人员时会登录 SOLIDWORKS 网站的认证专家名单查询所需的人才，你的名字将会被众多公司关注。在国内主流招聘平台上，SOLIDWORKS 人才的需求量也领先于同行很多。

人力资源市场永远是一个激烈的竞争舞台，具有权威证明的 CSWA/CSWP 证书将使你在竞争中获得更多优势，更加容易脱颖而出。

1.3 如何参加 SOLIDWORKS 全球认证

参加 SOLIDWORKS 全球认证的基本流程如图 1-1 所示。

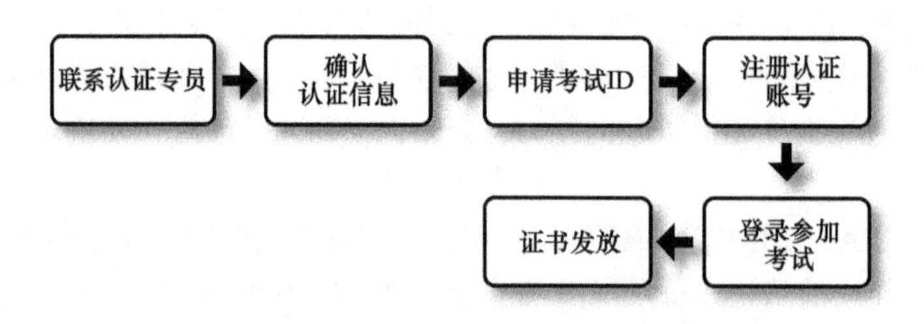

图 1-1 SOLIDWORKS 全球认证基本流程

（1）联系认证专员　联系具备权限的 SOLIDWORKS 合作伙伴、具备资质的学校认证中心或 SOLIDWORKS 认证专员。

（2）确认认证信息　提交参与认证人员的姓名、身份证号码、联系方式、所属学校（单位）、参加认证的类型，确认参加认证的时间及地点以便核定考场安排。

（3）申请考试 ID　认证信息最终会汇总至 SOLIDWORKS 官方认证专员处，由认证专员向 SOLIDWORKS 原厂商按要求提出相应申请，申请通过后会向认证专员发放相应的认证 ID 并通

知申请联系人。考试 ID 由认证专员保管，在考试当日，ID 交由现场监考人员，由现场监考人员发放给参加认证的人员。

（4）注册认证账号　认证账号在申请通过后即可进行注册，也可以在考试现场进行注册。认证程序客户端下载地址：https://3dexperience.virtualtester.com/#home，其界面如图 1-2 所示。注意，所有注册信息均不允许出现中文，姓名使用汉语拼音，其他信息使用英文或者汉语拼音，注册成功后，考生即可管理自己的账户。

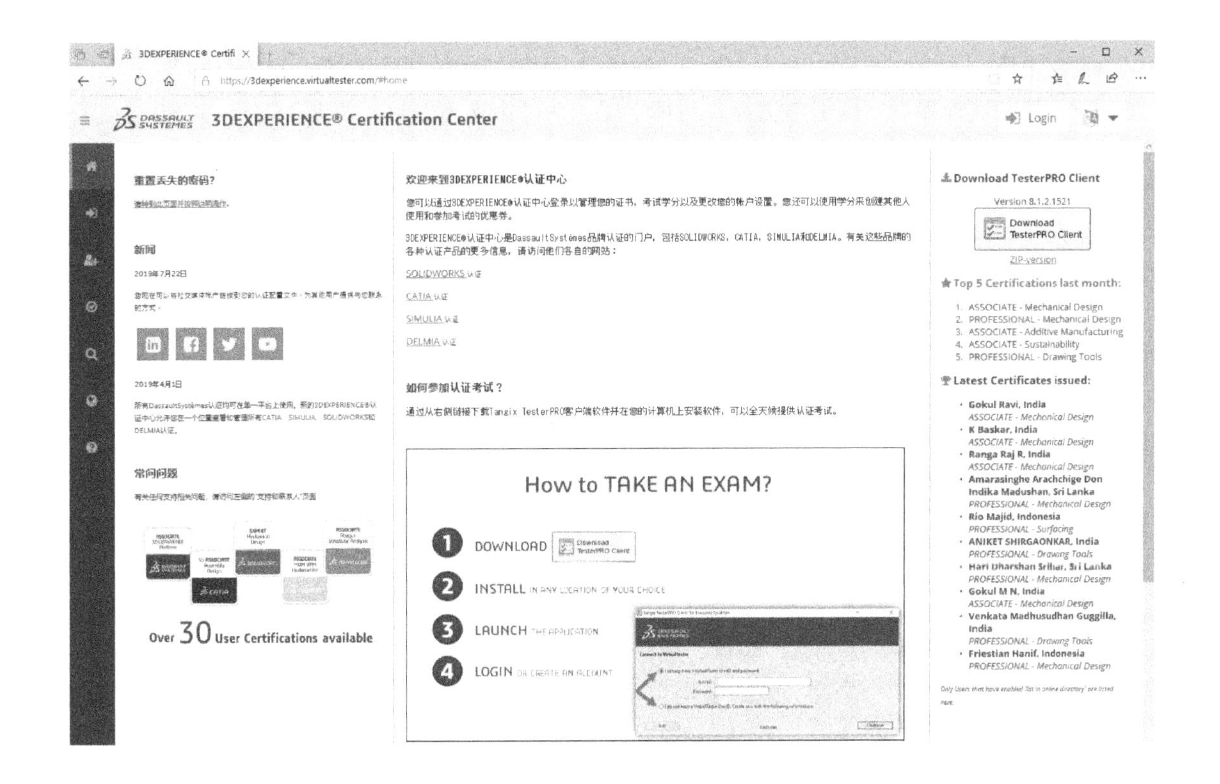

图 1-2　客户端程序下载界面

（5）登录参加考试　在认证当日的规定时间段登录客户端，使用监考人员公布的考试 ID 获得考试许可。注意，考试过程中不得关闭考试客户端。

（6）证书发放　考试完成后马上就能获得成绩，认证通过的考生在两个工作日后即可登录系统下载证书电子文档，下载地址：https://3dexperience.virtualtester.com/#login，并可查询到所有已完成的考试成绩、时长等信息，如需纸质证书，可与监考人员或认证专员取得联系。

1.4　CSWA 认证的考试形式

SOLIDWORKS 认证助理工程师（CSWA）是针对在校学生专门开设的认证。认证采用网络在线考试、在线评分模式，考试时间为 3h，总分为 240 分，165 分及以上为通过。考试完成提交试卷后当场给出是否通过的结论。

1.5 CSWA 认证的题型与范围

CSWA 认证考试内容共分为 4 组题目，分别为基础理论知识、基本建模知识、装配体知识和高级建模知识，每组题目针对不同的主题进行考查。

（1）基础理论知识　题型为选择题，共 3 道题目，每题 5 分，共 15 分。

主要考查建模基础理论知识与工程图知识，需要熟悉基本特征功能、参考平面、设计意图、工程图的各种视图、工程图与零件及装配体的关联，了解 SOLIDWORKS 所支持的文件格式，熟悉文档属性、模型属性，熟悉单位体系精度的调整等。

主要涉及的功能包括基本命令操作、功能选项、视图生成、视图关系、尺寸标注等。

（2）基本建模知识　题型为选择题与填空题，共两组 4 道题目，每题 15 分，共 60 分。每组题目中的两题是有关联性的。

主要考查基本建模能力，需要读懂题目给定的二维图并进行模型创建，处理好草图平面、零件原点、零件尺寸、几何关系等。模型创建完成后再根据题目要求赋予相应的材质，根据要求给出答案等，其中每组的第一道题是选择题，第二道题是填空题。

主要涉及的功能包括基准平面、草图绘制、拉伸凸台 / 基体、拉伸切除、旋转凸台 / 基体、旋转切除、圆角、倒角、质量属性等。

（3）装配体知识　题型为选择题与填空题，共两组 4 道题目，每题 30 分，共 120 分。每组题目中的两题是有关联性的。

主要考查基本装配能力，需要根据题目提供的零件模型进行装配，再根据装配完成后的装配体进行答题。由于装配零件较多，须仔细审阅题目中的要求，有一处不符都会得出不正确的结果。

主要涉及的功能包括基本装配功能（重合、平行、垂直、相切、同轴心、距离、角度等）、文档属性、镜像零部件、坐标系、测量、质量属性等。

（4）高级建模知识　题型为选择题与填空题，共 3 道题目，每题 15 分，共 45 分。3 道题为一组题，具有关联性。

主要考查较复杂零件的建模能力，需要根据给出的二维图进行模型创建，基本要求与“基本建模知识”要求类似，但模型要复杂些，涉及的建模功能更多些。

主要涉及的功能包括抽壳、筋、异型孔向导、阵列、拔模、方程式等。

考试时采用的是随机抽取题目的方式，同场考试中每个人的题目均是不一样的。

1.6 CSWA 认证环境要求

CSWA 认证要求 SOLIDWORKS 为 2015 及以上版本，考试时须连接互联网，且在整个考试过程中网络不能中断。

1.7 SOLIDWORKS 认证证书的发放

考试完成提交后马上就能得出成绩，认证通过的考生在两个工作日后即可登录系统下载证书电子文档，下载地址：https://3dexperience.virtualtester.com/#login。如需纸质证书，可与监考人员或认证专员取得联系。

证书样例如图 1-3 所示。

SOLIDWORKS

CERTIFICATE

Dassault Systèmes confers upon

HONLUN　ZHU

the certification for

Mechanical Design

at the level of **ASSOCIATE**

June 8 2018

Gian Paolo BASSI
CEO SOLIDWORKS

图 1-3　证书样例

第2章 基础理论知识

2

学习目标

1）了解理论知识的题型及考查范围。

2）掌握常用理论知识的查找方法。

3）重点熟悉常用的二维工程视图生成方法与各视图之间的关系。

基础理论知识是 CSWA 考试的 4 大内容之一，由于日常学习中更多的是学习模型的创建，对于基础理论知识关注度不多，所以考试前需要对这部分知识专门加以学习。本章主要讲解考试所涉及的知识点及如何获取相关知识。

基础理论知识考查范围也是近些年变化较大的内容之一，当前的考试内容已将原有的知识范围进行了缩减，主要考查二维工程图相关知识，所以本章将主要讲述工程图内容，其他的知识点用较少篇幅进行讲解，以防有类似题目出现。

2.1 理论知识如何获取

理论知识的主要来源为 SOLIDWORKS 软件自带的帮助文件，单击界面右上角的【帮助】图标 ?，系统会弹出图 2-1 所示的帮助界面。该界面包含【目录】、【搜索】、【收藏夹】三项内容。

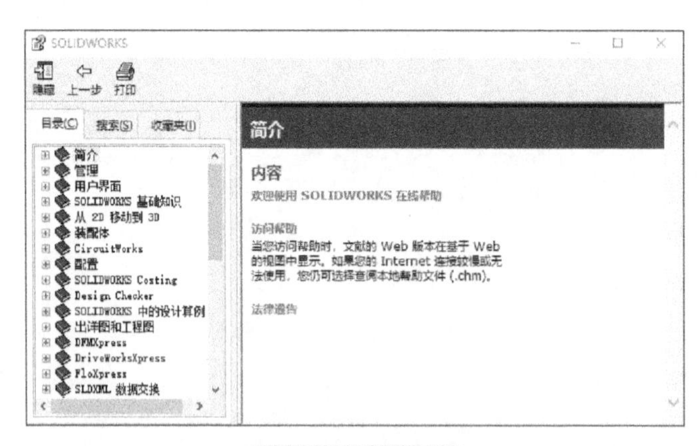

图 2-1 帮助界面

2.1.1 目录

【目录】选项卡列出了所有帮助内容，要查阅具体的帮助内容，需要由根节点向下一个一个地展开获取。如想要知道【倒角】的具体参数设置，只需要依次展开【零件和特征】/【特征】/

【倒角】/【倒角 PropertyManager】，就可以在右侧窗口看到相关信息，如图 2-2 所示。

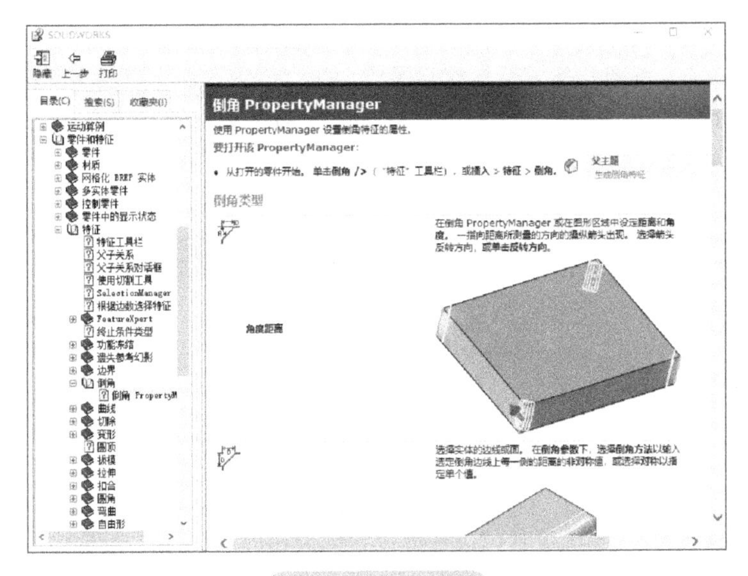

图 2-2　帮助信息

由于不清楚某些知识点具体属于哪个知识节点，所以通过目录来查找特定知识点较困难，而且由于层级过多，操作较烦琐。

2.1.2　搜索

【搜索】是查找相关基础知识的主要手段之一，通过输入关键词，可以快速找到想要的内容，但大部分时候会出现多条结果，需根据需要再次选择。

如在【键入要搜索的单词】框中输入“几何约束”并按回车键或单击下方的【列出主题】按钮，系统会列出与“几何约束”相关的主题内容，如图 2-3 所示，可以根据需要查看具体内容。

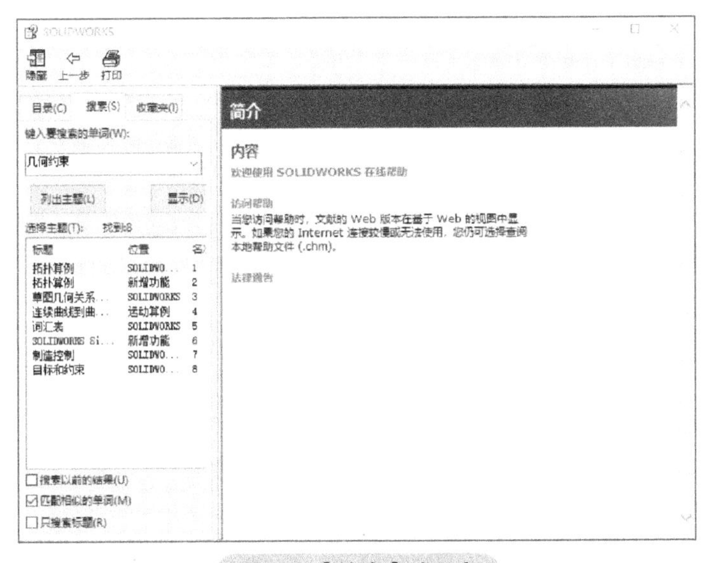

图 2-3 【搜索】选项卡

2.1.3 收藏夹

可以将所关心的主题放在【收藏夹】中收藏，当再次需要查看时可快速找到对应内容。如果在图 2-3 中选择了“草图几何关系常见问题”主题，可以选择【收藏夹】选项卡，然后单击下方的【添加】按钮即可将该主题加入收藏夹，如图 2-4 所示。

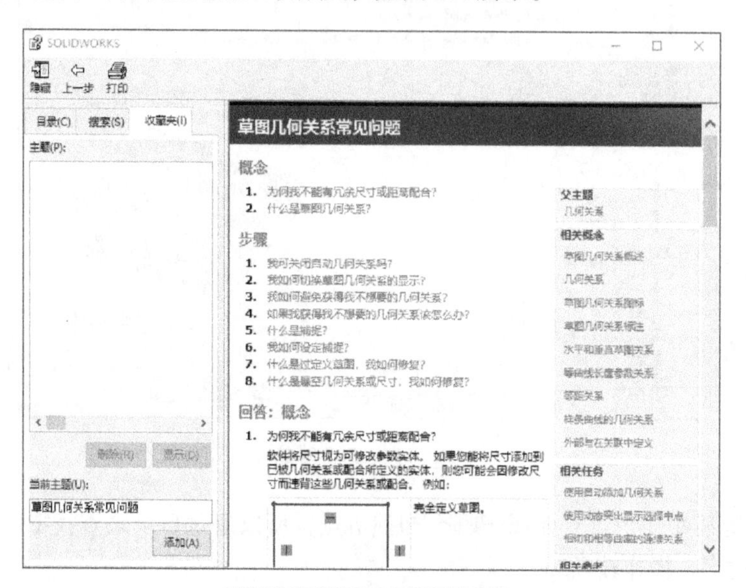

图 2-4 【收藏夹】选项卡

2.2 系统选项设定

SOLIDWORKS 的【选项】中包括各种与操作习惯、系统性能、界面设置、文件路径等相关的控制选项。【选项】包含两个大类，即【系统选项】与【文档属性】。【系统选项】为 SOLIDWORKS 的系统相关项，其选项内容更改后会一直有效，直到下次再次更改该选项，而不管是否新建文档或重新启动计算机；【文档属性】为文件相关项，其更改只对当前文件有效，当前文件关闭后不再起效，也就是说，每个文件的【文档属性】均可设置成不一样的，其设置信息随文件一同保存。

进入选项通常有两种方法：一是选择菜单栏的【工具】/【选项】命令；二是单击工具栏的【选项】图标⚙。

由于近几年考试中几乎没有涉及该项内容，所以这里只做简要介绍，以了解选项的基本要素，具体内容可参考机械工业出版社出版的《SOLIDWORKS 操作进阶技巧 150 例》(ISBN：978-7-111-65508-4）一书。

2.2.1 系统选项

【普通】：该选项主要用于设置操作效率和基本界面内容，如英文菜单、重建错误等。

【工程图】：该选项主要用于设定工程图相关内容，如隐藏实体操作、注释 / 尺寸推理、辅助视图标记、切边显示等。

【颜色】：该选项主要用于对操作环境的颜色进行设定，包括界面、实体对象等。

【草图】：该选项主要用于设定草图绘制时的默认选项，包括草图基准面显示方式、草图定义方式、尺寸输入等。

【显示】：该选项主要包括边线、基准面、线条精度、透明度等的设置。

【选择】：该选项主要用于设置不同对象的选择方式。

【性能】：该选项主要包括对性能有影响的项目，如模型品质、显示性能、装配体轻化模式等，该选项中的设定不影响已打开的文件。

【装配体】：该选项主要用于设置装配中零部件的操纵方式、大装配体的处理模式等。

【外部参考】：该选项主要用于设置如何打开与管理具有外部参考引用的装配体、零件、工程图等。

【默认模板】：该选项主要用于指定创建零件、装配体、工程图的默认模板。

【文件位置】：该选项主要用于指定不同类型的文件所搜索的位置，包括各种模板、库、系统参数等。

【FeatureManager】：该选项主要用于设定设计树中各选项的显示模式。

【选值框增量值】：该选项主要用于设定输入数值时的增量值。

【视图】：该选项主要用于设定鼠标方向、视图过渡速度等。

【备份 / 恢复】：该选项主要为自动恢复、备份、保存进行位置与保存频率的设定。

【触摸】：该选项主要用于设定带有触摸屏的计算机上的触控方式。

【异型孔向导 /Toolbox】：该选项主要用于对异型孔和 Toolbox 进行设定及配置。

【文件探索器】：该选项用于控制在【文件探索器】中默认的列表显示内容。

【搜索】：该选项用于设定文件与模型的搜索选项。

【协作】：该选项用于设定多用户环境下的协作协调参数。

【信息 / 错误 / 警告】：该选项用于对操作过程中的错误显示方式、显示内容进行设定。

【导入】：该选项用于对第三方格式的输入进行参数设定。

【导出】：该选项用于对第三方格式的输出进行参数设定。

2.2.2　文档属性

【文档属性】是与文件关联的属性，所以只有在当前有文件打开的情况下进入【选项】才有该选项卡，每个文件均可根据需要设定不同的【文档属性】。

【绘图标准】：系统预定义了包括 GB、ISO 在内的 7 种绘图标准，可以在选择其中一种与需求较接近标准的基础上再进行二次编辑修改，以适应绘图的实际需求。可设定的内容包括注解、尺寸、表格等，也可以将自定义内容单独保存成标准文件供后续方便调用。

【出详图】：用于设定生成工程图时一些特定对象是否生成，如装饰螺纹线、焊接等。

【网格线 / 捕捉】：可对激活的草图或工程图选择显示草图网格线，并可设定网格线显示和捕捉功能选项。

【单位】：设定当前文件的单位，可选用系统自带的单位系统，也可以根据需要自行定义。

【模型显示】：该选项只针对零件与装配体，可以更改模型显示的颜色。

【材料属性】：该选项只针对零件，可以设定材料及剖面线样式。注意，如果零件已赋予了材质，该选项不可更改。

【图像品质】：用于设定图像的显示质量。更改此选项时需在质量与性能间找一个平衡点，切不可只追求显示质量而一味提高显示品质。

【钣金】：用于设定钣金的简化处理方式及显示选项。

【焊件】：用于设定焊件如何生成切割清单和相关配置。

【基准面显示】：该选项只针对零件与装配体，用于设定基准面的颜色、透明度及交叉选项。

【配置】：选择是否将重建标记添加到新配置中。

【工程图图纸】：该选项只针对工程图，可以定义新图纸的默认图纸格式和区域原点等。

【线型】：该选项只针对工程图，用于设定工程图中各种对象默认的线型及线条粗细。

【线条样式】：该选项只针对工程图，用于定义各种线条样式。可以使用系统包含的线条样式，也可以自定义全新的样式或更改已有的样式。

【线粗】：该选项只针对工程图，用于定义工程图中线条的粗细。

2.3 建模功能

建模功能是三维软件的主要体现形式，通过草图、特征、参考几何体等功能的应用，可以将所需的三维模型表达出来。在此将介绍与建模相关的功能及基本概念，具体操作将在后续的建模章节中进行详细讲解。

零件的文件扩展名为 .sldprt，是 SOLIDWORKS 中 3 种基本的文件格式之一。

2.3.1 草图

模型由特征构成，而特征由草图生成，草图是 SOLIDWORKS 中最基础的要素，草图主要包含的信息为草图实体、尺寸关系与几何关系。为了生成合理的草图，需通过各种编辑工具对草图进行修改，如镜像、移动、剪裁等。

（1）草图实体　草图实体通过草图功能进行绘制，如直线、矩形、圆、圆弧、椭圆、转换实体引用、文字等，这些功能可以将所需的草图轮廓绘制出来。绘制过程中系统默认会创建基本的几何关系，尺寸在绘制过程中可以不必标注，绘制完成后再进行修改。

（2）草图编辑　基本的绘制有时无法获得所需的轮廓形状，此时就需要通过编辑功能对已有的草图对象进行编辑。使用较多的功能有剪裁、转换实体引用、等距实体、镜像、阵列等。

（3）尺寸关系　尺寸关系是确定草图对象具体尺寸的手段，通过尺寸标注可以标注出草图对象的尺寸，包括长度、直径、距离等，可以将尺寸值修改为所需的尺寸。这也是参数化软件的一个重要体现，这有别于非参数化软件在绘制时就必须确定尺寸的要求，有利于提升草图绘制效率和修改的便捷性。

（4）几何关系　几何关系可确定草图对象的唯一性，通过几何关系可以确定一条直线是否水平、两圆是否相切、两草图对象是否对称等。几何关系与尺寸关系配合，用以确定草图对象的具体形态，是确保草图准确的重要手段。

2.3.2 参考几何体

参考几何体用以辅助定义实体或曲面的形状或组成，包括基准面、基准轴、坐标系、点等。

（1）基准面　基准面可以在零件或装配体中生成。基准面主要用于作为草图基准面、装配基准面，以及生成剖视图、拔模中性面等。

基准面的生成有多种方式，在 SOLIDWORKS 中可以不用关注基准面的生成方式，只需选择要参考的对象即可，系统会根据选择的参考对象自动匹配所需的生成方式。例如，选择 3 个点，系统自动以 3 点所在平面生成基准面；如果选择已有平面和一条直线，系统会以该直线为参考生成一条垂直于选择平面的基准面。

（2）基准轴　基准轴主要用于作为草图实体的参考及在圆周阵列时作为阵列轴。

基准轴共有 5 种生成方式，包括一直线 / 边线 / 轴、两平面、两点、圆柱 / 圆锥面、点和面。阵列时基准轴是一个非常重要的参考，用已有边线作为阵列轴时有时会发生其阵列方向并非所需方向的情况，此时改用基准轴则不会出现这个现象。

（3）坐标系　坐标系是质量属性评估中重心、惯性矩等数值的基本依据，每个零部件均有一个默认坐标系，同一零部件可以有多个坐标系，坐标系可以根据需要进行自定义。

2.3.3　基本建模

建模是三维软件的核心功能，通过各种建模功能的组合使用，可以将原有的草图、参考对象等转化为三维模型，而三维模型是整个三维软件体系中最基础的应用，有了三维模型才有后续的装配、工程图、力学分析、运动学仿真、流体分析等一系列操作应用。

SOLIDWORKS 的基础建模功能包含两大类：一类是增加材料；另一类是去除材料。增加材料即增加所需的实体部分，去除材料即切除不需要的实体部分。主要包含的功能有拉伸凸台 / 基体、拉伸切除、旋转凸台 / 基体、旋转切除、圆角、倒角、阵列等。

（1）拉伸凸台 / 基体　【拉伸凸台 / 基体】可以使用一个闭环轮廓草图或开环轮廓草图进行拉伸操作，产生实体对象。拉伸时既可基于草图基准拉伸，也可以通过选项等距一定距离或从参考对象处开始拉伸。有多个选项可以设置拉伸长度，包括深度、参考对象、对称等。

其中的【合并结果】选项需要特别注意，其默认为选中状态，也就是拉伸的结果会与已有实体对象进行合并，如果取消该选项则不会合并，将产生两个实体。

如果是开环轮廓草图，系统将自动通过【薄壁特征】选项对轮廓增加一定的厚度再进行拉伸。对于多个封闭轮廓，在同一草图中可以通过【所选轮廓】在所选择的区域进行拉伸操作。

（2）拉伸切除　【拉伸切除】的基本选项功能与【拉伸凸台 / 基体】相同，需注意的是其中的【反侧切除】选项，该选项可利用封闭轮廓的外侧对已有实体进行切除操作。

开环轮廓草图只对【完全贯穿】的终止条件有效，其结果的依据是选择的切除轮廓中的一侧实体。

（3）旋转凸台 / 基体　【旋转凸台 / 基体】的基本原理是一个封闭的草图轮廓绕一根旋转轴旋转形成实体，默认旋转角度为 360°，也可根据需要更改旋转角度或将参考对象作为旋转角度的参考。草图中不允许出现草图轮廓与旋转轴交叉的情形。

【旋转凸台 / 基体】与【拉伸凸台 / 基体】一样具备同样的【合并结果】与【薄壁特征】选项，可参照使用。

（4）旋转切除　【旋转切除】的基本选项功能与【旋转凸台 / 基体】相同，通过草图轮廓绕一根旋转轴旋转对已有实体进行材料切除。

（5）圆角　【圆角】用以在零件上生成一个内圆角面或外圆角面，选择对象可以是面和边线。

【圆角】有多种形式，包括恒定大小圆角、变量大小圆角、面圆角、完整圆角，每种形式

的选项也不一样，需要有针对性地应用。

【圆角】功能还有一个特殊选项卡——【FilletXpert】，通过该选项卡可以批量增加圆角或对已有圆角进行选择性修改，其扩充了【圆角】功能的灵活性。其中的【边角】功能需特别注意，该功能可以对不合适的默认边角进行处理，如图 2-5 所示，可以选择从图 2-5a 所示的边角形式更改为图 2-5b 所示的边角形式。

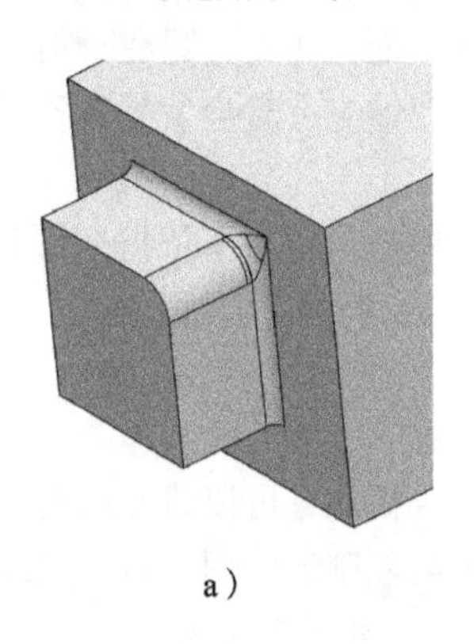
a）

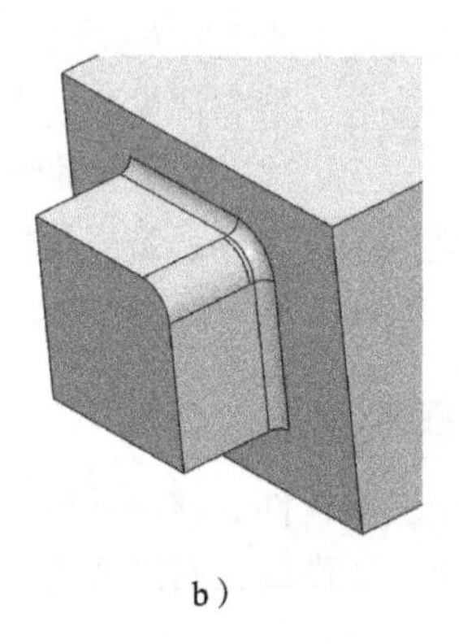
b）

图 2-5　边角更改

【圆角】中的【面圆角】类型还可以通过【包络控制线】实现面间复杂圆角的生成，由于在 CSWA 认证中没有涉及，在此不作讲解。

（6）倒角　【倒角】用以在零件上生成一个倾斜特征，选择对象可以是面、边线和顶点。

其中的【等距面】类型可以实现曲面间的倒角生成，如图 2-6 所示。

【倒角】中的【面 - 面】类型同样可以通过【包络控制线】实现面间复杂倒角的生成，由于在 CSWA 认证中没有涉及，在此不作讲解。

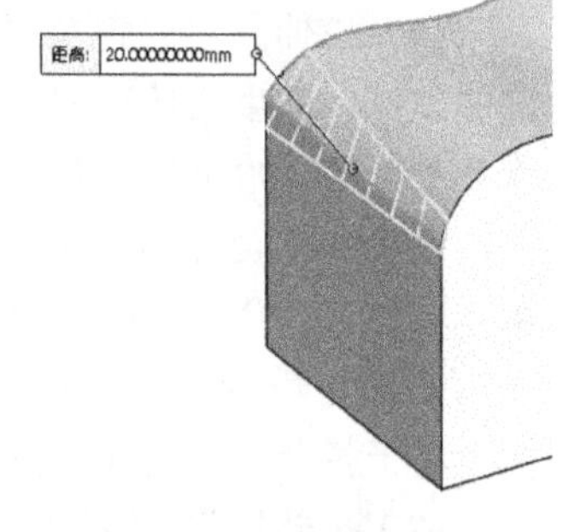

图 2-6　曲面间的倒角

2.3.4　高级建模

（1）阵列　SOLIDWORKS 中的【阵列】为一系列功能的组合，主要包括线性阵列、圆周阵列、镜像、曲线驱动阵列、草图驱动阵列、表格驱动阵列、填充阵列、变量阵列。CSWA 中只涉及线性阵列、圆周阵列和镜像。

通过阵列功能可以将模型中已有的特征在特定位置上复制成若干个相同的特征，以减少相同特征的建模时间，并提高编辑的便捷性。

【线性阵列】：沿一条或两条直线方向以线性方式阵列，生成一个或多个特征的多个实例。可以选择草图直线、实体边界直线、实体圆边线、平面作为方向参考对象。

> **注意：**当选择实体圆边线作为参考对象时，其方向为该圆的轴线方向；当选择平面作为参考对象时，其方向为垂直于平面的方向。

技巧

任何一个回转体均有一根临时轴，SOLIDWORKS 中默认的是不显示临时轴，可以通过菜单【视图】/【隐藏 / 显示】/【临时轴】命令将其显示出来，以便作为相关参考使用。

【圆周阵列】：绕一根轴线以圆周方式阵列，生成一个或多个特征的多个实例。可以选择草图直线、实体边界直线、基准轴线、临时轴线作为阵列轴线。阵列对象既可在圆周方向上均布，也可在一定夹角范围内均布。

【镜像】：通过一个参考面创建镜像特征。可以选择任一平面、基准面作为镜像参考，生成镜像特征。

（2）抽壳　【抽壳】可以掏空零件形成相应的型腔，除所选面敞开外，其余的面会形成给定厚度的薄壁特征。如果没有选择任何面，则会生成一个全封闭的型腔。

注意：

1）如果抽壳件上有圆角，则需先创建圆角再抽壳；否则抽壳的内侧将不会包含圆角。

2）如果抽壳件上存在最小曲率小于抽壳厚度的情况，可能会导致抽壳失败。

（3）筋　【筋】是由开环或闭环的轮廓草图所生成的特殊类型的拉伸特征。它会在轮廓草图与现有模型之间添加指定方向和厚度的材料。可使用一个或多个草图生成筋，如果轮廓草图与已有模型不相交，系统会自动延伸至离已有模型最近的边界。

注意：【筋】功能在拉伸时默认垂直于草图基准面，如果草图基准面选择不正确，可以通过【拉伸方向】更改，在垂直于草图、平行于草图之间进行切换。

（4）异型孔向导　【异型孔向导】可以生成各类标准的自定义孔，可以在平面或曲面上生成孔。系统提供了包括 GB（国家标准）在内的沉孔、锥孔、孔、螺纹孔等，孔的位置通过点进行定位，在曲面上定位不便时可预先绘制草图作为参考。

注意：如果孔类型选择不正确，可以通过【编辑特征】进行更改，而无须删除重新生成。

（5）拔模　【拔模】是以指定的角度倾斜模型中所选的面。如果是一个特征的所有面均进行拔模，可以在生成拉伸特征时通过【拔模开 / 关】直接进行拔模，而无须通过拔模功能完成。拔模包含 3 种形式，即中性面、分型线、阶梯拔模。

（6）方程式　【方程式】主要用于定义草图、特征、装配体中的各种尺寸关联关系。其是参数化建模的一种重要的体现手段，通过方程式可以很容易地定义尺寸间的相互关系。在关联尺寸修改时，对应的尺寸会自动更新，以提高建模效率。【方程式】是 CSWA 认证中较重要的一项内容。

【方程式】中可以引用的对象包括数值、文件属性、测量，其在尺寸关系中支持各类基本运算符及函数运算符。

2.3.5 材质

建模完成后须对其进行材质添加，只有添加了材质的模型，才可以在后续的【零件评估】中获得正确的结果。在考试中所需的材料均为系统数据库里所包含的材料。

2.3.6 零件评估

在 CSWA 考试中，在建模完成后需要通过评估的【质量属性】获取相关的数据进行答案选择、填写。在考试中主要涉及的内容是质量、重心等，这几个数据均可通过评估功能获取。由于答案对单位、小数位数是有要求的，所以在评估时需注意使用合适的单位系统，以获取正确的数值。

2.4 装配功能

SOLIDWORKS 可以创建由多个零部件所组成的复杂装配体，这些零部件可以是零件或其他装配体，称为子装配体。对于大多数的操作，无论是零件还是子装配体，其操作方式都是相同的。当 SOLIDWORKS 打开装配体时，将查找零部件文件以在装配体中显示，零部件中的更改会自动反映在装配体中。

装配体的文件扩展名为 .sldasm，是 SOLIDWORKS 中 3 种基本的文件格式之一。

2.4.1 零部件的插入

当将一个零部件（单个零件或子装配体）插入装配体中时，这个零部件文件会保持与源文件的链接，零部件的数据还保持在源文件中。

零部件的插入方法有多种，具体如下。

1）单击工具栏中的【装配体】/【插入零部件】命令，在弹出的对话框中选择所需插入的零部件。该方法也是 SOLIDWORKS 的默认方法，在新建装配体时系统会自动弹出该对话框。

2）从打开的文件窗口添加。可以从当前打开的文件窗口直接将需装配的零部件拖至装配体中。

3）从资源管理器中添加。在资源管理器中选择所需装配的零部件，拖至当前装配体中。

4）在右侧任务栏的【文件探索器】中选择所需装配的零部件，将其拖至当前装配体中。

5）直接单击工具栏中的【装配体】/【新零件】或【新装配体】命令，即可创建一个新的零部件。

技巧

如果需要多个相同的零件，可以按住键盘上的 <Ctrl> 键，再通过鼠标左键拖放所需的零件，即可快速复制该零件；如果是子装配体，可以在设计树中用同样的方法进行复制。

2.4.2 配合关系

配合会在装配体零部件之间产生几何关系。当添加配合时，系统将在允许的自由度内对零部件进行移动、旋转以匹配所选配合关系。如果所有自由度均被约束，则零部件不可移动，对

其再添加配合时将会产生过定义现象。

SOLIDWORKS 的配合关系分为 3 大类，即标准配合、高级配合、机械配合。CSWA 考试中所涉及的装配关系为标准配合关系下的所有配合关系。

1）重合：通过一组点线面的选择进行重合配合，所选对象处于重合状态，没有间隙。

2）平行：通过一组线面的选择进行平行配合，所选对象处于平行状态，距离任意。

3）垂直：通过一组线面的选择进行垂直配合，所选对象处于垂直状态。

4）相切：通过一组线面的选择进行相切配合，所选对象处于相切状态。

5）同轴心：通过一组线面的选择进行同轴心配合，所选对象必须是圆弧、圆、球。

6）锁定：锁定两个选择的零件的相对位置，其中一个位置移动，另一个会同步移动。

7）距离：通过一组点线面的选择进行距离配合，所选对象保持固定的距离。

8）角度：通过一组线面的选择进行角度配合，对象只能是直线、基准面、圆柱面、圆锥面。

实际配合时可以先按住键盘上的 <Ctrl> 键，再选择待装配零部件的参考对象，在弹出的关联工具栏中，系统会自动过滤掉无法使用的配合关系，方便选择所需的配合关系。

2.4.3 装配体评估

CSWA 考试中的装配体评估主要使用 4 个信息，分别为质量、重心、距离、角度，这 4 个数值均是通过【评估】/【质量属性】或【测量】进行查询。评估重心时需特别注意其参考的坐标系，如果不是默认坐标系，则一定要在【所选与以下项相对的坐标值】中选择相应的坐标系进行评估；否则即使装配完全正确，其结果也是错误的。

2.5 工程图

通过工程图功能可以将三维模型生成相应的二维工程图视图，并通过各种尺寸、注释的添加，最终生成符合沟通交流要求的工程图样。

工程图相关的知识点为近些年 CSWA 认证的考查重点，一定要熟悉各种视图的生成方法以及各种视图的区别。

2.5.1 基本视图的生成

需生成工程图的零部件处于打开状态时，可通过菜单【文件】/【从零件 / 装配体制作工程图】命令生成一个新的工程图，也可通过工具栏中的功能生成工程图。在系统弹出的模板选择框中选择所需的图框模板，系统切换至工程图环境。

进入工程图环境时可以在右侧任务栏中找到【视图调色板】，如图 2-7 所示。找到适合作为主视图的视图，将其拖至图纸中即可生成主视图，根据需要可同时生成其他相关的基本视图。

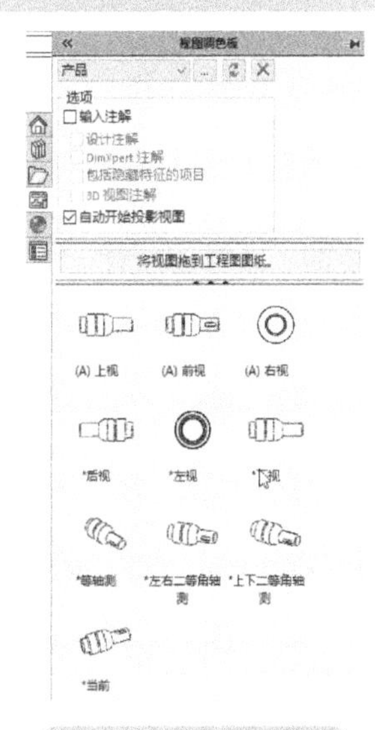

图 2-7 视图调色板

如果不使用【视图调色板】生成基本视图，还可通过视图工具生成，主要有 3 种生成模式，即标准三视图、模型视图、投影视图。

1）标准三视图：可以为零部件生成 3 个相关的默认正交视图，所使用的视图方向基于零部件中的视向，视向固定且无法更改。

2）模型视图：根据所选零部件生成一个标准视图，其视图方向可以任意选择，生成后系统自动进入投影视图状态，以便生成其他视图。

3）投影视图：通过选择工程图中已有视图，生成其余所需的正交投影视图。

2.5.2 辅助视图的生成

除了基本视图外，SOLIDWORKS 还提供了丰富的辅助视图生成功能，以满足不同工程图的需要。

（1）辅助视图　辅助视图类似于投影视图，但辅助视图是垂直于现有视图中参考边线投影生成的视图，参考边线既可以是视图中已有直线，也可以是通过草图功能绘制的直线。

为了清楚地表达孔位置与尺寸，图 2-8 所示为参考该孔的轴线，通过【辅助视图】功能生成的轴向的辅助视图。

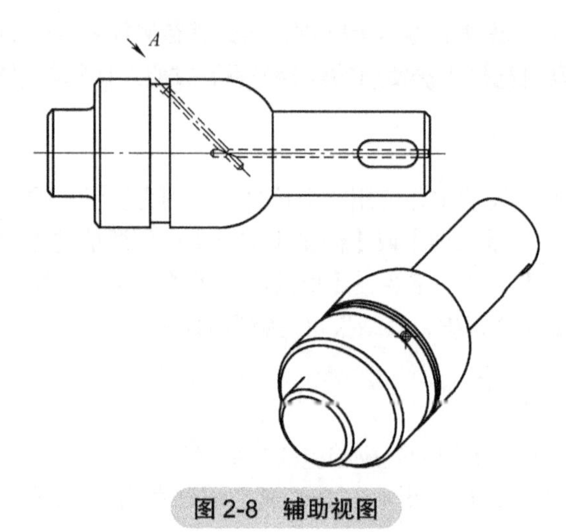

图 2-8　辅助视图

（2）剖视图　通过使用剖面线剖切已有视图生成剖视图。常见的剖视图有全剖视图、半剖视图、阶梯剖视图、旋转剖视图。剖面线可以在生成时指定位置，也可以通过草图功能预先绘制。剖面线还可以包括圆弧，如果零部件模型中包含筋特征，可以在视图属性中排除。

图 2-9 所示是为了表达轴的键槽及中间孔，通过【剖视图】功能生成的全剖视图。

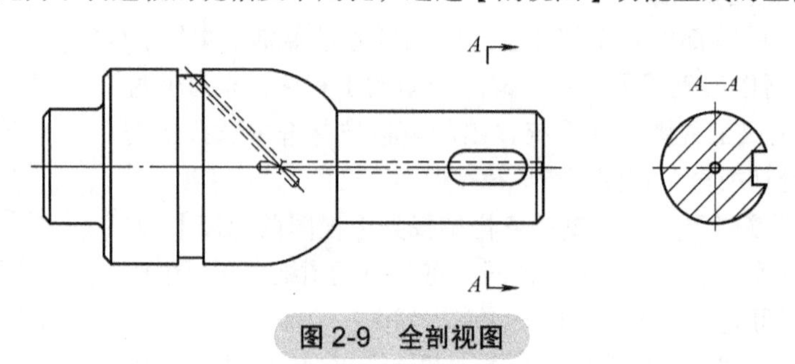

图 2-9　全剖视图

图 2-10 所示是为了表达法兰盘的安装孔，通过【剖视图】功能生成的旋转剖视图。

图 2-11 所示是为了表达端盖的进油孔及安装孔，通过【剖视图】功能生成的阶梯剖视图。

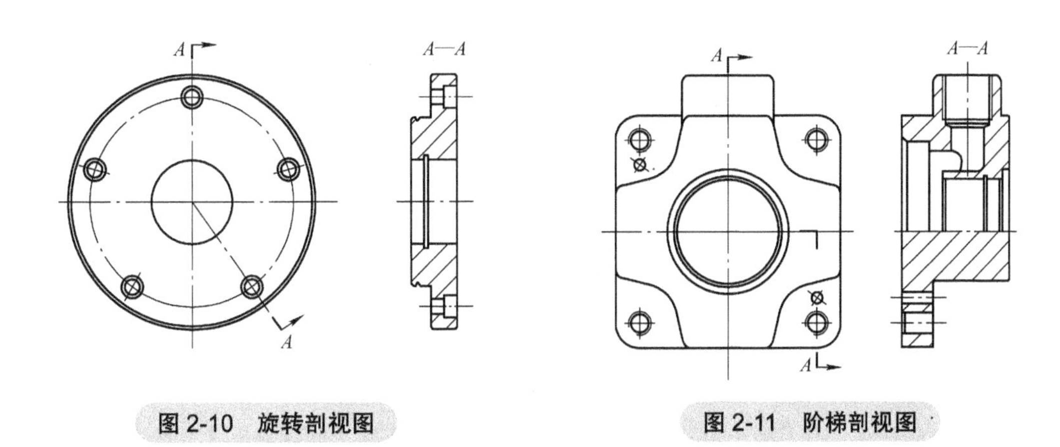

图 2-10　旋转剖视图　　图 2-11　阶梯剖视图

（3）局部视图　局部视图用来显示一个视图的某个部分（通常以放大比例显示）。局部视图可以是基本视图、轴测图、剖视图、裁剪视图、爆炸装配体视图或另一局部视图，放大的区域默认使用圆进行范围界定，也可用其他闭合轮廓进行范围界定。使用其他闭合轮廓时需先通过草图功能绘制闭合轮廓，选中该轮廓后再使用【局部视图】功能。

图 2-12 所示是为了表达环形槽形状，通过【局部视图】功能生成的局部放大视图，局部放大比例可根据需要在属性栏进行设定。

同样是表达环形槽形状，图 2-13 所示是通过矩形闭合轮廓生成的局部放大视图，该形状的表达方式较易出现在 CSWA 认证题目的装配题所配的视图中。其他闭环轮廓也可同样生成局部放大视图。

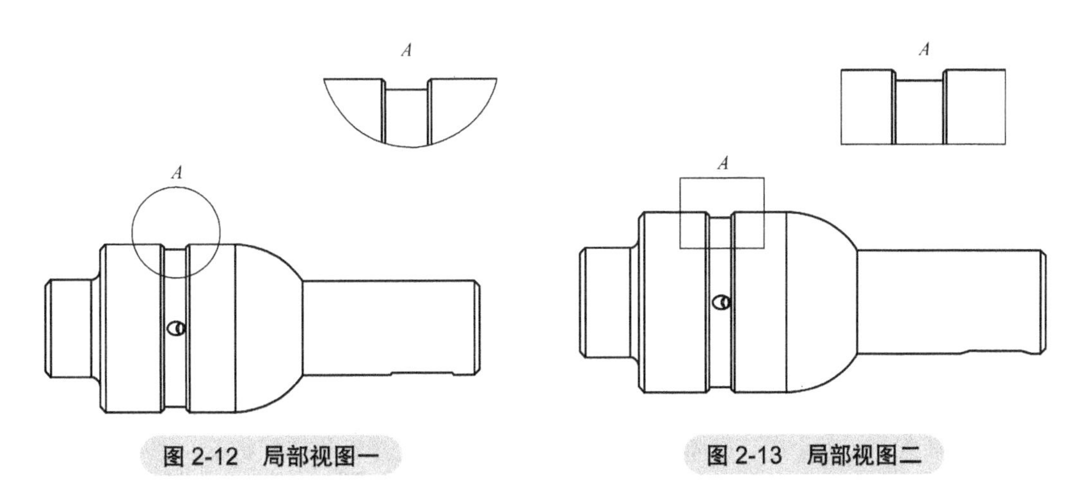

图 2-12　局部视图一　　图 2-13　局部视图二

（4）断开的剖视图　断开的剖视图用以在工程视图中剖切零部件的某部分以显示其内部特征。系统会自动在所有零部件的剖切面上生成剖面线，断开的剖视图在现有工程视图上产生，不另生成视图，其为现有工程视图的一部分。系统通过闭合的轮廓进行断开范围界定，默认是样条曲线，也可以是其他封闭轮廓。使用其他闭合轮廓时需先通过草图功能绘制闭合轮廓，选中该草图轮廓后再使用【断开的剖视图】功能。

断开的剖视图的深度可以设定为一个数值，也可以在工程视图中选取一个参考几何体来指定深度。参考几何体可以是当前视图的对象，也可以是其他视图的对象。如果选择的是直线，则以该直线所处位置为剖切深度；如果选择的是圆，则自动以圆的中心为参考位置。

图 2-14 所示是为了表达键槽位置及中心孔位置，通过【断开的剖视图】功能在当前视图中生成的局部位置的剖视图，其可以很容易表达清楚，而无须增加其他视图。如果其范围界定的草图不合理，可在设计树中找到该视图，单击鼠标右键，选择快捷菜单中的【编辑草图】命令进行编辑修改。

（5）断裂视图　可以使用断裂视图将零部件中形状较单一且较长的零部件视图进行截断，只显示其两端部分，这样可以不用为全部显示该类零件而将视图比例缩得过小。与断裂区域相关的模型尺寸反映的还是实际的模型数值。断裂视图在现有工程视图上产生，不另生成视图。断裂视图有竖直方向与水平方向两种形式。

如图 2-15 所示，为了减小右侧单一形状的表现长度，通过【断裂视图】功能对其进行竖直方向截断。该功能尤其适用于钢结构件、管路等细长类零部件的视图表达。

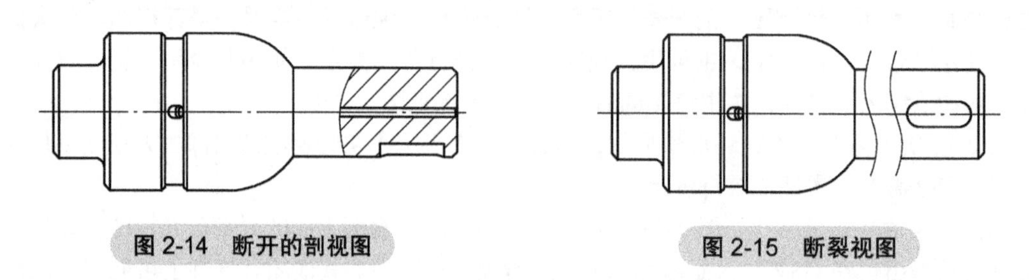

图 2-14　断开的剖视图　　图 2-15　断裂视图

（6）剪裁视图　剪裁视图通过隐藏所定义范围之外的内容来对已有视图进行剪裁。其是在现有工程视图上进行剪裁，不另生成视图。系统通过闭合的轮廓进行剪裁范围界定，可以是任意封闭轮廓。需先绘制闭合轮廓，选中该轮廓后再使用【剪裁视图】功能。除了局部视图或已用于生成局部视图的视图，可以剪裁其他任何工程视图。

图 2-16 所示是在现有视图上通过【剪裁视图】功能对其进行剪裁后留下的视图。

注意：【剪裁视图】与【局部视图】是有区别的。【局部视图】会生成新的视图，且通常有比例上的变化。

（7）交替位置视图　交替位置视图通过将部分零部件在不同位置显示来表示装配体零部件的极限操作范围。系统以双点画线的形式在原有视图上层叠显示一个或多个交替位置视图。该功能只针对装配体，且会在装配体中生成一个新的配置以记录新的位置状态。使用该功能时会切换至模型环境，以便对位置需要变化的零部件进行位置上的调整。

图 2-17 所示是在现有视图上通过【交替位置视图】功能表达装配体手柄的另一个位置视图，该功能允许叠加多个位置视图。

以上为 7 种辅助视图的生成方法，此外还有一种【旋转视图】功能，该功能并不在【视图布局】工具栏中，而在前导视图工具栏中。其可以对现有视图进行角度旋转，如通过【辅助视图】生成的视图角度通常为非正视状态，可使用该功能进行旋转以便正视，方便读者对图样的理解。

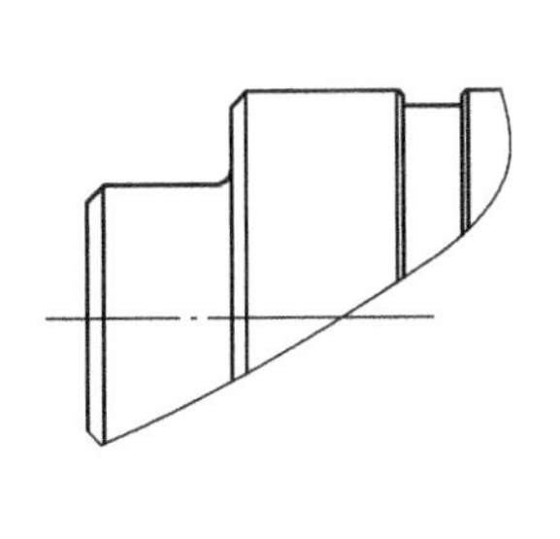

图 2-16　剪裁视图

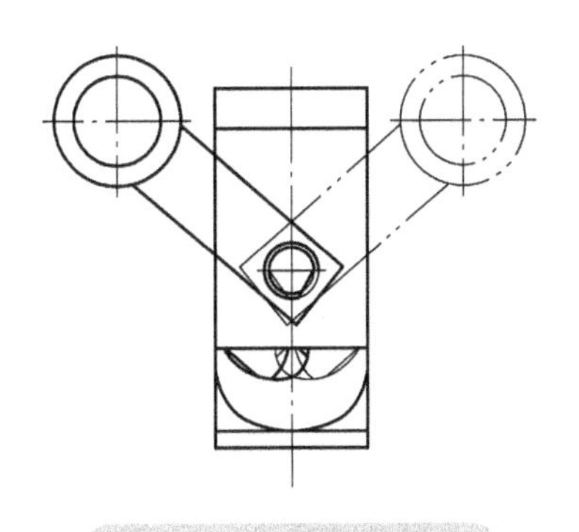

图 2-17　交替位置视图

单击【旋转视图】后会弹出图 2-18 所示对话框，直接用鼠标单击并拖动所需改变的视图即可。

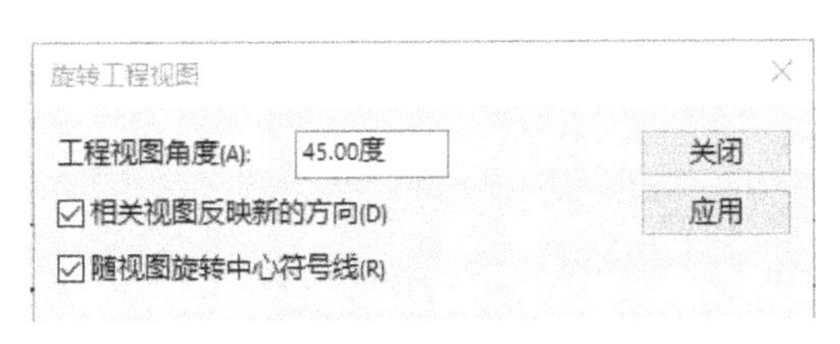

图 2-18　旋转视图

2.5.3　注解的生成

注解即给工程图添加文本和符号，包括所附加的箭头、引线和文字等。注解的基本操作方式与草图尺寸标注相似，可以在零件或装配体的工程图文件中添加注解。

为了提高基本尺寸的标注效率，系统提供了智能标注功能，通过【注解】/【模型项目】可以将模型中草图及特征的尺寸、注解等自动标注至工程视图中，如图 2-19 所示。注意，【来源】需选择【整个模型】选项，系统会自动在不同的视图中进行尺寸及注解的分配，如不合适可手工进行调整。为保证工程图与模型的关联性，请尽量采用这种方法进行尺寸及注解标注，避免使用手工标注方式。

如果注解的格式不符合相应标准，可以在【选项】/【文档属性】/【绘图标准】中进行统一调整，其调整将对整个文件起作用。也可通过属性栏对单一注解对象进行调整。

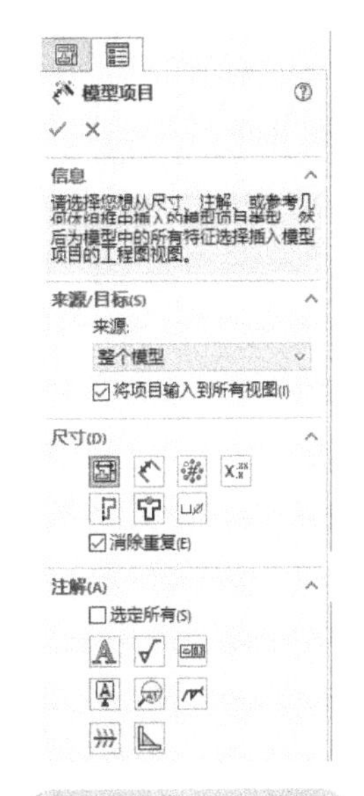

图 2-19　模型项目

2.5.4　装配体工程图

装配体工程图的视图基本操作方式与零件工程图基本相同，主要是增加了零件序号与明细栏的标注。零件序号与明细栏的序号同步，如需对序号进行调整，仅需调整其中之一即可。对其中属性的修改会同步修改零件模型及工程图的相关信息，而这些属性通常在模型中进行修改。

装配体零部件序号的顺序取决于装配体模型中零部件装配的先后顺序，如需更改序号顺序，可以在装配模型的设计树中调整零部件顺序。

2.6 数据接口

为了更好地与其他软件系统交换数据，SOLIDWORKS 提供了多种数据接口，可以导入导出常用的文件格式，也可通过中间格式进行软件之间的数据交换。

2.6.1 导入

SOLIDWORKS 可以通过【打开】命令直接打开支持的格式文件，其支持的格式见表 2-1（不含需插件支持的格式）。

表 2-1 【打开】命令支持的格式

序号	应用名称	扩展名	零件支持	装配体支持
1	ACIS	*.sat	●	●
2	Adobe illustrator	*.ai	●	
3	Adobe Photoshop	*.psd	●	●
4	Autodesk Inventor	*.ipt，*.iam	●	●
5	CADKEY	*.prt，*.ckd	●	●
6	CATIA Graphics	*.cgr	●	●
7	CATIA V5	*.catpart，*.catproduct	●	●
8	DXF/DWG 文件	*.dwg，*.dxf	●	
9	DXF 3D	*.dxf	●	
10	IFC	*.ifc	●	●
11	IGES	*.igs，*.iges	●	●
12	Parasolid	*.x_t，*.x_b，*.xmt_txt，*.xmt_bin	●	●
13	Pro/Engineer	*.prt，*.prt*，*.xpr，*.asm，*.asm*，*.Xas	●	●
14	Rhino	*.3dm	●	
15	ScanTo3D	*.obj，*.off，*.ply，*.ply2	●	
16	Solid Edge	*.par，*.psm，*.asm	●	●
17	STEP	*.step，*.stp	●	●
18	STL	*.stl	●	●
19	TIFF	*.tiff	●	●
20	Unigraphics	*.prt	●	●
21	VDAFS	*.vda	●	
22	VRML	*.wrl	●	●

2.6.2 导出

SOLIDWORKS 可以通过【另存为】命令输出所支持的格式文件，其支持的格式见表 2-2（不含需插件支持的格式）。

表 2-2 【另存为】命令支持的格式

序号	应用名称	扩展名	零件支持	装配体支持
1	3D XML	*.3dxml	●	●
2	ACIS	*.sat	●	●
3	Adobe illustrator	*.ai	●	●
4	Adobe Photoshop	*.psd	●	●
5	CATIA Graphics	*.cgr	●	●
6	eDrawings	*.eprt，*.easm	●	●
7	Highly Compressed Graphics	*.hcg	●	●
8	HOOPS	*.hsf	●	●
9	IFC	*.ifc	●	●
10	IGES	*.igs，*.iges	●	●
11	PDF	*.pdf	●	●
12	Parasolid	*.x_t，*.x_b，*.xmt_txt，*.xmt_bin	●	●
13	Pro/Engineer	*.prt，*.prt*，*.xpr，*.asm，*.asm*，*.Xas	●	●
14	Portable Network Graphics	*.png	●	●
15	ScanTo3D	*.obj，*.off，*.ply，*.ply2	●	
16	STEP	*.step，*.stp	●	●
17	STL	*.stl	●	●
18	TIFF	*.tiff	●	●
19	VDAFS	*.vda	●	
20	VRML	*.wrl	●	●

2.6.3　二维数据接口

SOLIDWORKS 二维工程图的导入与导出所支持的格式见表 2-3（不含需插件支持的格式）。

表 2-3　二维工程图的导入与导出所支持的格式

序号	应用名称	扩展名	导入	导出
1	Adobe illustrator	*.ai	●	
2	Adobe Photoshop	*.psd	●	●
3	DXF/DWG 文件	*.dwg，*.dxf	●	●
4	eDrawings	*.edrw		●
5	JPEG	*.jpg		●
6	TIFF	*.tif		●
7	PDF	*.pdf		●
8	Portable Network Graphics	*.png		●

2.7　基础知识例题

例题 1：SOLIDWORKS 是（　　）环境原创的三维实体建模软件。

A.UNIX　　B.DOS　　C.Linux　　D.Windows

答案：D

解析：该题主要考查对SOLIDWORKS产品历史的了解。SOLIDWORKS公司成立于1993年，总部位于美国马萨诸塞州的康克尔郡（Concord Massachusetts），其推出的第一套系统就是基于Windows开发的，并于1995年发布正式版本，在当时三维软件主要在UNIX平台上开发的环境下独树一帜，并取得了巨大的成功。1997年，SOLIDWORKS被法国达索（Dassault Systemes）公司收购，成为达索针对通用机械设备制造市场的主打品牌。

例题2：在建模过程中能否不进入【选项】就可更改当前文件的单位系统？

A. 能　　B. 不能

答案：A

解析：该题主要考查的是如何设定当前文件的单位。除了进入【选项】进行设定外，还可以单击右下方的 MMGS ▲ 按钮进行快速的单位系统变换。

例题3：以下（　　）格式是eDrawing所不能生成的文件格式。

A.exe　　B.stl　　C.prt　　D.png

答案：C

解析：该题主要考查的是eDrawing工具的相关功能。eDrawing作为SOLIDWORKS重要的文件沟通交流工具有着众多的数据接口，其能打开的格式有SOLIDWORKS模板文件（*.prtdot、*.asmdot、*.drwdot）、Autodesk Inventor文件（*.ipt、*.iam）、CATIA V5文件（*.catpart、*catproduct）、CATIA V6文件（*.3dxml）、IGES文件（*.iges、*.igs）、Pro/Engineer文件（*.asm、*.asm.*、*.neu、*.prt、*.prt.*、*.xas、*.xpr）、STEP文件（*.step、*.stp）、STL文件（*.stl）、CALS文件（*.cal、*ct1）、DXF/DWG文件（*.dxf、*.dwg）、XML Paper Specification（XPS）文件（*.edrwx、*.eprtx、*.easmx）。

其能输出的文件有XML Paper Specification（XPS）文件（*.edrwx、*.eprtx、*.easmx）、压缩文件（*.zip）、可执行文件（*.exe）、HTML文件（*.htm）、STL文件（*.stl）、位图文件（*.bmp）、TIFF文件（*.tif）、JPEG文件（*.jpg）、PNG文件（*.png）、GIF文件（*.gif）。

该题中C答案是较易混淆的答案，因为在SOLIDWORKS中是可以输出该格式的。在考试过程中要加以判别，如果实在不清楚可以打开软件进行查找比对。

例题4：如何将一台计算机上的个性化设置（包括系统选项、快捷键、菜单自定义等）快速转移至另一台计算机上？

A. 不可以这么做

B. 通过【复制设定向导】生成文件至另一计算机上导入

C. 复制安装目录下的“setup”至另一计算机

D. 自定义时另存成文件在另一计算机上导入

答案：B

解析：该题主要考查关于个性化设置的转移问题。系统提供专用的【复制设定向导】用于个性化设置的转移操作，可以包含的内容有系统选项、工具栏布局、键盘快捷键、鼠标笔势、菜单自定义、保存的视图，保存生成相应的文件，在另一计算机上用同样的功能导入即可。

2.8　认证样题

1. 在 SOLIDWORKS 中能否对草图的合法性进行检查？

A. 能　　B. 不能

2. 在一个草图中，绘制两个没有交集的封闭环，对其进行拉伸特征操作，结果是以下哪种情况？

A. 生成一个实体　　B. 生成两个实体　　C. 生成两个曲面　　D. 无法生成特征

3. 如图 2-20 所示，从图 2-20a 生成图 2-20b 要插入 SOLIDWORKS 的哪种视图类型？

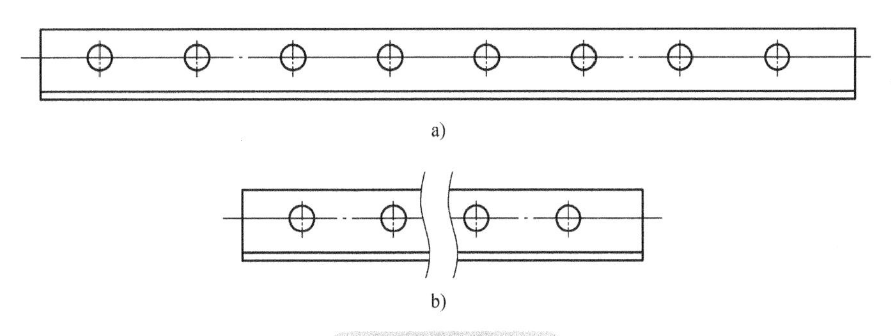

图 2-20　样题 3 图

A. 局部视图　　B. 断裂视图　　C. 投影视图　　D. 剖视图

4. 图 2-21 所示为何种视图形式？

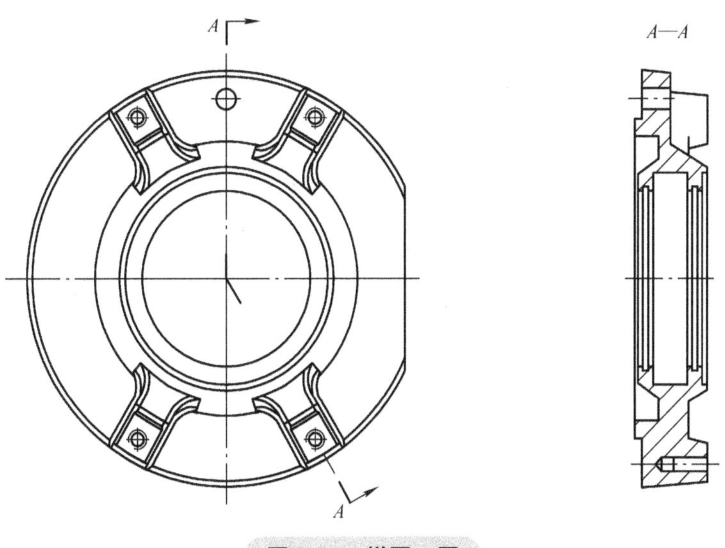

图 2-21　样题 4 图

A. 辅助视图　　B. 旋转剖视图　　C. 半剖视图　　D. 阶梯剖视图

5. 如图 2-22 所示，从图 2-22a 生成图 2-22b 要插入 SOLIDWORKS 的哪种视图类型？

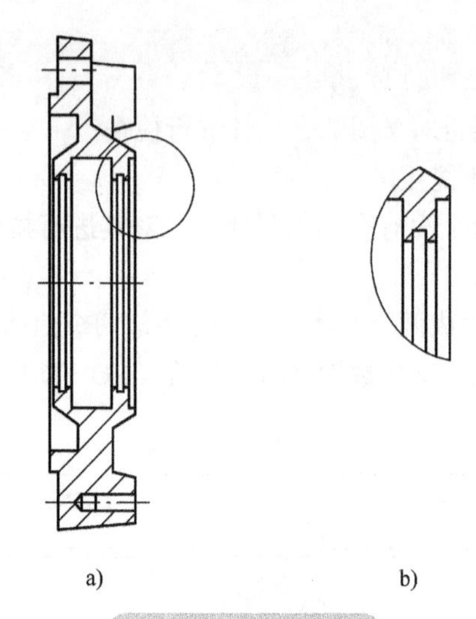

a)　　　　　　　　b)

图 2-22　样题 5 图

A. 剪裁视图　　B. 辅助视图　　C. 投影视图　　D. 局部视图

本章小结

本章概括介绍了 SOLIDWORKS 的基础知识，并对重点内容列举了案例，由于相关知识繁多，不可能一一列举，学习时需进行扩散式学习。

理论知识考试时均为选择题，无须对模型进行操作，主要考查基础功能的使用操作问题。由于给出的答案有近似性、迷惑性，所以考试时需仔细查看题目，在平时练习时要注意功能细节以及不同功能的差异。

第3章 基本建模知识

3

学习目标

1）读懂和理解二维工程图，通过基准面、草图、原点、尺寸关系、几何关系等表达设计意图，绘制相应的草图。

2）通过拉伸凸台/基体、拉伸切除、旋转凸台/基体、旋转切除、圆角、倒角等建模功能创建相应的实体模型。

3）熟悉如何通过质量属性查询模型的质量、体积、重心等数据。

零件建模是CSWA考试的4项基本内容之一，需要通过给定的带尺寸的二维工程图创建相应的三维模型。题目会给出多个视图，需根据这些视图，通过基本建模功能创建模型，并对创建好的模型赋予材质，再根据题目要求求得相对应的质量、重心等数据。

3.1 零件的创建

3.1.1 打开已有模型

在SOLIDWORKS中，每个零件、装配体、工程图均对应着一种文件格式，其中零件的文件格式为.sldprt，装配体的文件格式为.sldasm，工程图的文件格式为.slddrw。考试中部分题目需要打开系统给定的模型。

操作方法如下。

选择菜单中的【文件】/【打开】命令，打开配套素材文件夹“3”中的“3.1.1 打开已有模型.sldprt”文件，如图3-1所示。

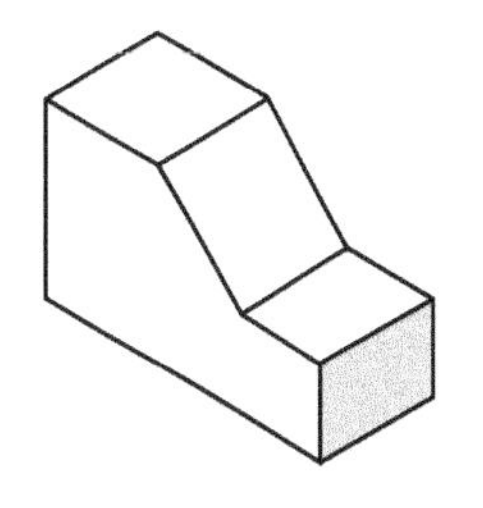

图3-1 打开模型

技巧

也可在Windows的资源管理器中直接将需打开的文件用鼠标拖放至SOLIDWORKS环境中，快速打开模型。

3.1.2 新零件的创建

新零件需要在SOLIDWORKS中进行创建，通过【新建】功能可以创建一个全新的SOLIDWORKS零件文件。

操作方法如下。

1）单击【新建】，弹出图3-2所示对话框。系统默认为“新手”模式，只有3个最基本的模板可供选择，选择【零件】后单击【确定】按钮即可进入新零件的编辑状态。

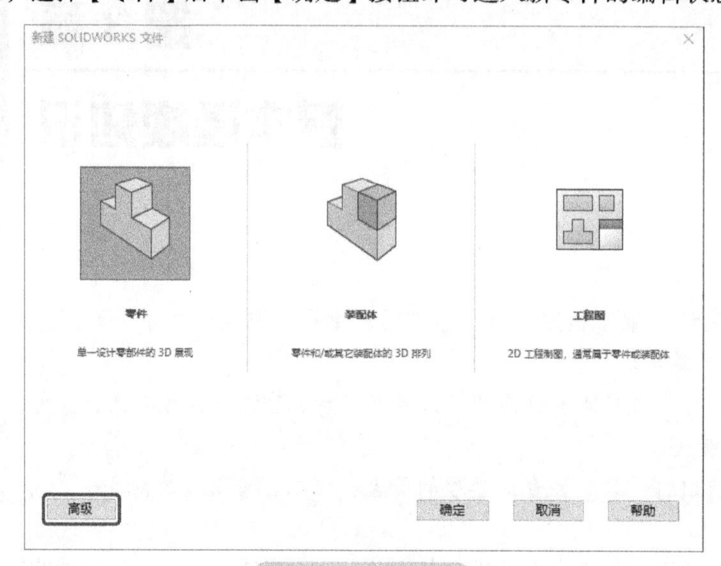

图 3-2 新建零件

2）若需要更换其余模板，可单击【高级】按钮，系统会弹出图 3-3 所示的【模板】选项卡，根据需要选择模板，单击【确定】按钮即可。

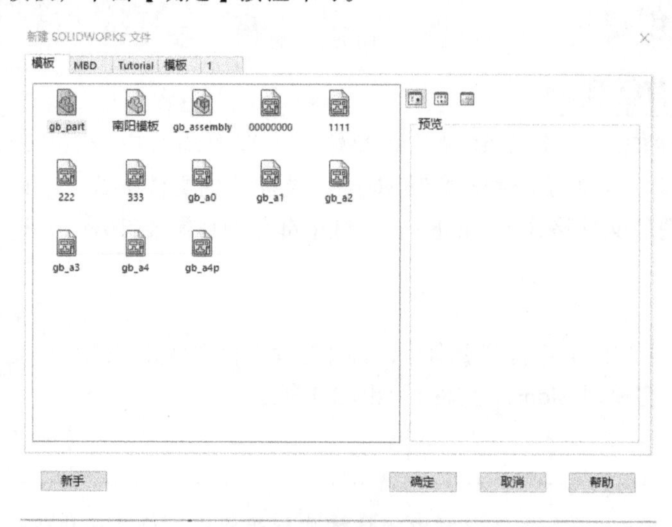

图 3-3 模板选择

3）保存零件。新建零件后一定要进行保存，尤其是在 CSWA 考试过程中，因意外而引起的未保存会直接影响考试的进程。保存可以选择【文件】/【保存】菜单命令，将新建的零件保存在特定的目录下，并适当命名。考试过程中要按题目要求进行保存。

技巧

可以通过键盘上的快捷键 <Ctrl + S> 进行快速保存操作。

注意：SOLIDWORKS 的模板可以根据需要进行自定义，由于这点不在 CSWA 考试范围内，所以不做详述，详细内容可以参考机械工业出版社出版的《SOLIDWORKS® 零件与装配体教程（2020 版）》（ISBN: 978-7-111-65228-1）一书附录中的内容。

3.2　设计树项目介绍

在 SOLIDWORKS 中关于模型的建模过程、材质、原点等相关信息均记录在设计树中，可以通过设计树来快速获取所需的有效信息。本节将侧重介绍设计树中与 CSWA 认证考试相关的项目内容。

3.2.1　方程式

方程式是参数化建模的重要手段之一，其中记录了各类自定义变量、方程式、参数关系等。

在设计树中的“方程式”上单击鼠标右键，弹出图 3-4 所示的快捷菜单，选择【管理方程式】命令，系统弹出图 3-5 所示的对话框，在该对话框中可以对全局变量、方程式进行定义，这一内容也是 CSWA 考试的一个重点考核内容，在后面的例题中会详细讲述其使用方法。

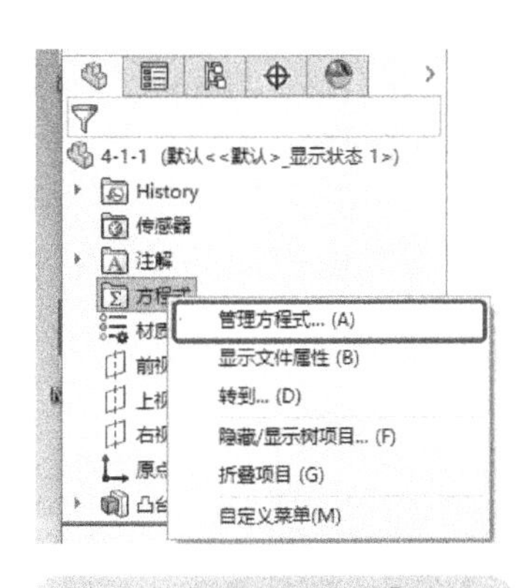

图 3-4 【管理方程式】命令

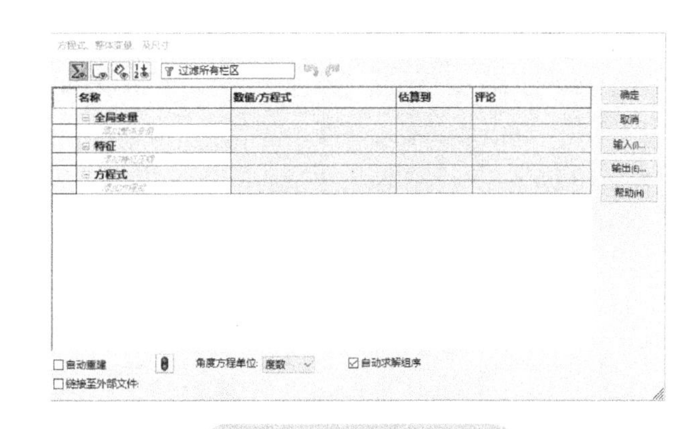

图 3-5　管理方程式界面

注意：如果设计树中没有出现“方程式”项目，则可以通过【选项】/【系统选项】/【FeatureManager】将“方程式”更改为“显示”。

3.2.2　材质

“材质”项目中记录了当前模型的材质，材质是模型的核心参数，只有赋予了相应的材质，模型才具备正确的质量、重心、惯性矩等数据。

在设计树中的“材质”上单击鼠标右键，如图 3-6 所示，在弹出的快捷菜单中选择【编辑材料】命令，系统弹出图 3-7 所示的对话框，在该对话框中可以进行材质定义，选用系统材质库所提供的材质。

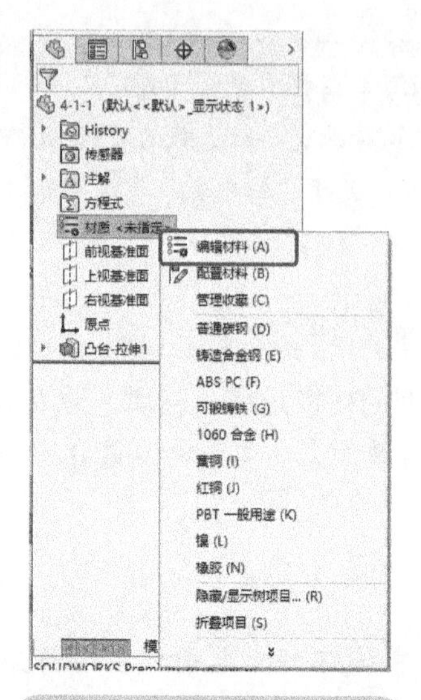

图 3-6 【编辑材料】命令

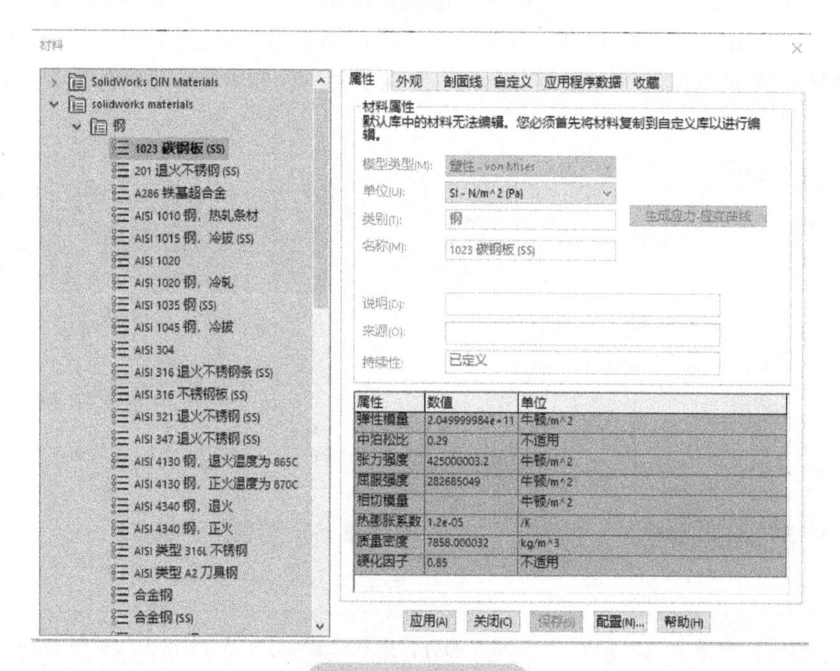

图 3-7 选择材料

在 CSWA 考试中所要求的材质都是系统材质库所包含的材质，不需要自定义。材质定义直接影响到质量、质心等题目要求的结果数据，所以在定义材质时要与题目保持一致，防止建模正确而结果错误的情况。

3.2.3 原点

“原点”是系统默认坐标系的“0”点，在计算与坐标系相关的数据时均默认相对于该原点，系统默认的原点不可更改。在 CSWA 考试过程中，要注意题目要求是相对于系统原点还是

自建新坐标系的原点。

注意：模型状态下原点为蓝色，表示模型坐标系的 X、Y、Z 方向，其与左下角的坐标指示器方向一致。在草图编辑状态下原点为红色，表示当前草图的 X、Y 方向，绘制草图时其基准为该红色原点。注意草图状态下的原点与模型状态下的原点不一定总是重合的。

3.2.4　特征

如图 3-8 所示，设计树中的“凸台 - 拉伸 1”下记录的是建模过程，故又称之为特征树，其名称由所使用的特征命令加序号组成。

为了方便对建模过程进行识别和管理，名称可以根据需要进行更改，在所需更改的名称上单击鼠标右键，在弹出的快捷菜单中选择【特征属性】命令，会弹出图 3-9 所示的对话框，在该对话框中可对名称进行修改。

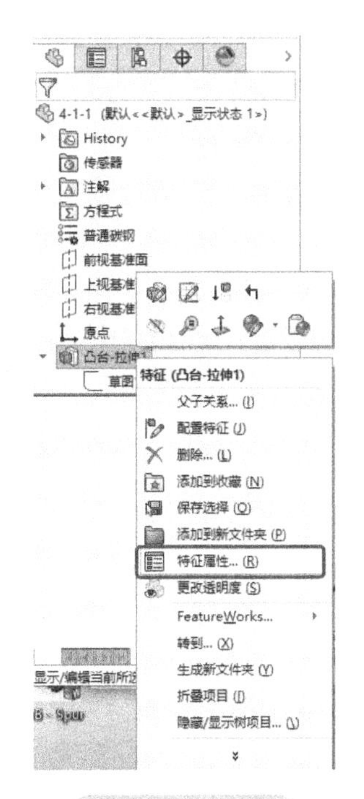

图 3-8　特征树

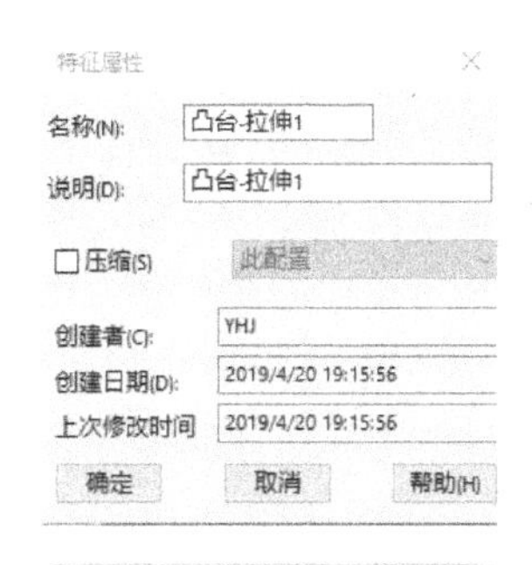

图 3-9　修改特征属性

技巧

也可以在设计树中双击特征名称，进行快速的名称修改。

如需对特征参数进行修改，可单击该特征，在弹出的关联工具栏中选择【编辑特征】，如图 3-10 所示，系统会弹出相应的特征编辑对话框，如图 3-11 所示，可对相关参数进行编辑修改。

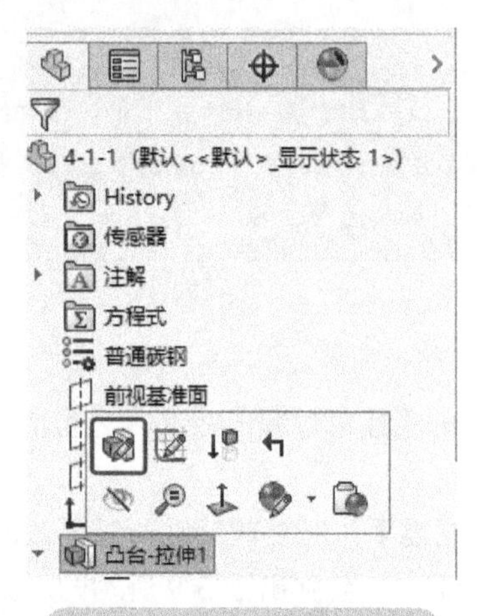

图 3-10　弹出关联工具栏

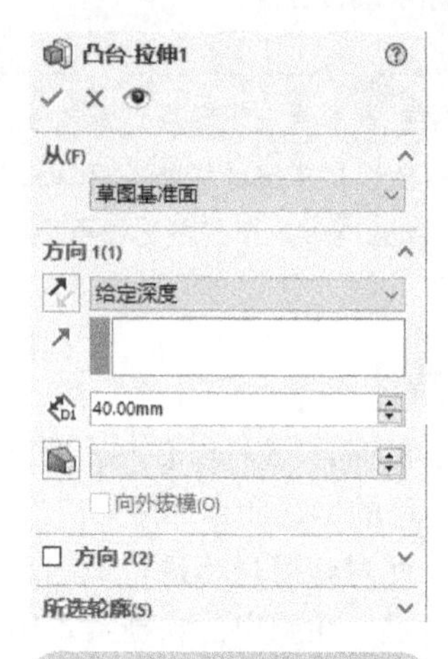

图 3-11　修改特征参数

技巧

如果选择对象后没有出现关联工具栏，可以单击鼠标右键弹出该工具栏。

3.2.5　特征子项

某些特征是基于其他特征生成的，这些特征称为特征子项，它会放置在特征的下级，类似于子文件夹。

单击特征前的小箭头，会将该特征所包含的子项罗列出来，如图 3-12 所示。不同的特征，其下所包含的内容也不同。

如需对该子项进行修改，可单击该子项，如果子项是草图，在弹出的关联工具栏中选择【编辑草图】，如图 3-13 所示，系统进入草图编辑状态，可对草图进行编辑修改。

图 3-12　展开子项

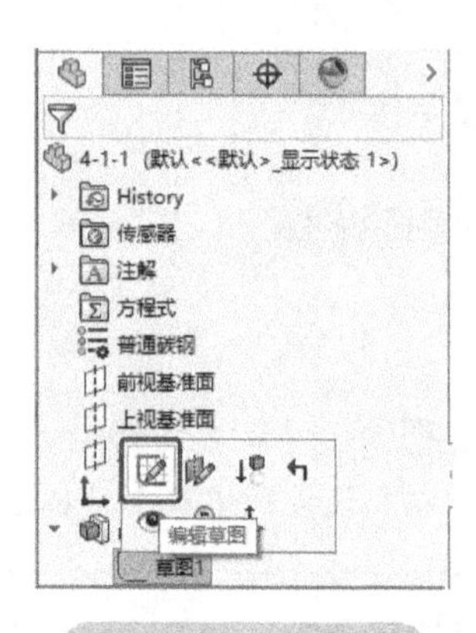

图 3-13　修改子项

3.3　草图

草图是 SOLIDWORKS 的建模基础，SOLIDWORKS 中的大部分特征均是以草图为基础创建而成，如拉伸、旋转、扫描、放样等。

一个完整的草图应包含图线、尺寸、几何关系等基本要素，其通常要求为“完全定义”状态，如图 3-14 所示。

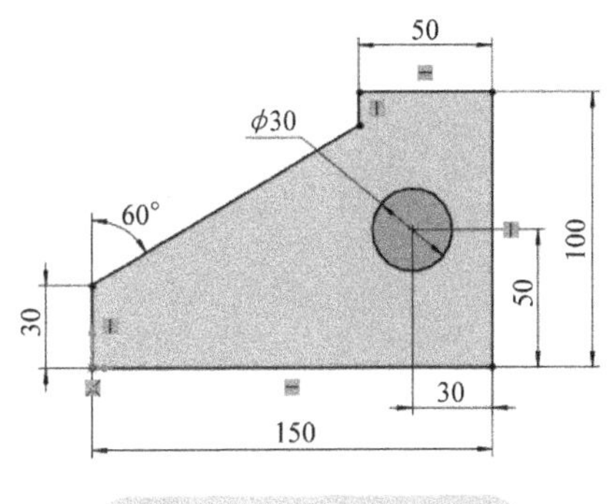

图 3-14　完全定义草图

3.3.1　草图的创建流程

对于实体特征建模来说，通常要求草图是封闭且完全定义的。由于草图是参数化的，无论更改尺寸还是几何关系，草图都会产生相应的变化，这种变化有时会引起草图出现错误。在草图创建时按一定的规则流程会大大减少这种现象。

合理的草图创建流程如下。

1）选择合适的基准面。模型的第一个草图通常会选用零件模板中自带的 3 个基准面之一作为基准面。

2）新建草图。单击【草图绘制】，进入草图编辑状态。

3）绘制几何体。通过各类草图工具进行草图绘制，如【直线】、【圆】、【圆弧】、【样条曲线】等。

4）定义几何关系。根据需要进行草图元素或元素之间的几何关系定义，如【竖直】、【平行】、【同心】、【相切】等。

5）编辑草图。通过编辑修改命令对草图进行编辑，如【剪裁实体】、【镜像】、【阵列】等。

6）标注尺寸。通过【智能尺寸】对草图元素进行尺寸标注，并修改至需要的尺寸值。

7）确认草图合法性。通过【工具】/【草图工具】/【检查草图合法性】命令对草图进行验证，以保证草图能为后续的特征使用。

8）退出草图。退出草图进行后续操作。

3.3.2　草图例题

创建图 3-14 所示的草图。

操作步骤如下。

1）单击工具栏中的【新建】，在弹出的对话框中选择“gb_part”模板并单击【确定】

按钮，如图 3-15 所示。

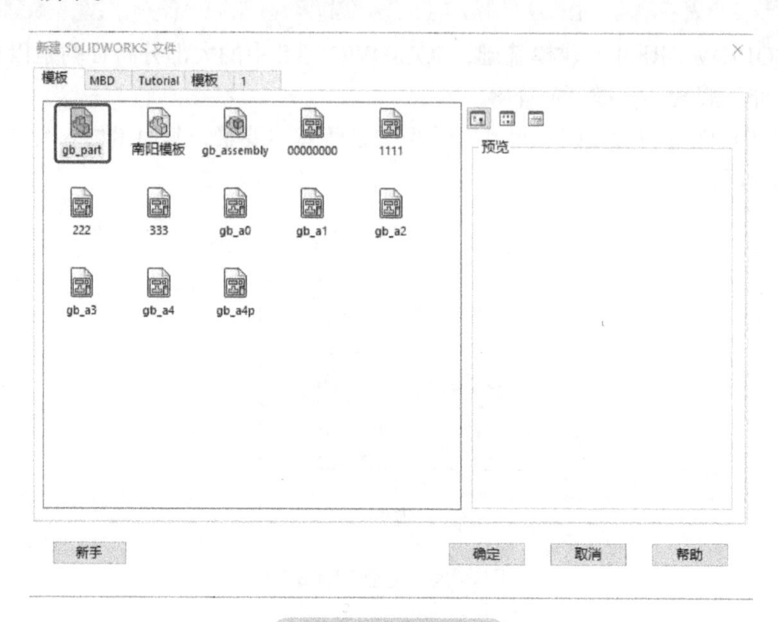

图 3-15　选择模板

技巧

可以通过键盘上的快捷键 <Ctrl + N> 进行快速新建操作。

2）单击工具栏中的【保存】，在弹出的对话框中选择合适的文件夹以存放该文件，在【文件名】中输入“草图练习”，单击【保存】按钮完成文件的保存操作，如图 3-16 所示。

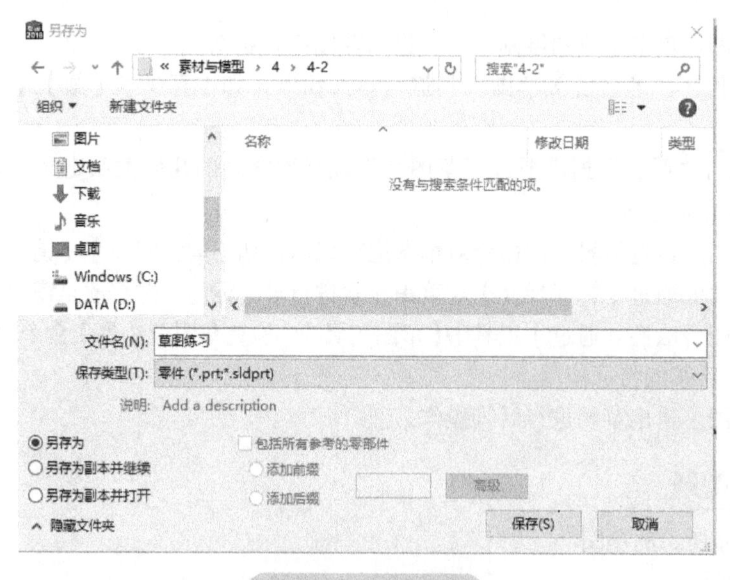

图 3-16　保存零件

3）单击设计树中的“前视基准面”，在弹出的关联工具栏中选择【草图绘制】，系统进入草图绘制状态，如图 3-17 所示。

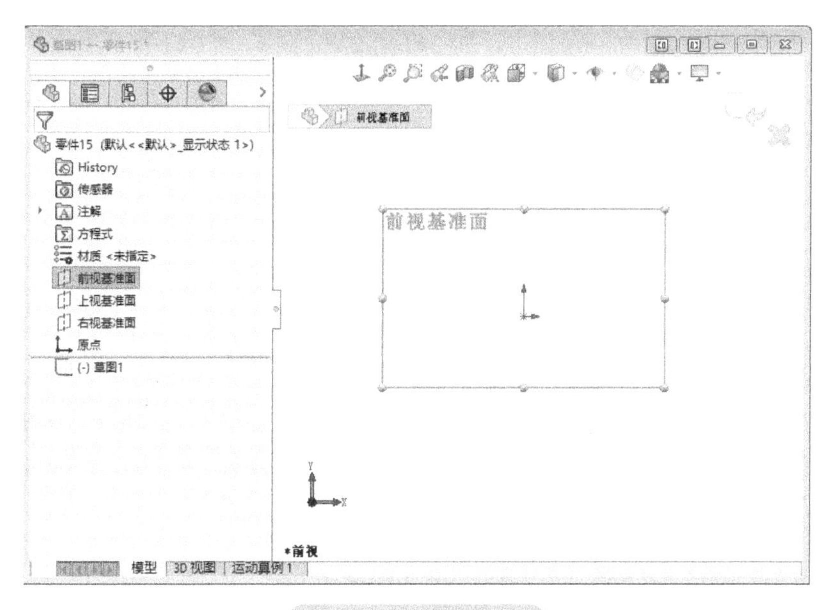

图 3-17 选择基准面

4）绘制草图的大致轮廓，如图 3-18 所示。

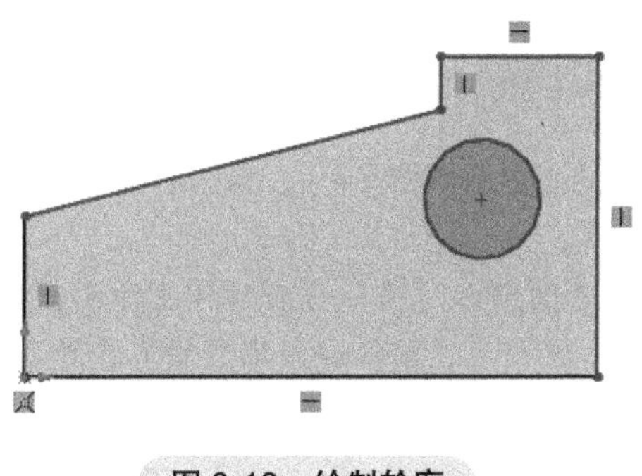

图 3-18 绘制轮廓

5）由于草图较简单，在绘制时其几何关系已自动添加完成，只需检查有无遗漏即可。

注意：

1）绘制草图轮廓时需以草图原点为参考基准，以确保草图能完全定义。

2）为保证在后续的尺寸标注中草图轮廓不会因变化太大而影响操作，可以在绘制第一条直线时，使其长度接近所需的长度。

6）按图 3-19 所示进行尺寸标注，并将尺寸更改为所需的值，调整好尺寸线的位置。

7）通过【工具】/【草图工具】/【检查草图合法性】命令对草图进行验证，如图 3-20 所示。单击【检查】按钮，如果草图正确，系统会弹出图 3-21 所示的提示信息。

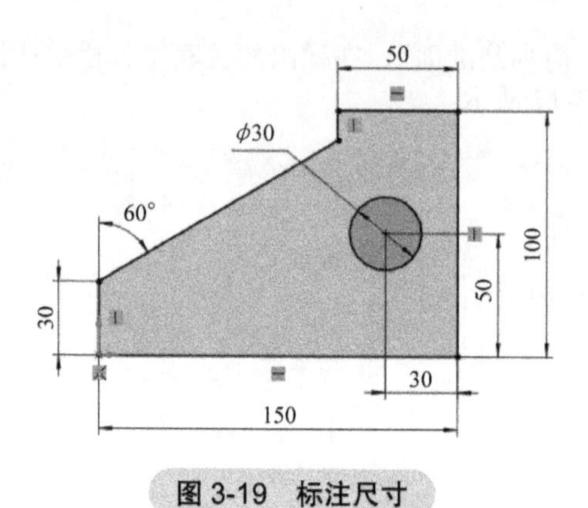

图 3-19 标注尺寸

注意：虽然调整尺寸线位置并非必需的，但养成良好的习惯对于草图检查、工程图标注都是非常有利的，而且整洁的草图信息有利于在不同的设计师之间传递正确、有效的绘制信息。

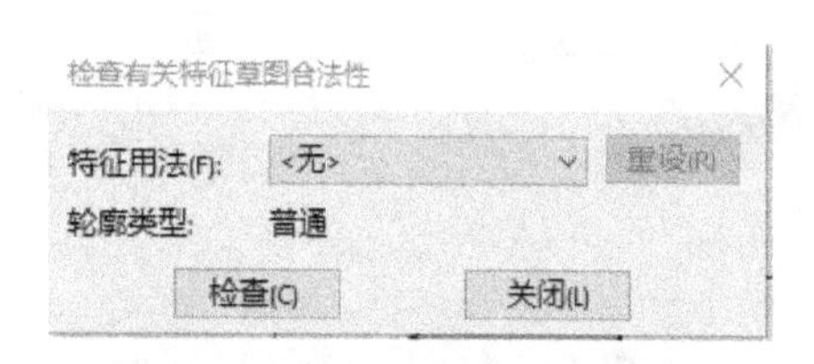

图 3-20 检查草图合法性

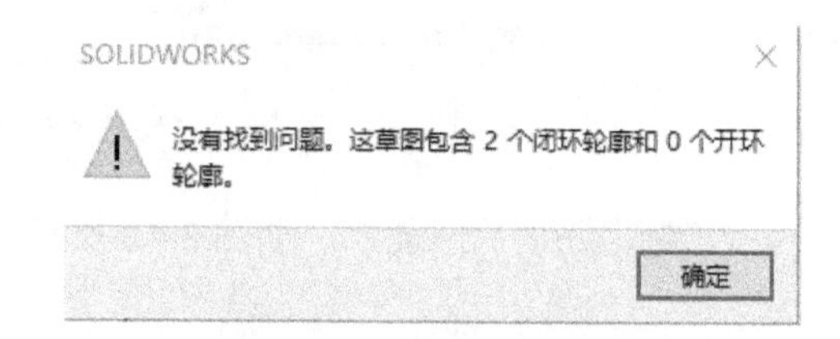

图 3-21 草图合法性提示

8）单击草图环境右上角的【退出草图】，退出当前草图。此时系统回到三维环境状态，草图变为灰色，如图 3-22 所示。

9）如需对草图进行再次编辑修改，可以在设计树上单击该草图，在出现的关联工具栏上单击【编辑草图】，如图 3-23 所示，重新进入草图状态进行编辑修改。

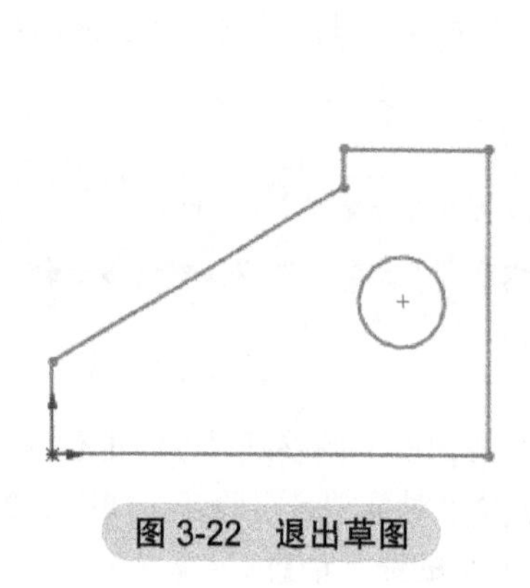

图 3-22 退出草图

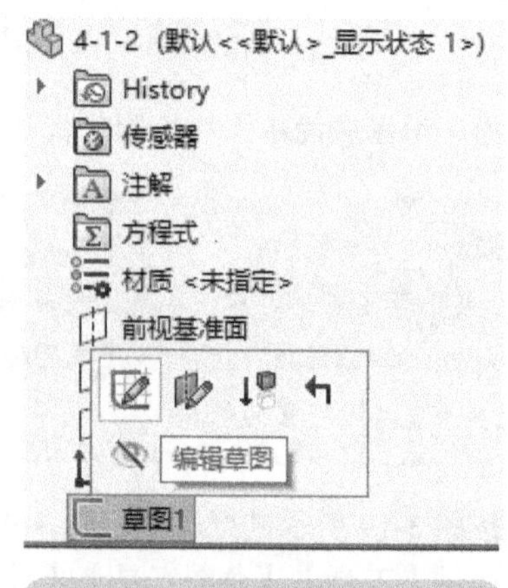

图 3-23 草图编辑的关联工具

3.3.3　草图练习

（1）练习 1　完成图 3-24 所示草图，要求轮廓封闭、尺寸完整、完全定义。

（2）练习 2　完成图 3-25 所示草图，要求轮廓封闭、尺寸完整、完全定义。

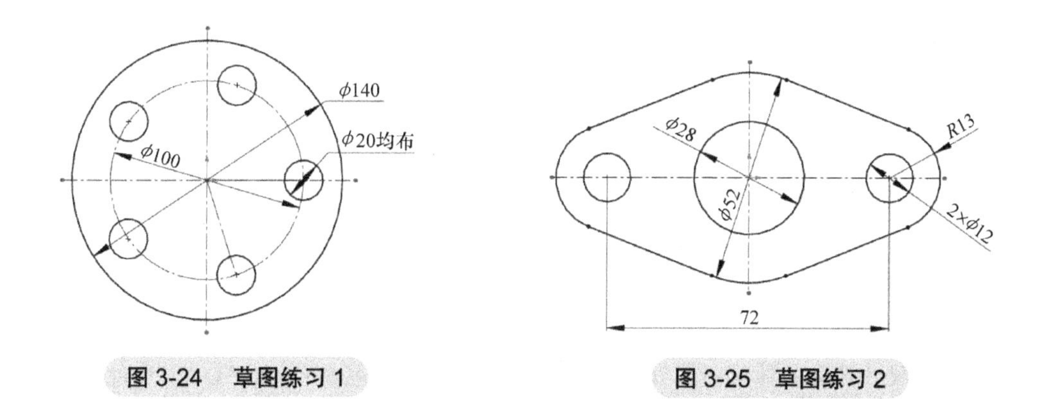

图 3-24　草图练习 1

图 3-25　草图练习 2

3.4　全局变量与方程式

使用全局变量和方程式定义尺寸，可以生成草图、特征、装配中两个或更多尺寸之间的数学关系，使得尺寸（变量）变更后，具有方程关联的尺寸可以自动更改，有助于设计思想传递，提高设计效率。

3.4.1　全局变量

全局变量是预先定义的变量值，不受模型影响，模型中所有尺寸均可通过方程式与该变量关联，在该变量变更时，所有引用处均自动更新。

全局变量名称没有特殊限制，可以是英文、中文、数字、符号及其组合，如图 3-26 所示。虽然变量名可以任意命名，但为了交流直观、方便，还是遵循一定规律较为合适，也可在变量后面的【评论】处输入一定的说明性文字以方便其他人员理解。

变量间也可以通过方程式关联，图 3-26 中的变量“%”，其值为变量“A”加上“12”所得的值，当变量“A”变更时，其值也会自动变更。

名称	数值/方程式	估算到	评论
⊟ 全局变量			
"A"	= 100	100	
"安装孔距"	= 85	85	
"8-L"	= 36.8	36.8	
"%"	= "A" + 12	112	

图 3-26　全局变量

全局变量定义完成后单击【确定】按钮退出定义。所有的全局变量定义完成后均会显示在设计树中的“方程式”下，如图 3-27 所示。如需对变量进行编辑修改，可以在任意一个变量上单击鼠标右键，在弹出的快捷菜单中选择【管理方程式】命令，进入管理界面进行修改。

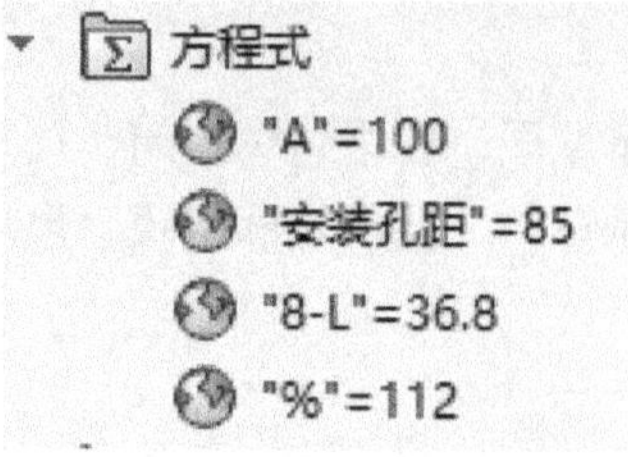

方程式
"A"=100
"安装孔距"=85
"8-L"=36.8
"%"=112

图 3-27 设计树中的变量

3.4.2 尺寸的名称

在 SOLIDWORKS 中，任何尺寸均有一个唯一的名称，以保证引用时不会出现歧义。

草图中尺寸名称的默认命名规则是“尺寸序号 @ 草图名称”，如“D1@ 草图 1”表示“草图 1”中的第一个尺寸。

特征中尺寸名称的默认命名规则是“尺寸序号 @ 特征名称”，如“D1@ 凸台 - 拉伸 1”表示“凸台 - 拉伸 1”的第一个尺寸。

装配中尺寸名称的默认命名规则是“尺寸序号 @ 配合关系”，如“D1@ 距离 2”表示“距离 2”配合的第一个尺寸。

由于系统默认的名称比较抽象，在尺寸较多时难以厘清，为了更好地管理尺寸、方便调用，可以将其名称更改为便于记忆及理解的形式，修改分两步。第一步是更改尺寸所属的草图、特征、配合的名称，更改方法可参考 3.2.4 节中的相关操作方法。第二步是更改尺寸自身的名称，更改方法有两种：一是选中该尺寸，在属性栏中进行修改，如图 3-28a 所示；二是在尺寸的【修改】框中进行修改，如图 3-28b 所示。

> **注意：** 由于系统在单击尺寸时默认为快捷修改尺寸的状态，所以如果要出现属性栏，需单击尺寸线而非尺寸。如需出现尺寸【修改】框，可直接在尺寸上双击。

数值 引线 其他
样式(S)
<无>
公差/精度(P)
无
.12 (文件)
主要值(V)
D1@草图1
100.00mm

a)

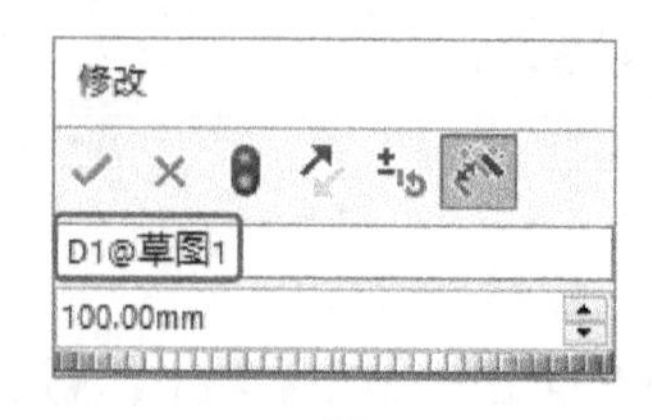

b)

图 3-28 尺寸名称修改

3.4.3　方程式

在 SOLIDWORKS 中可以使用方程式创建尺寸与变量、尺寸与尺寸之间的关系，为草图、特征或配合的尺寸指定方程式。全局变量和方程式可在同一个方程式中使用。如需对某个尺寸添加方程式，可以在该尺寸的【修改】框的尺寸栏中输入“=”以开始方程式的输入，如图 3-29 所示。方程式除了支持最基本的数学运算符外，还支持全局变量、函数、文件属性、测量 4 种类型。

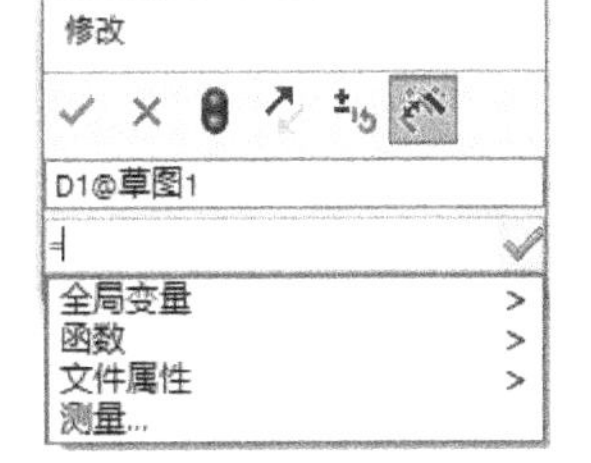

图 3-29　输入方程式

1）全局变量。由【全局变量】所定义的变量名，既可输入变量名，也可在列表中选择。

2）函数。支持常用的函数、常量及判断语句，具体支持对象见表 3-1。

表 3-1　支持对象

序号	符号	名称	说明	序号	符号	名称	说明
1	sin（*a*）	正弦	*a* 为角度，返回正弦值	11	arcsec（*a*）	反正割	*a* 为正割值，返回角度
2	cos（*a*）	余弦	*a* 为角度，返回余弦值	12	arccosec(*a*)	反余割	*a* 为余割值，返回角度
3	tan（*a*）	正切	*a* 为角度，返回正切值	13	arccotan(*a*)	反余切	*a* 为余切值，返回角度
4	sec（*a*）	正割	*a* 为角度，返回正割值	14	abs（*a*）	绝对值	返回 *a* 的绝对值
5	cosec（*a*）	余割	*a* 为角度，返回余割值	15	exp（*n*）	指数	返回 e 的 *n* 次方
6	cotan（*a*）	余切	*a* 为角度，返回余切值	16	sgn（*a*）	符号	返回 *a* 的符号为 −1 或 1
7	arcsin（*a*）	反正弦	*a* 为正弦值，返回角度	17	sqr（*a*）	平方根	返回 *a* 的平方根
8	arccos（*a*）	反余弦	*a* 为余弦值，返回角度	18	int（*a*）	整数	返回 *a* 的整数部分
9	atn（*a*）	反正切	*a* 为正切值，返回角度	19	pi	pi	圆周率（3.14…）
10	log（*a*）	对数	返回 *a* 的以 e 为底数的自然对数	20	If（*a*, *b*, *c*）	if	判断语句，如果 *a* 成立则值为 *b*；否则值为 *c*

3）文件属性。当文件属性中“评估的值”为数字时，则该属性可以被方程式所引用。此外，系统默认的固定属性也可被引用，如质量、表面积、重心、密度、惯性矩等。

4）测量。【评估】/【测量】的值也可被方程式所引用。当选择【测量】选项时，系统自动切换至测量状态，测量完成后该值会自动出现在方程式修改框中。

如果对尺寸添加了方程式，则该尺寸前会显示“Σ”标记，如图 3-30 所示。如果需要对方程式进行修改，可双击该尺寸，也可以在【管理方程式】对话框中进行修改。如方程式不再需要，可以在尺寸【修改】对话框或【管理方程式】对话框中进行删除。

注意：

1）输入方程式时如果没有出现列表选项，可以在运算符号前加一个空格。

2）【测量】选项在三维环境中修改尺寸时才会出现，在草图状态下，列表中没有该选项。

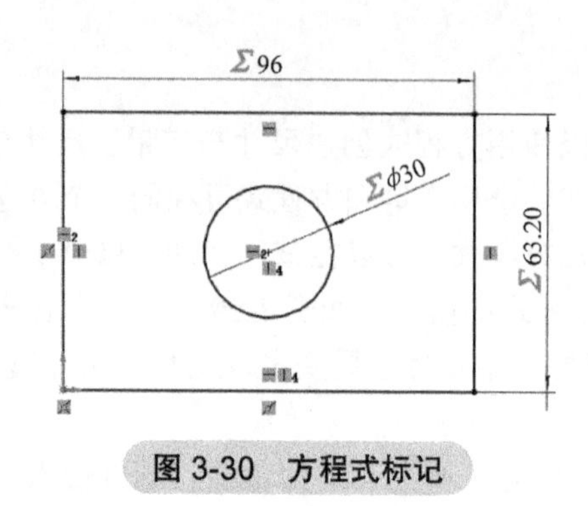

图 3-30 方程式标记

3.4.4 链接数值

链接数值又称为共享数值，可以看成一种特殊的方程式，其链接两个或多个尺寸，无须使用关系式或几何关系。其与方程式最大的区别是，当尺寸用这种方式链接起来后，该组中任何尺寸均可当成驱动尺寸进行更改，改变链接数值中的任意一个数值都会改变与其链接的所有其他数值，而方程式只有被引用的尺寸可以修改。

链接数值可以用全局变量作为中间值，也可以在设置【链接数值】时输入中间变量的名称。在需要链接的尺寸上单击鼠标右键，在弹出的快捷菜单中选择【链接数值】命令，如图 3-31 所示。

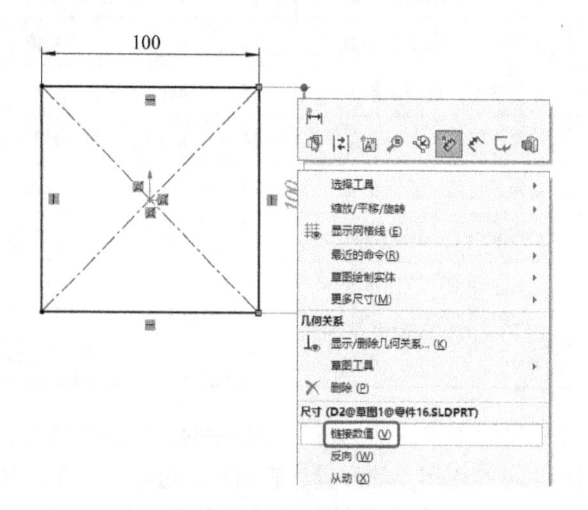

图 3-31 【链接数值】命令

系统弹出图 3-32 所示的【共享数值】对话框，在【名称】栏中选择已有的系统变量或输入一个新的变量名称，其命名规则与全局变量要求相同。

图 3-32 【共享数值】对话框

输入完成后单击【确定】按钮，该尺寸即处于链接状态，其尺寸前会有 标记，如图 3-33 所示。

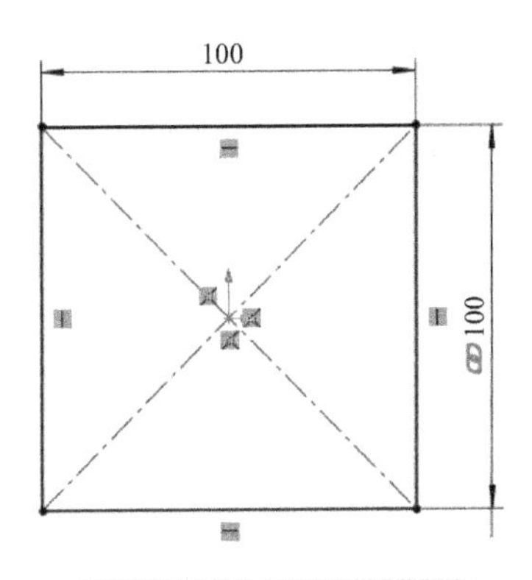

图 3-33　链接数值标记

可以按此方法继续添加其他需要链接到该变量的尺寸，链接时直接选择其名称即可。链接完成后可对其中任一尺寸进行修改，其他的链接尺寸则会同步修改。该变量会同步出现在【管理方程式】中，其与全局变量的区别是该变量前有 标记，如图 3-34 所示。

名称	数值/方程式	估算到	评论
⊟ 全局变量			
"A"	= 100.000000	100mm	
"X"	= 66	66	

图 3-34　全局变量中链接数值的标记

如果链接数值不需要了，可以在该尺寸上单击鼠标右键，在弹出的快捷菜单中选择【解除链接数值】命令，即可取消链接。

3.5　拉伸凸台 / 基体（拉伸切除）

拉伸是建模的核心基本功能之一，大多数零件的建模过程都离不开拉伸操作。拉伸的基本原理是将封闭的草图轮廓给定一定的高度，生成新特征或切除原有特征。

3.5.1　拉伸的基本流程

由于欠定义存在不确定性，所以考试中给定的条件均为完全定义的，通过基准面选择、草图绘制、特征生成来完成模型的创建。

合理的拉伸特征创建流程如下。

1）分析模型，确定需通过拉伸生成的特征。分析时需确定基准面及草图所包含的内容。

2）选择合适的基准面。如该基准面当前没有，则需要创建所需的基准面。

3）绘制草图。通过几何约束与尺寸约束进行草图定义，确保草图能完全定义。

4）单击工具栏中的【特征】/【拉伸凸台 / 基体】或【拉伸切除】命令，选择合适的功能选项并输入合适的尺寸。

5）单击【确定】完成拉伸操作。

6）如需修改草图，则在设计树中选择生成的特征，在弹出的关联工具栏中单击【编辑草图】，进入草图环境进行修改。

7）如需修改特征参数，则在设计树中选择生成的特征，在弹出的关联工具栏中单击【编辑特征】进行参数修改。

3.5.2 拉伸例题

根据图 3-35 所示二维工程图创建相应的三维模型。

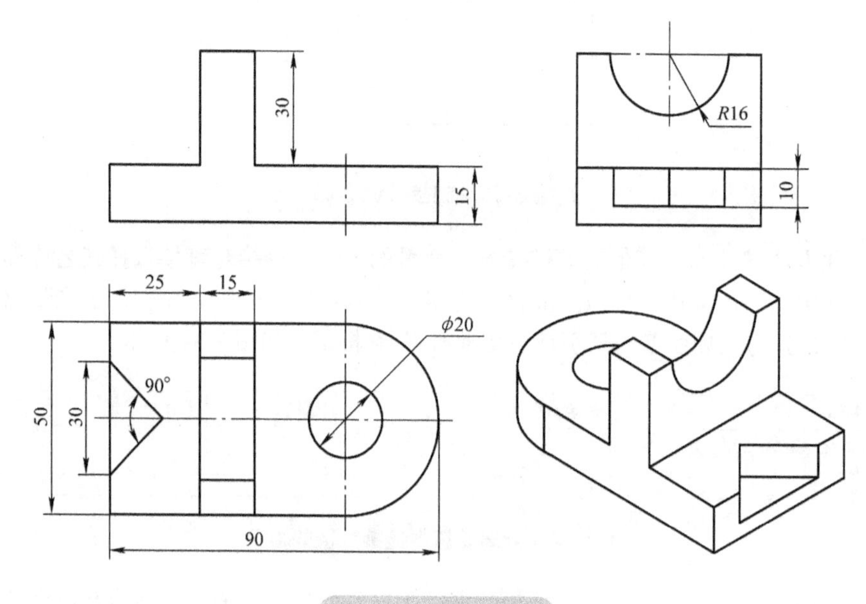

图 3-35 拉伸例题

操作步骤如下。

1）新建零件，并选择“gb part”作为模板。

2）以“前视基准面”为基准绘制图 3-36 所示草图。注意以圆心为草图基准。

3）退出草图。单击工具栏中的【特征】/【拉伸凸台 / 基体】命令，设置拉伸深度为 15mm，结果如图 3-37 所示。

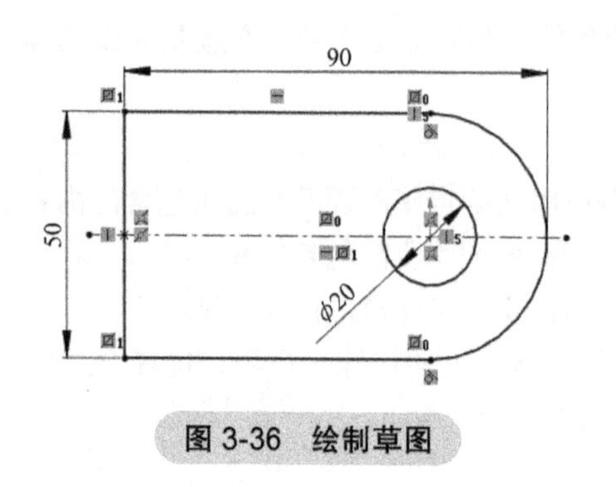

图 3-36 绘制草图

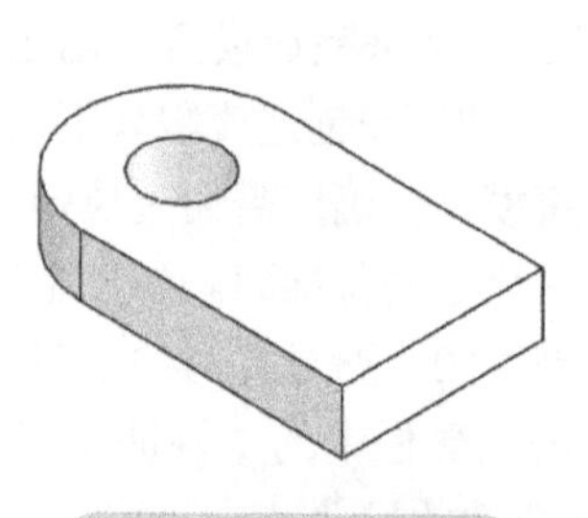

图 3-37 拉伸基体

技巧

草图完成后可不退出草图状态，单击【特征】/【拉伸凸台 / 基体】，可直接进入拉伸特征操作。

4）以上一步完成的特征上表面为基准面绘制图 3-38 所示矩形草图，注意草图两短边要与已有实体边线重合。

5）单击工具栏中的【特征】/【拉伸凸台 / 基体】命令，设置拉伸深度为 30mm，结果如图 3-39 所示。

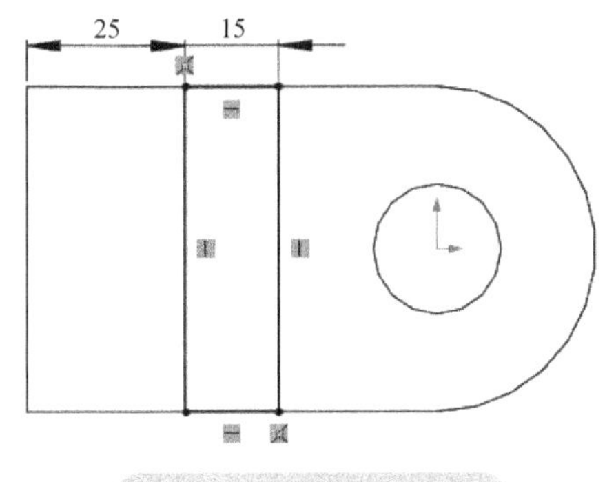

图 3-38　绘制矩形草图

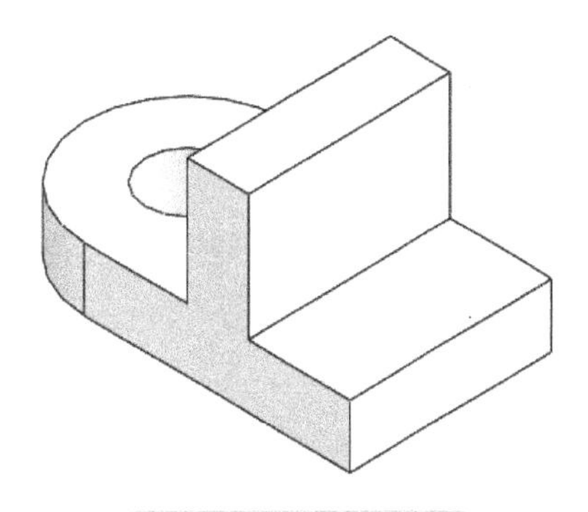

图 3-39　拉伸长方体

6）以上一步拉伸的长方体侧面为基准面绘制图 3-40 所示半圆草图。注意半圆的直径线不能遗漏，以保证草图是封闭环。

7）单击工具栏中的【特征】/【拉伸切除】命令，拉伸方向更改为【完全贯穿】，结果如图 3-41 所示。

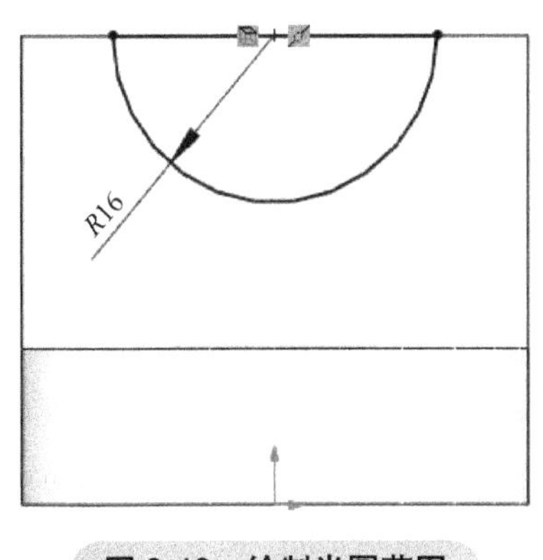

图 3-40　绘制半圆草图

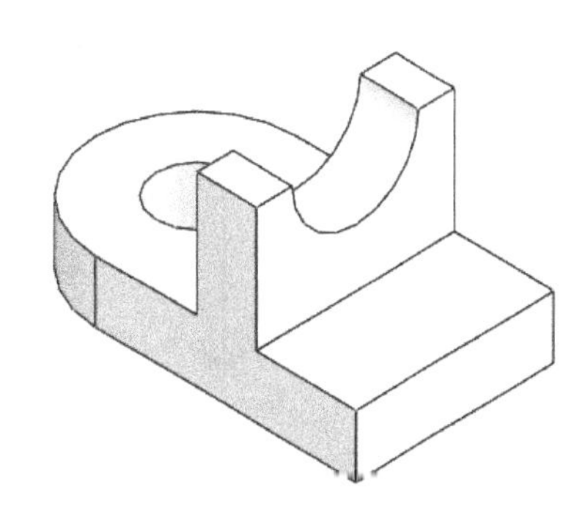

图 3-41　拉伸切除半圆

8）以拉伸基体的上表面为基准面绘制图 3-42 所示三角形草图。注意草图的上下对称性。

9）单击工具栏中的【特征】/【拉伸切除】命令，设置拉伸深度为 10mm，结果如图 3-43 所示。

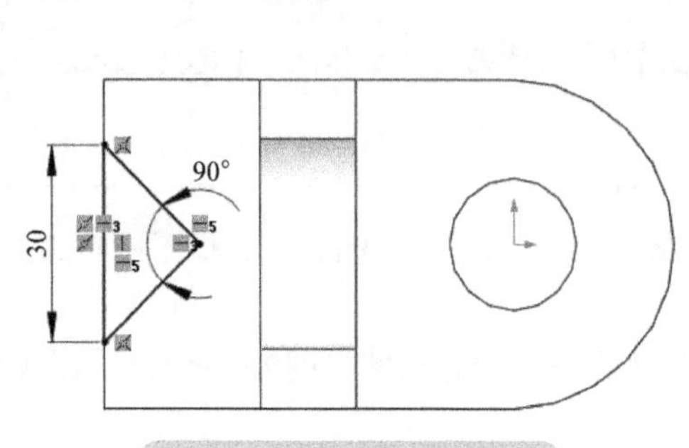

图 3-42　绘制三角形草图

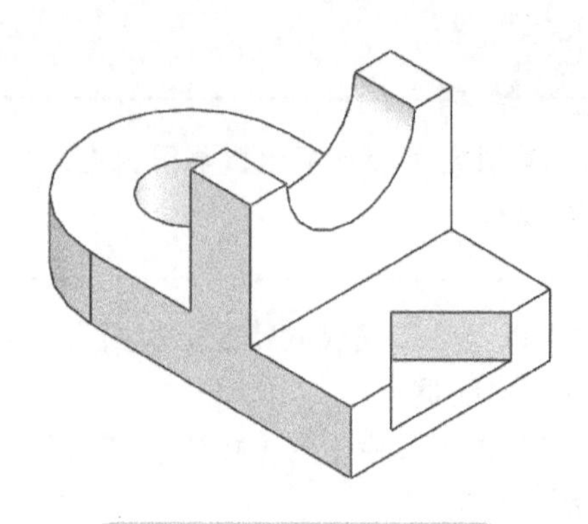
图 3-43　拉伸切除三角形

10）完成模型创建，保存并关闭此模型。

扫码看视频

3.5.3　拉伸练习

（1）练习 1　根据图 3-44 所示二维工程图创建模型，要求以拉伸功能完成，草图完全定义。

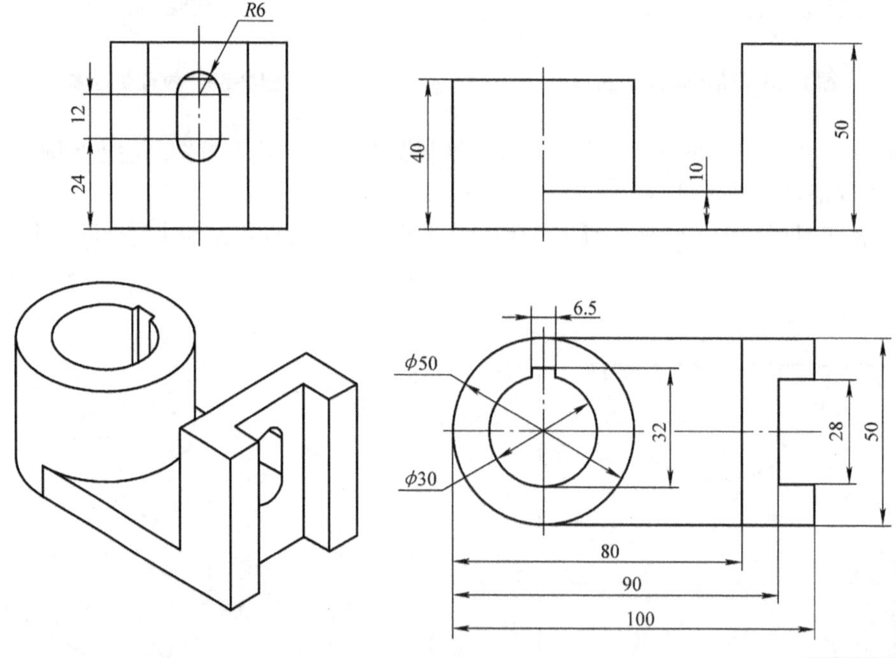

图 3-44　拉伸练习 1

扫码看视频

（2）练习 2　根据图 3-45 所示二维工程图创建模型，要求以拉伸功能完成，草图完全定义。

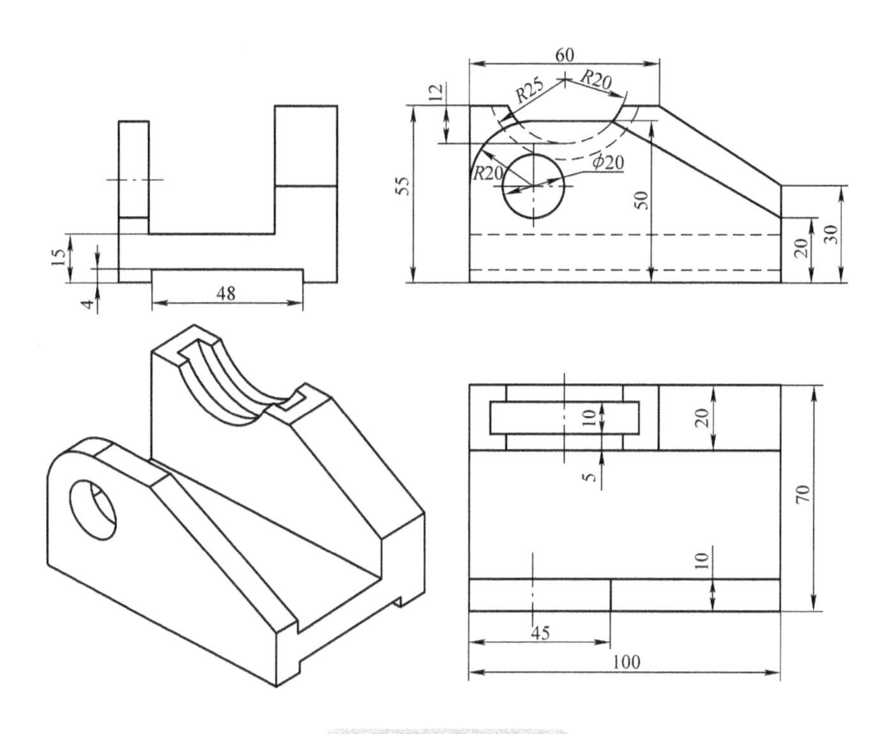

图 3-45　拉伸练习 2

3.6　旋转凸台 / 基体（旋转切除）

旋转是建模的核心基本功能之一，主要用于回转类零件的建模，如轴类、盘类零件，其基本原理是将封闭的草图轮廓旋转一定角度（通常为 360°），形成回转体特征或切除原有特征。

3.6.1　旋转的基本流程

考试中对旋转的要求与拉伸类似，可参考拉伸特征的基本要求。

合理的旋转特征创建流程如下。

1）分析模型，确定需通过旋转生成的特征。分析时需确定基准面及草图所包含的内容。

2）选择合适的基准面。如该基准面当前没有，则需要创建所需的基准面。

3）绘制草图。草图为该回转体截面的一半，通过几何约束与尺寸约束进行草图定义，确保草图能完全定义。

4）单击工具栏中的【特征】/【旋转凸台 / 基体】或【旋转切除】命令，选择合适的功能选项并输入合适的尺寸。

5）单击【确定】完成旋转操作。

6）如需修改草图，则在设计树中选择生成的特征，在弹出的关联工具栏中单击【编辑草图】，进入草图环境进行修改。

7）如需修改特征参数，则在设计树中选择生成的特征，在弹出的关联工具栏中单击【编辑特征】进行参数修改。

3.6.2 旋转例题

根据图 3-46 所示二维工程图创建相应的三维模型。

扫码看视频

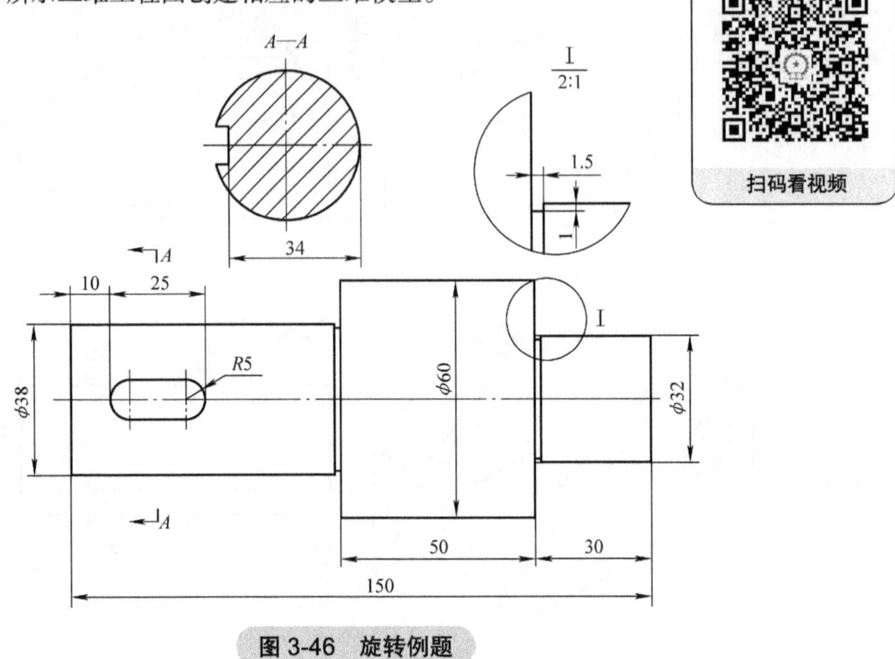

图 3-46 旋转例题

操作步骤如下。

1）新建零件，并选择“gb part”作为模板。

2）以“前视基准面”为基准绘制图 3-47 所示草图。注意只需绘制一半截面即可。

3）退出草图。单击工具栏中的【特征】/【旋转凸台 / 基体】命令，选择过原点的直线为旋转轴，旋转角度按默认的 360°，结果如图 3-48 所示。

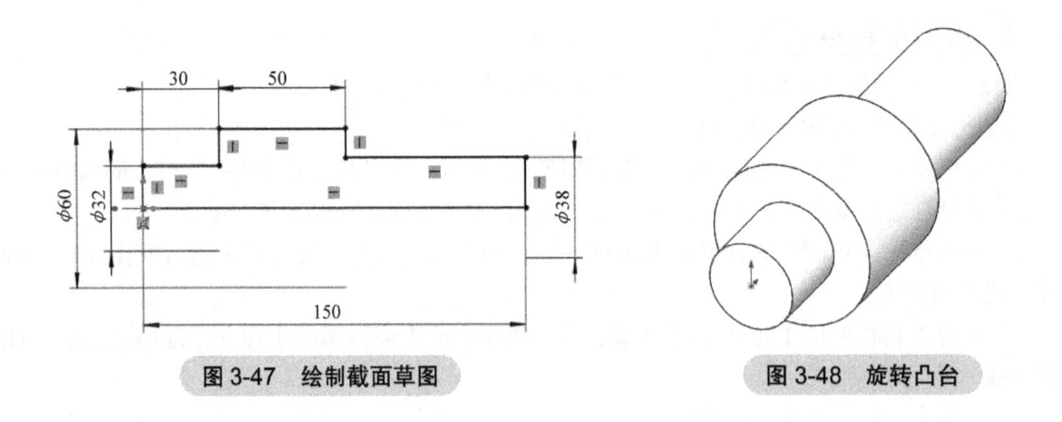

图 3-47 绘制截面草图

图 3-48 旋转凸台

技巧

草图中与回转轴共线的直线可以省略，在执行旋转命令时系统会自动补画该线。

4）以“前视基准面”为基准绘制图 3-49 所示的两个矩形草图。注意，由于此草图没有过旋转轴的线，所以需要额外绘制一条过原点的“中心线”作为旋转轴。

5）退出草图。单击工具栏中的【特征】/【旋转切除】命令，以过原点的中心辅助线为旋转轴进行旋转切除，结果如图 3-50 所示。

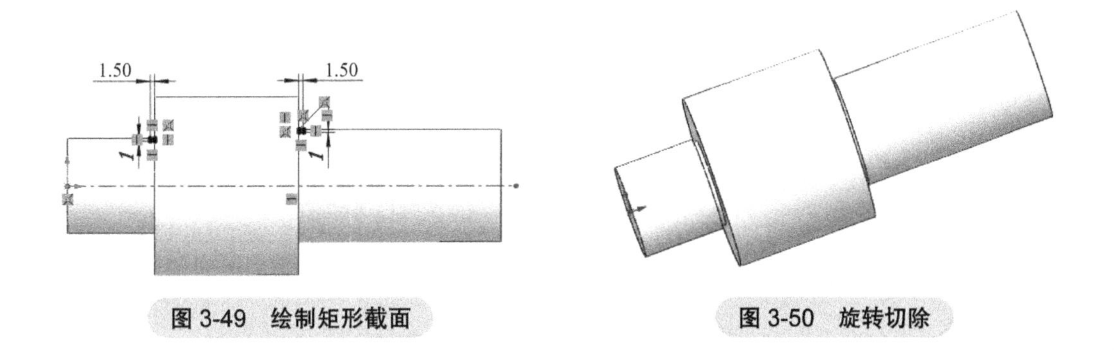

图 3-49　绘制矩形截面　　图 3-50　旋转切除

技巧

作为旋转轴的辅助线也可省略不绘制，由于已有一个旋转特征，可以通过菜单中的【视图】/【隐藏 / 显示】/【临时轴】命令显示已有旋转体的轴线，该轴线可以作为旋转轴的参考线使用。

6）以“前视基准面”为基准绘制图 3-51 所示直槽口。注意草图要完全定义。

7）单击工具栏中的【特征】/【拉伸切除】命令，将【从】选项更改为“等距”，等距距离更改为 15mm，拉伸方向更改为【完全贯穿】，结果如图 3-52 所示。

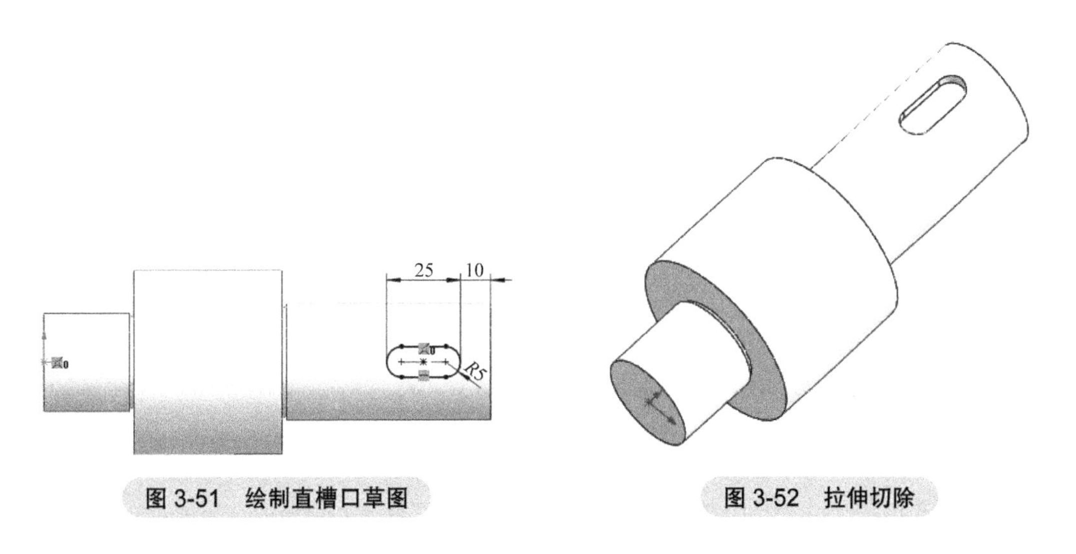

图 3-51　绘制直槽口草图　　图 3-52　拉伸切除

8）完成模型创建，保存并关闭此模型。

3.6.3 旋转练习

（1）练习 1 根据图 3-53 所示二维工程图创建模型，要求以旋转与拉伸功能完成，草图完全定义。

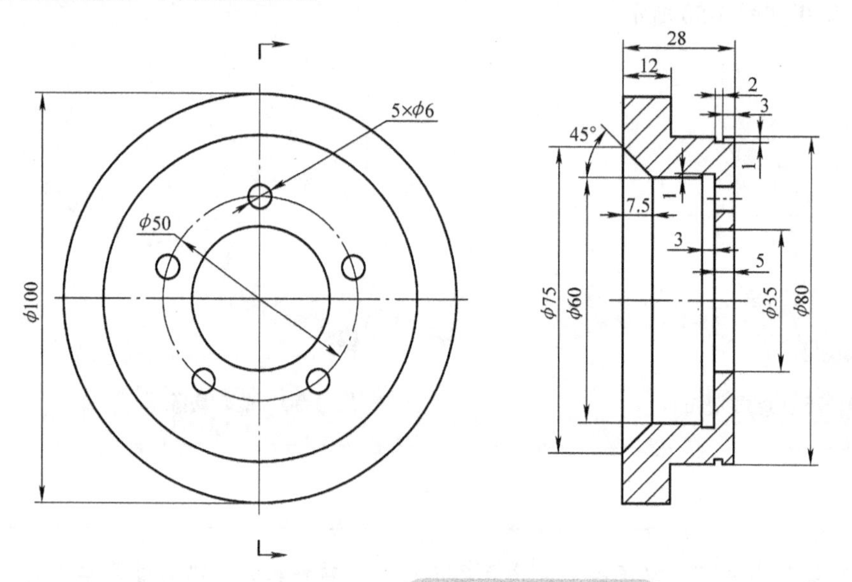

图 3-53 旋转练习 1

（2）练习 2 根据图 3-54 所示二维工程图创建模型，要求以旋转与拉伸功能完成，草图完全定义。

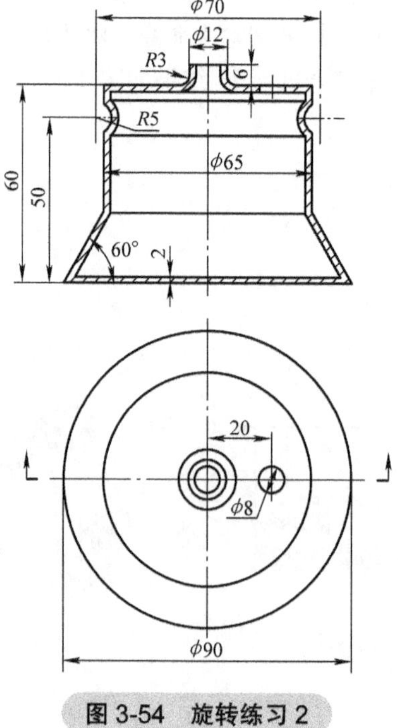

图 3-54 旋转练习 2

3.7　基准面

基准面是 SOLIDWORKS 中的基本元素之一，其中作为基本特征的 2D 草图必须基于基准面创建。系统带有 3 个默认基准面，新的基准面可以在零件或装配体文件中生成。基准面除了用来绘制草图外，还可用于生成模型的剖视图和拔模特征中的中性面等。

3.7.1　基准面的选用原则

SOLIDWORKS 中的基准面为智能创建模式，系统会根据所选对象的不同自动匹配相应的基准面创建方式，无须先决定采用何种方式创建基准面，大部分生成方式只需选择现有的参考对象即可。常用的基准面形式有三点面、点 + 直线、过点平行于已有面、等距面、与已有面成一定夹角、垂直面、相切面、两侧对称面。

由于基准面是草图等重要特征的参考，所以在创建基准面时要遵循以下原则，以减少错误的产生。

1）优先选用系统默认的 3 个基准面。由于默认基准面不会被删除也不会消失，所以能最大化减少出错。

2）如果现有特征平面能作为草图基准面，则尽量不生成新的基准面。

3）基准面的参考对象优先选用较少修改的对象。

4）基准面参考对象优先选用基本特征生成的对象，减少使用扫描、放样、曲面等特征作为参考对象。

5）减少基准面间的串联参考，串联参考会影响模型的重建效率。

6）如果模型较复杂、基准面较多，需对基准面进行规范命名，以方便管理且利于理解建模思路。

3.7.2　基准面例题

扫码看视频

根据图 3-55 所示二维工程图创建相应的三维模型。

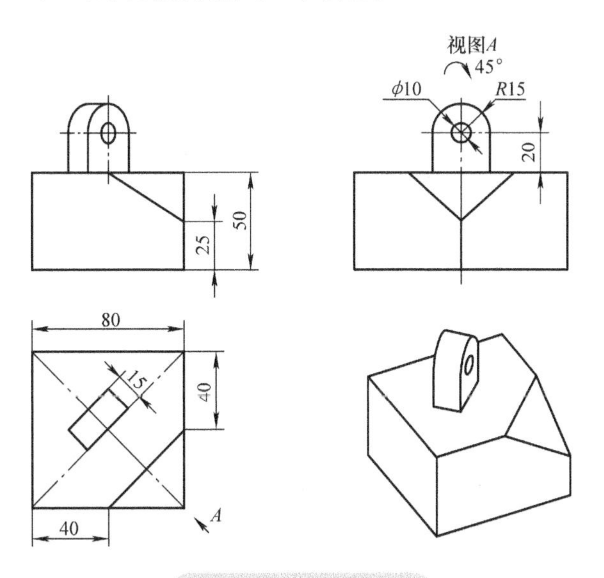

图 3-55　基准面例题

操作步骤如下。

1）新建零件，并选择“gb part”作为模板。

2）以“前视基准面”为基准绘制图3-56所示草图，正方形可以用两边相等的几何约束关系。

3）退出草图。单击工具栏中的【特征】/【拉伸凸台/基体】命令，设置拉伸深度为50mm，结果如图3-57所示。

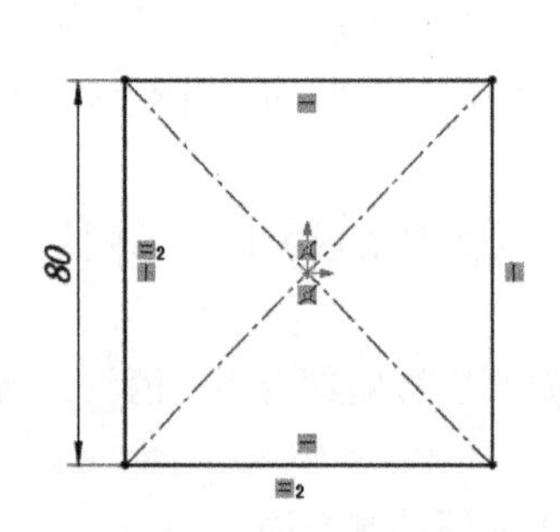

图3-56 绘制正方形草图

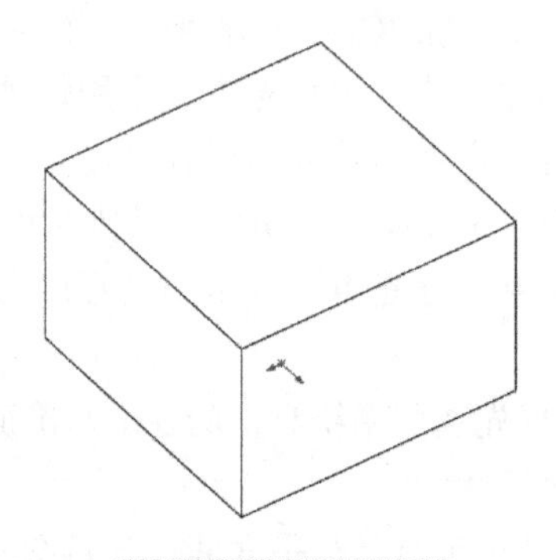

图3-57 拉伸凸台

4）单击工具栏中的【特征】/【参考几何体】/【基准面】命令，依次选择3条边的中点，如图3-58所示。

5）单击【确定】退出【基准面】功能，生成图3-59所示基准面。

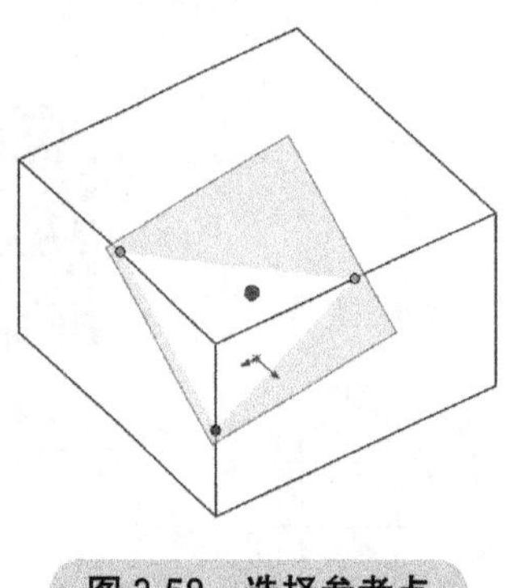

图3-58 选择参考点

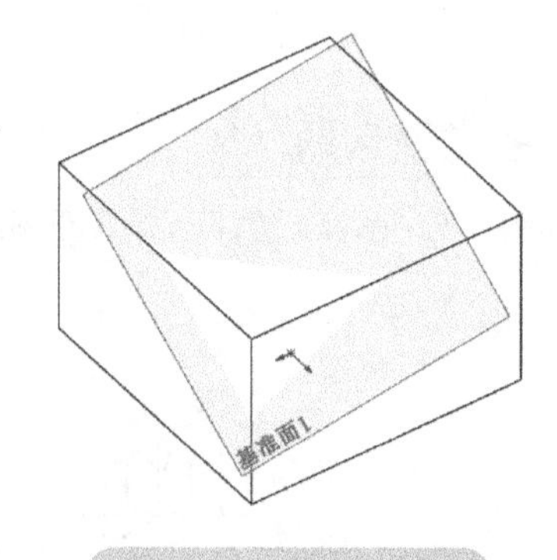

图3-59 生成基准面

6）单击工具栏中的【曲面】/【使用曲面切除】命令，选择上一步生成的基准面，对实体进行切除。注意观察切除方向，如切除方向不正确，可以单击【反向切除】按钮进行反向。完成结果如图3-60所示。

技巧

模型中过多的参考对象显示会影响操作。若该基准面后续不使用，可以单击该基准面，在弹出的关联工具栏上单击【隐藏】；若需再次显示，可以在设计树中选中该对象，单击【显示】。

7）以已有实体的上表面为基准面绘制一条直线，如图 3-61 所示。

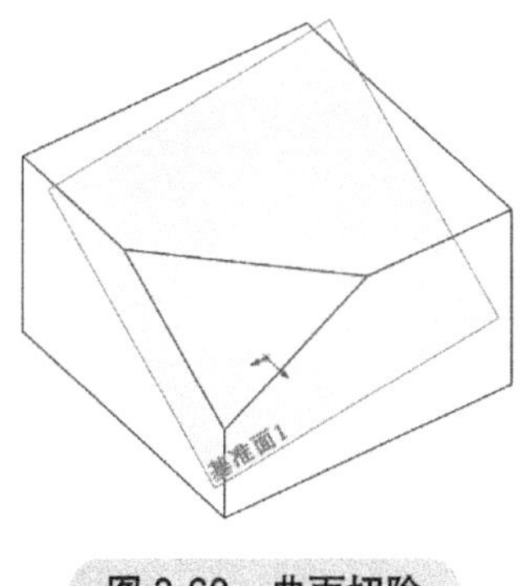

图 3-60 曲面切除

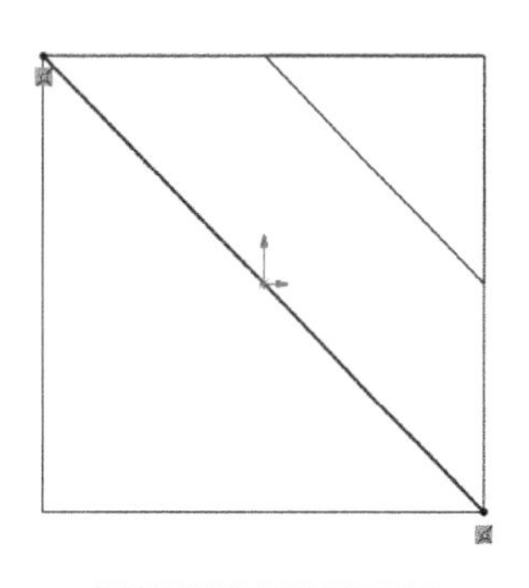

图 3-61 绘制直线

8）单击工具栏中的【特征】/【参考几何体】/【基准面】命令，依次选择实体上表面及上一步绘制的直线，如图 3-62 所示。

9）单击【确定】退出【基准面】功能，生成图 3-63 所示基准面。

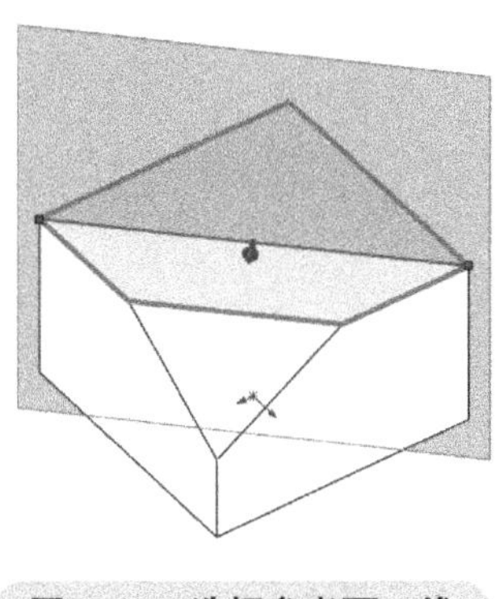

图 3-62 选择参考面、线

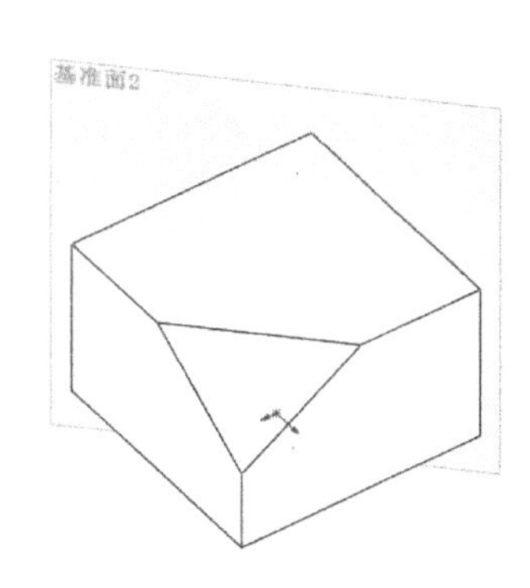

图 3-63 生成基准面

10）以上一步创建的基准面为基准绘制图 3-64 所示草图，草图为左右对称状态。

11）单击工具栏中的【特征】/【拉伸凸台 / 基体】命令，设置拉伸深度为 15mm，结果如图 3-65 所示。

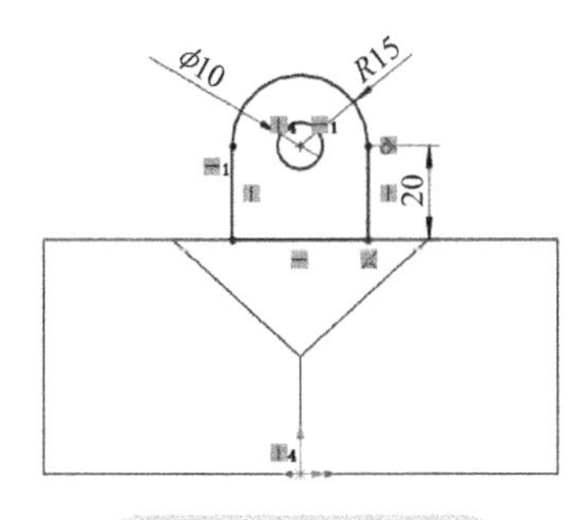

图 3-64 绘制草图

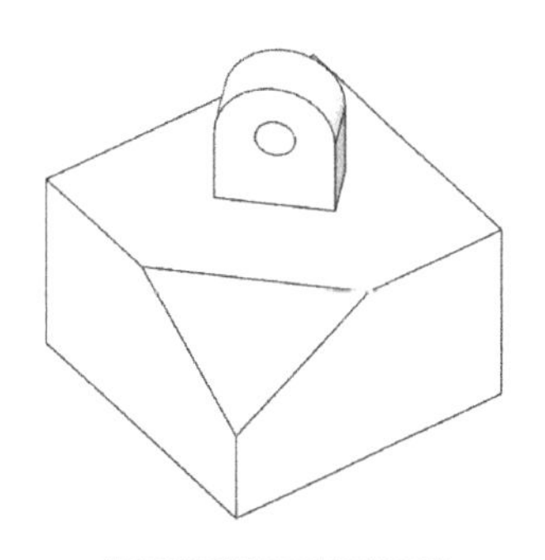

图 3-65 拉伸凸台

12）完成模型创建，保存并关闭此模型。

3.7.3 基准面练习

根据图 3-66 所示二维工程图创建模型，要求切角以基准面切除和旋转切除完成，草图完全定义。

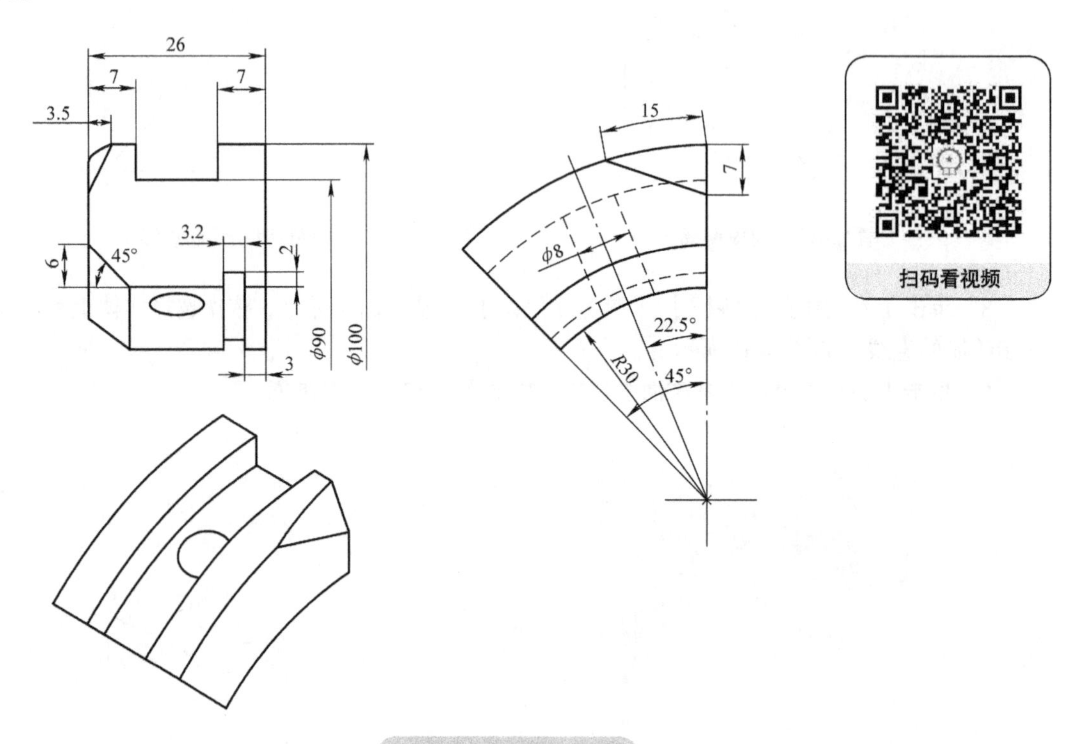

图 3-66 基准面练习

3.8 倒角

倒角是三维建模中最常用的辅助特征之一，即通过对已有模型的边线进行操作，生成一倒角特征。系统默认为 45° 倒角，可以更改成所需的倒角角度。

3.8.1 创建倒角的基本流程

创建倒角的方法有两种，一是选择需倒角的边线或面，然后在弹出的关联工具栏中单击【倒角】，二是先在工具栏中单击【特征】/【倒角】命令，再选择所需倒角的对象。

合理的倒角特征创建流程如下。

1）分析模型，确定需倒角的对象。如果面的构成边线均需倒角，可直接选择该面进行倒角，而无须对其边线进行逐一选择。

2）单击工具栏中的【特征】/【倒角】命令。

3）在倒角对话框中选择所需的倒角形式。在 CSWA 考试中只考查【角度距离】与【距离距离】两个选项。

4）选择所需倒角的边线或面，并更改倒角参数至所需尺寸。

5）单击【确定】完成倒角操作。

6）如需修改特征参数，则在设计树中选择生成的倒角特征，在弹出的关联工具栏中单击【编辑特征】进行参数修改。

3.8.2　倒角例题

在 3.5.2 节的例题基础上完成图 3-67 所示的倒角添加。

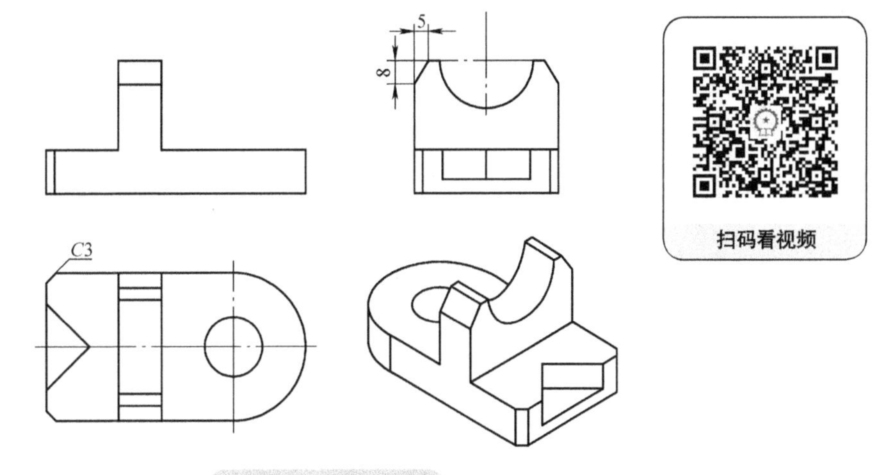

图 3-67　倒角例题

操作步骤如下。

1）打开 3.5.2 节例题的模型，并另存为新的文件。

2）单击工具栏中的【特征】/【倒角】命令，倒角类型按默认的【角度距离】，选择需倒角的两条边线，如图 3-68 所示，并将【倒角参数】中的距离更改为 3。

3）单击【确定】退出倒角功能，生成图 3-69 所示倒角。

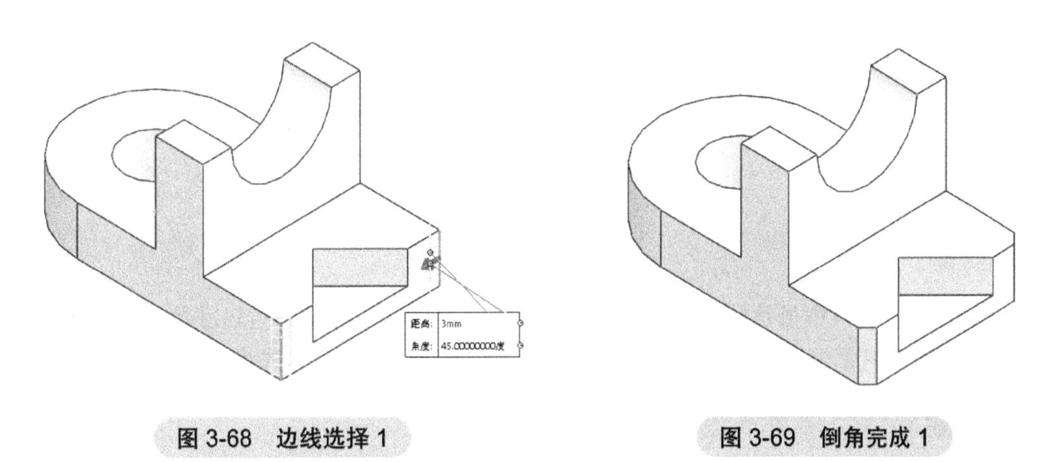

图 3-68　边线选择 1　　　图 3-69　倒角完成 1

注意：如果倒角非 45°，需要注意倒角的方向，因为有时会出现倒角标注与特征角度互为余角的情况，一定要加以区别。

4）单击工具栏中的【特征】/【倒角】命令，倒角类型选择【距离距离】，选择需倒角的两条边线，如图3-70所示，并将【倒角参数】更改为【非对称】，距离更改为8与5，根据预览可能需要调整这两个值的位置。

5）单击【确定】退出倒角功能，生成图3-71所示倒角。

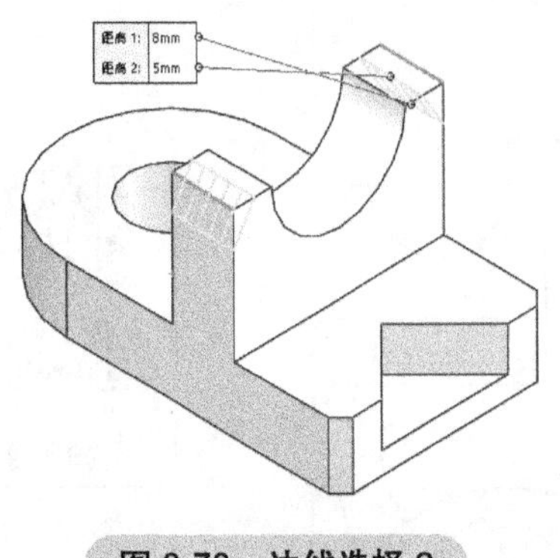

图3-70 边线选择2

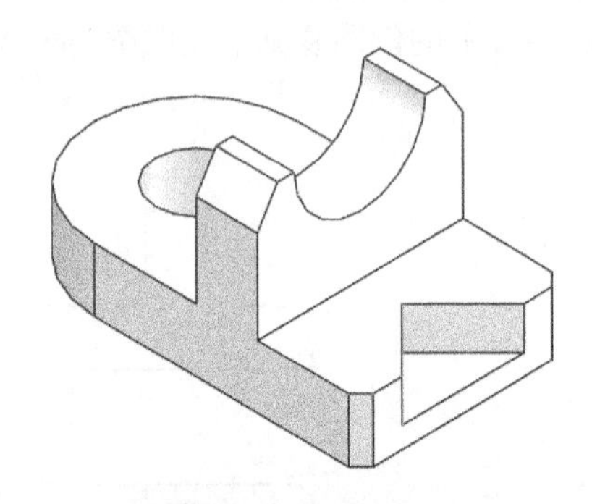
图3-71 倒角完成2

6）完成模型创建，保存并关闭此模型。

3.8.3 倒角练习

在3.6.2节旋转例题的基础上完成图3-72所示的倒角添加。

扫码看视频

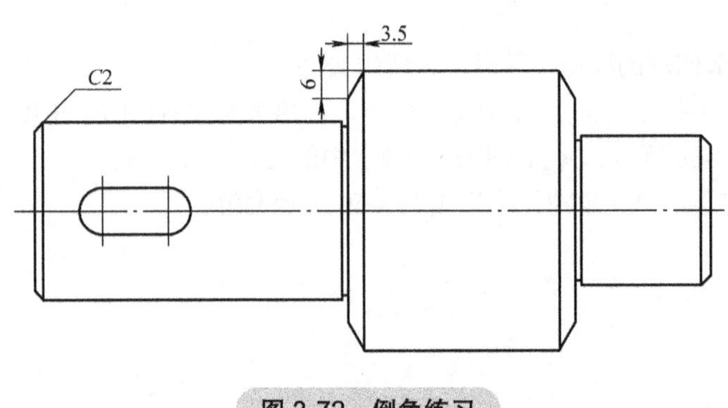

图3-72 倒角练习

3.9 圆角

圆角也是三维建模中最常用的辅助特征之一，即通过对已有模型的边线进行操作，生成一圆角特征。系统提供了多种圆角类型，CSWA考试中只考查【恒定圆角大小】选项。

3.9.1 创建圆角的基本流程

创建圆角的方法有两种，一是选择需圆角的边线或面，然后在弹出的关联工具栏中单击【圆角】，二是先在工具栏中单击【特征】/【圆角】命令，再选择所需圆角的对象，其操作过程与倒角类似。

合理的圆角特征创建流程如下。

1）分析模型，确定需圆角的对象。如果面的构成边线均需圆角，可直接选择该面进行圆角，而无须对其边线进行逐一选择。

2）单击工具栏中的【特征】/【圆角】命令。

3）在圆角对话框中选择所需的圆角形式。在 CSWA 考试中保持默认圆角形式即可。

4）选择所需圆角的边线或面，并更改圆角参数至所需尺寸。

5）单击【确定】完成圆角操作。

6）如需修改特征参数，则在设计树中选择生成的圆角特征，在弹出的关联工具栏中单击【编辑特征】进行参数修改。

3.9.2　圆角例题

在 3.5.3 节拉伸练习 1 的基础上完成图 3-73 所示的圆角添加。

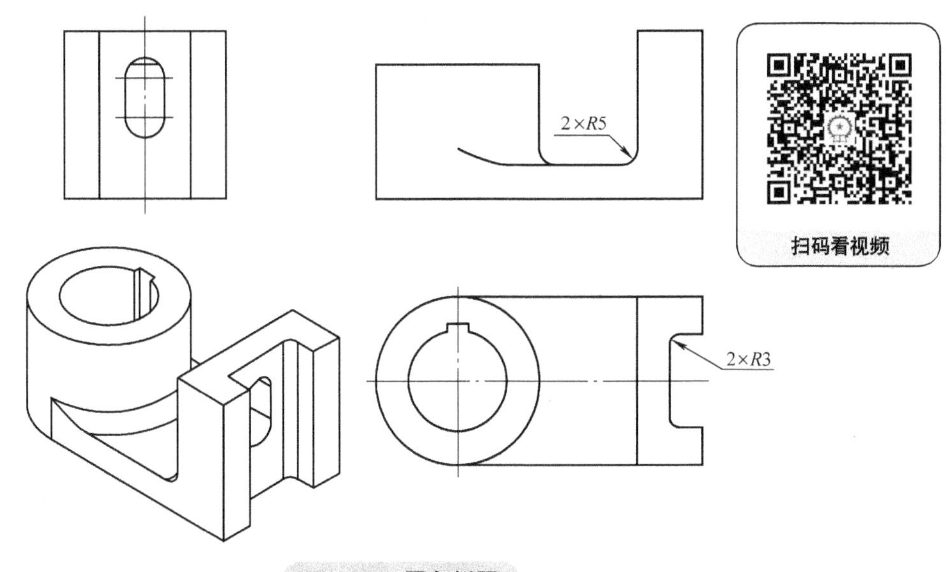

图 3-73　圆角例题

操作步骤如下。

1）打开 3.5.3 节拉伸练习 1 的模型，并另存为新的文件。

2）单击工具栏中的【特征】/【圆角】命令，圆角类型按默认的【恒定大小圆角】，选择需圆角的两条边线，如图 3-74 所示，并将【圆角参数】中的半径更改为 5mm。

选择不方便时，可将光标移至需圆角的边线附近，单击鼠标右键，在弹出的快捷菜单中选择【选择其他】命令，此时系统会将光标附近的所有对象均以列表方式给出，在列表中选择即可。

3）单击【确定】退出圆角功能，生成图 3-75 所示圆角。

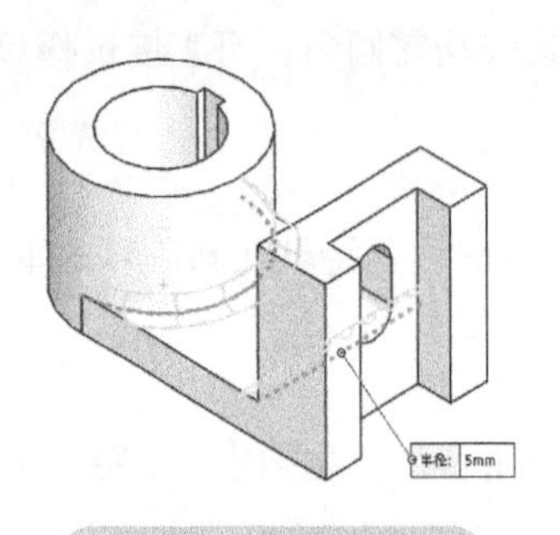

图 3-74　边线选择 1

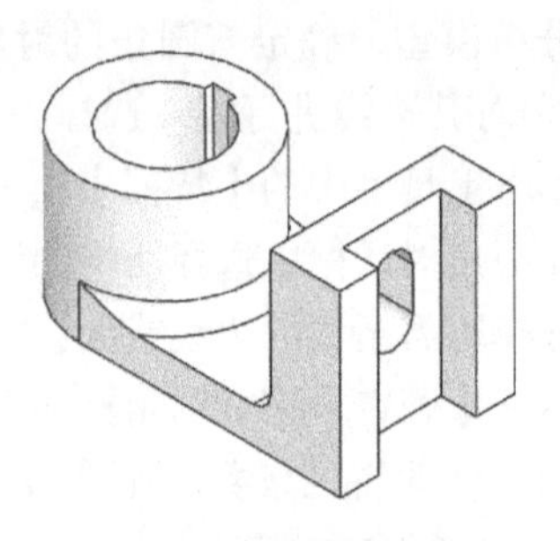

图 3-75　圆角完成 1

4）单击工具栏中的【特征】/【圆角】命令，圆角类型按默认的【恒定大小圆角】，选择需圆角的两条边线，如图 3-76 所示，并将【圆角参数】中的半径更改为 3mm。

5）单击【确定】退出圆角功能，生成图 3-77 所示圆角。

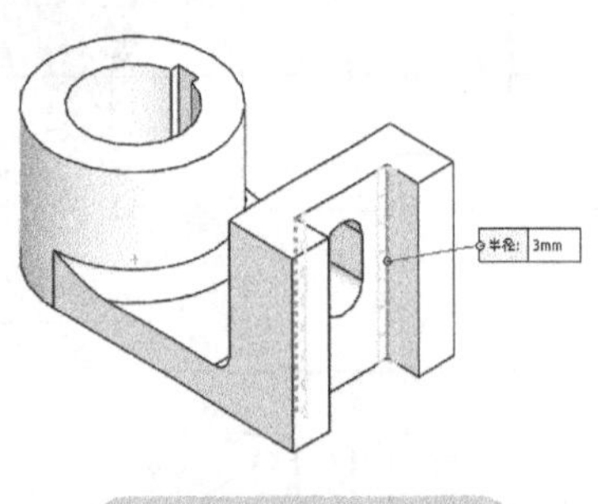

图 3-76　边线选择 2

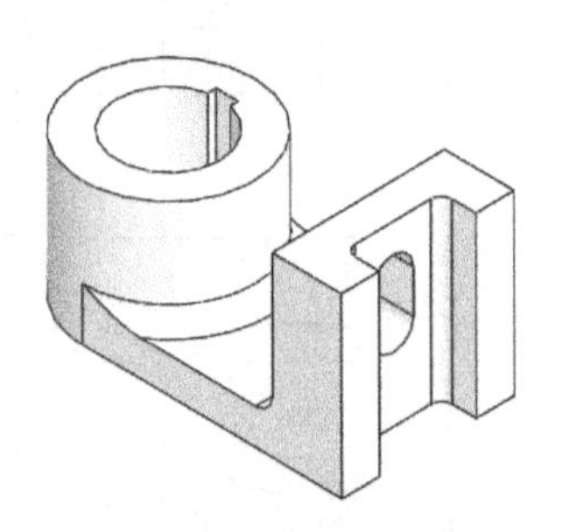

图 3-77　圆角完成 2

6）完成模型创建，保存并关闭此模型。

3.9.3　圆角练习

扫码看视频

在 3.6.3 节旋转练习 1 的基础上完成图 3-78 所示圆角与倒角的添加。

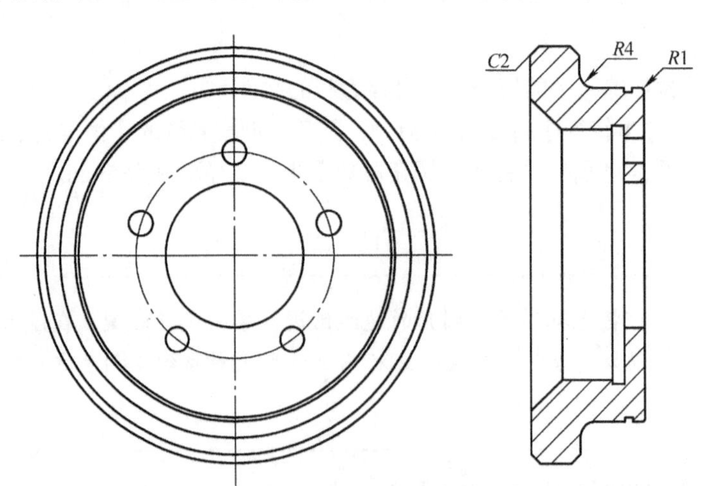

图 3-78　圆角练习

3.10　材料

模型只有赋予相应的材质后才具有一定的物理特性；否则只是一个模型而已。在 SOLIDWORKS 中可以通过【编辑材料】功能对现有模型进行材料赋予。SOLIDWORKS 中已包含了常用的材料类型，可以直接选用。

3.10.1　材料的选用

可以在建模过程的任何时候选用或更改材料。在 CSWA 考试中由于题目明确给定了材料，可以在新建模型后就赋予相应的材料，以防遗漏。

材料选用的操作步骤如下。

1）在设计树中的“材质”上单击鼠标右键，如图 3-79 所示，在弹出的快捷菜单中选择【编辑材料】命令。

2）系统弹出图 3-80 所示的【材料】对话框，在该对话框中选择所需的材料。

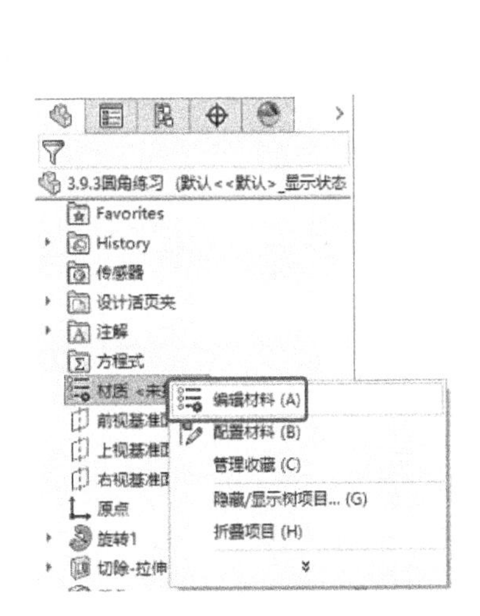

图 3-79　编辑材料

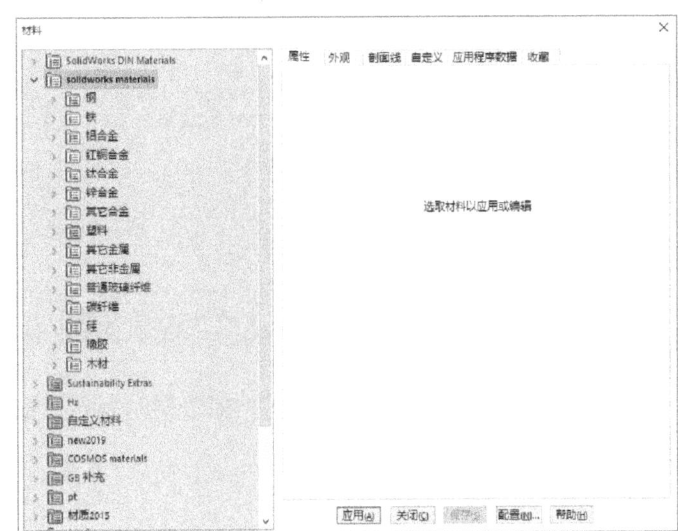

图 3-80　选择材料

3）选择材料后单击【应用】按钮，再单击【关闭】按钮，即可完成材料的赋予。

3.10.2　自定义材料

在实际应用中所需材料千差万别，然而系统所带材料有限，无法满足所有场合，此时就需要添加自定义材料。虽然 CSWA 考试中不涉及自定义材料，但作为一项基本的常用技能，还是建议了解一下。

SOLIDWORKS 中的自定义材料库以文件形式保存，每个材料库（根目录）均对应一个文件，此文件也可以复制至其他计算机上以供调用，调用方式为【选项】/【系统选项】/【文件位置】/【材质数据库】。

自定义材料的操作方法如下。

1）按 3.10.1 节的操作方法进入【材料】对话框。

2）在【材料】对话框的空白处单击鼠标右键，在弹出的快捷菜单中选择【新库】命令，如图 3-81 所示。

3）系统弹出【另存为】对话框，如图 3-82 所示，选择合适的位置，设置名称，保存新建的材料库。

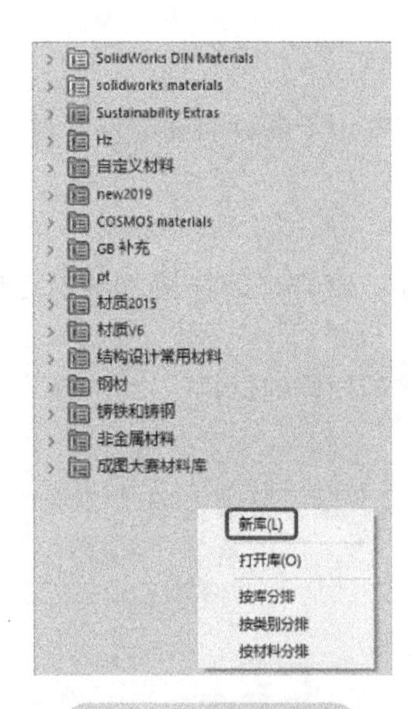

图 3-81　创建新库

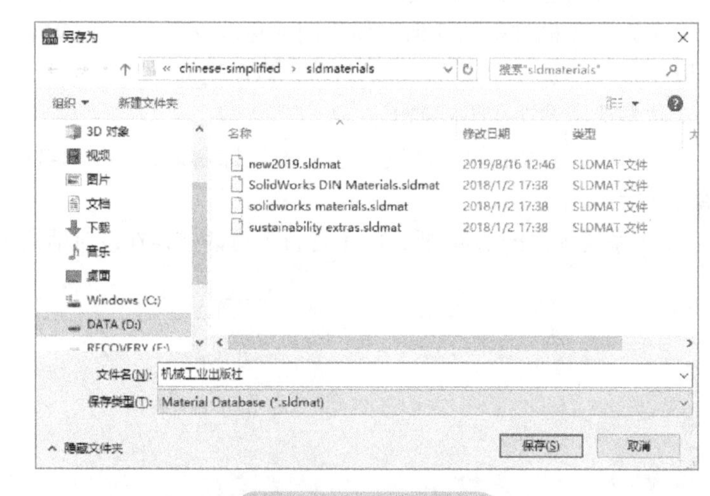

图 3-82　保存材料库

4）新建的材料库出现在列表中。在此库上单击鼠标右键，在弹出的快捷菜单中选择【新类别】命令，如图 3-83 所示。

5）输入新类别的名称，如“金属”，如图 3-84 所示，输入完成后按键盘上的回车键。

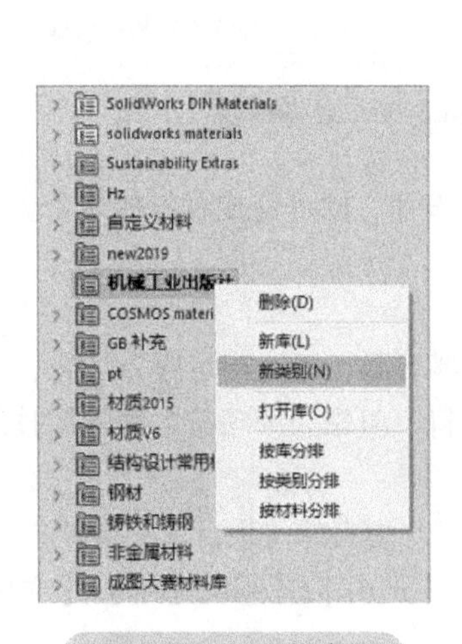

图 3-83　创建新类别

图 3-84　输入类别名称

6）在新建的类别上单击鼠标右键，在弹出的快捷菜单中选择【新材料】命令，如图 3-85 所示。

7）输入新材料的名称，如“A3”，如图 3-86 所示，输入完成后按键盘上的回车键。

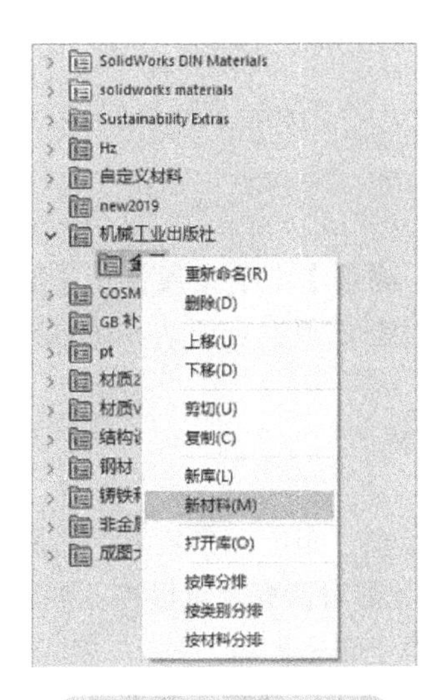

图 3-85　创建新材料

图 3-86　输入材料名称

8）输入新材料的参数，如图 3-87 所示。“质量密度”是基本参数，要按实际值输入。其余值与分析有关，可以省略，如果模型需要做相关分析，则相应的参数也必须输入。

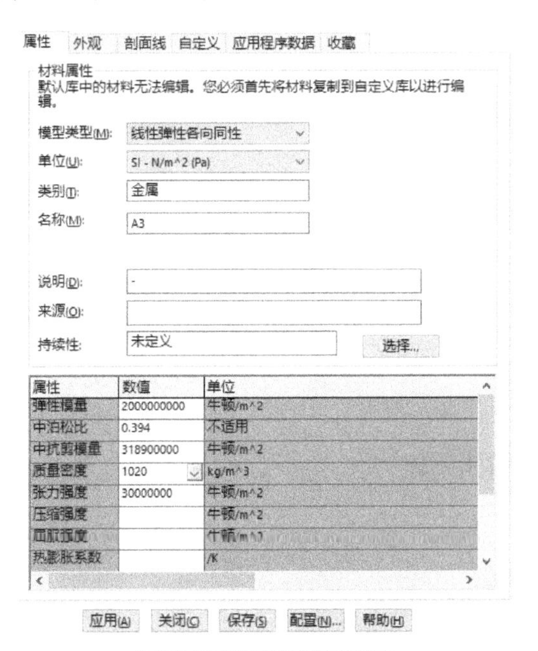

图 3-87　输入材料参数

9）参数输入完成后单击【应用】按钮，再单击【关闭】按钮，即可完成材料的定义。

技巧

由于材料参数较多且参数数值的位数较多，输入时容易出错，且一旦参数出错会影响到产品的设计分析，后果非常严重。为减少这种情况，可在原有材料基础上复制一类似材料到该类别下，再进行修改。

3.11 评估

在 SOLIDWORKS 中【评估】是一个工具集，包括【测量】、【质量属性】、【剖面属性】、【传感器】、【性能评估】等功能，这些工具可以从各个维度对模型进行评估。在 CSWA 考试中只考查【测量】与【质量属性】两个功能。

3.11.1 测量

【测量】可以在草图、模型、装配体或工程图中测量距离、角度和半径等，选择【评估】/【测量】命令，系统弹出图 3-88 所示对话框，该对话框为驻留对话框，可以在不关闭该对话框时对模型进行其他操作，当再次需要测量时只需在该对话框上单击即可。

当选择对象后，对象的相关测量数值就会出现在该对话框中，如图 3-89 所示。系统会根据所选对象的不同列出不同的测量结果，如选择一条边线，会出现该线的长度值；如选择一个面，会出现该面的面积、周长的值；如选择两个平行的面，会出现两面间的距离、总面积等。当所选的组合不合理时，系统会提示“所选的实体为无效的组合”，此时需重新选择对象。

图 3-88 【测量】对话框

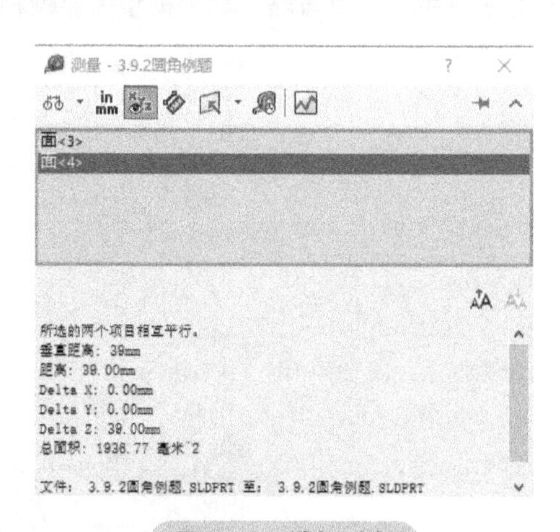

图 3-89 选择对象

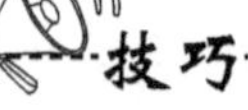

技巧

如果所选对象不合理，可以单击模型区域空白处，以便快速清空已有的选定对象，而无须选择【清除所选】或退出该命令。

3.11.2　质量属性

【质量属性】可以根据模型几何体与材料信息计算模型的质量、体积、表面积、重心等属性。如果是虚拟件，还可以用输入值覆盖某些属性的计算值，此时系统将以输入值进行计算。

单击工具栏中的【评估】/【质量属性】命令，系统弹出图 3-90 所示对话框。【质量属性】可以在零件中使用，也可以在装配体中使用。需特别注意的是，系统默认为计算当前显示的对象，不包括隐藏对象，如果需要包括隐藏对象，可以在该对话框中勾选【包括隐藏的实体 / 零部件】复选框。

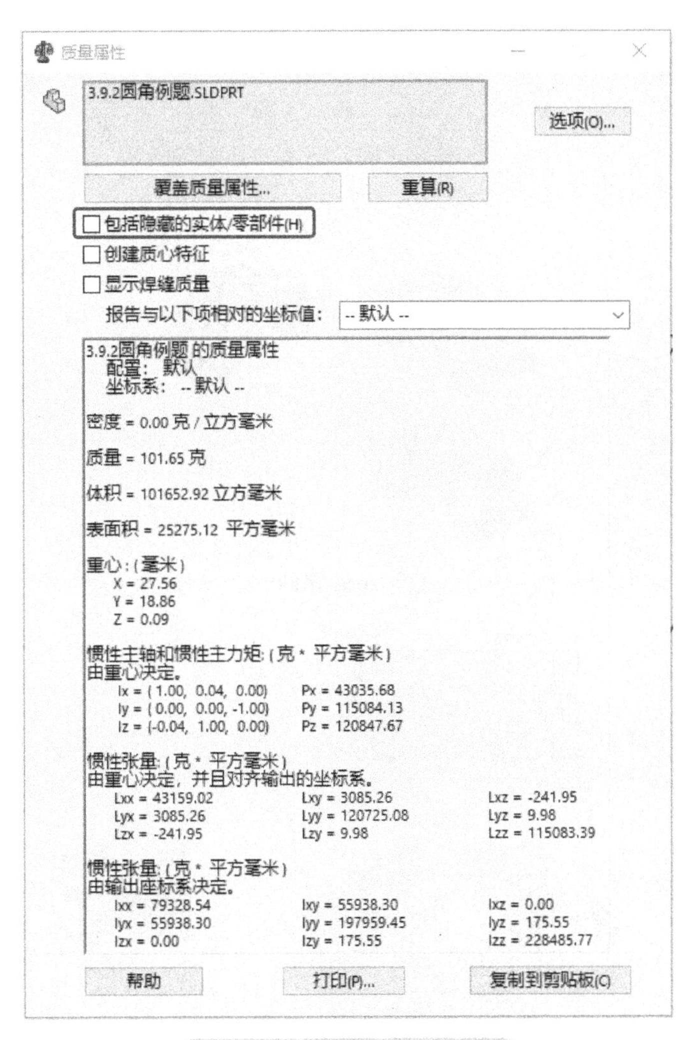

图 3-90 【质量属性】对话框

技巧

如果是多实体零件或装配体，只想查看其中某个对象而非整个零部件的质量属性，可以在设计树中先选中该对象，再选择【评估】/【质量属性】命令。

3.12 零件建模例题

例题 1：在 SOLIDWORKS 中创建图 3-91 所示零件（如果必须复查审阅零件，则在每个问题后面保存零件）。

扫码看视频

使用单位：MMGS（毫米、克、秒）

小数位数：2 位

零件原点：不拘

除非有特别指示，否则所有孔洞皆贯穿

材料：普通碳钢

密度 =0.0078g/mm^3

A = 40.00

B = 18.00

C = 25.00

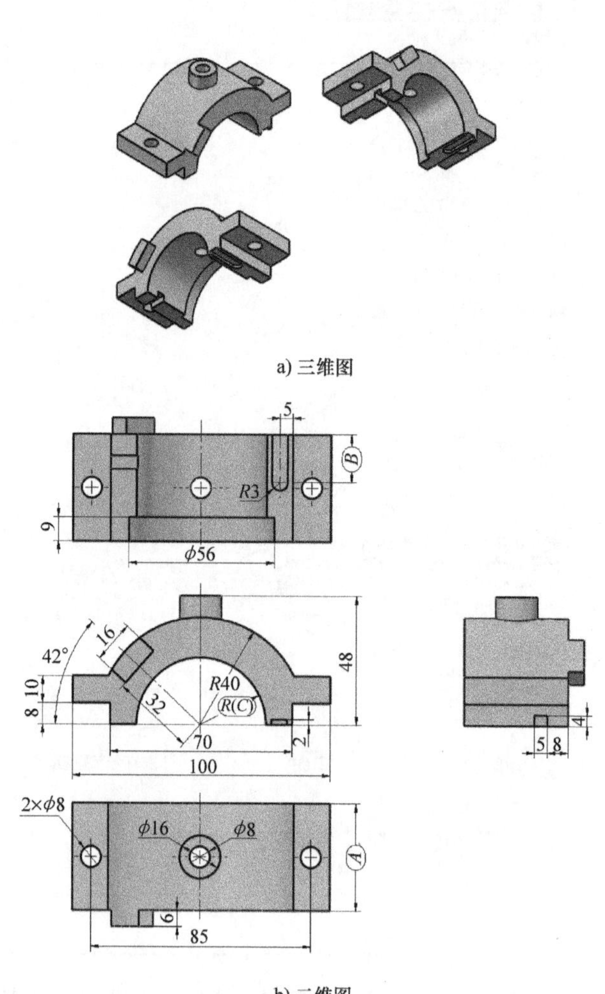

图 3-91 例题 1

零件整体质量是（　　）g。

A.511.69　　　　B.680.29

C.327.24　　　　D.198.95

提示：如果未找到与您答案相差 1% 之内的选项，请重新检查您的模型。

答案：A

解析：该题是通过给定的二维图进行三维建模，并求解零件质量。如果建模过程中出现错误，就无法得到与某一选项接近的答案。

需要注意的是，本题中的 3 个尺寸是以全局变量形式给定的，由于下一题与本题相关联，所以建模时不能只按尺寸进行建模，而必须给定全局变量。在建模时将尺寸设置为相应的变量，这样可保证在做下一题时能快速完成且减少不必要的错误。

对于同一模型，不同的应试人员所采用的建模步骤也不尽相同，不管采用何种建模思路，都要注意过程简洁合理、检查方便、要素完整。

操作步骤如下。

1）通过【方程式】创建“*A*”“*B*”“*C*” 3 个全局变量并赋值，如图 3-92 所示。

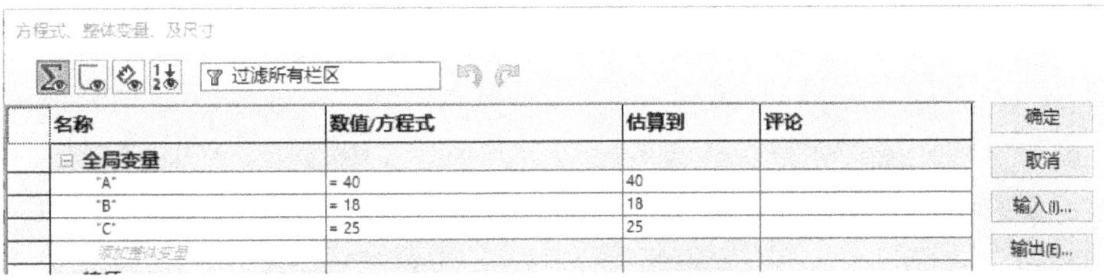

方程式、整体变量、及尺寸

过滤所有栏区

名称	数值/方程式	估算到	评论
⊟ 全局变量			
"A"	= 40	40	
"B"	= 18	18	
"C"	= 25	25	
添加整体变量			

确定　取消　输入(I)...　输出(E)...

图 3-92　添加全局变量

2）通过【拉伸凸台 / 基体】命令创建基本体，如图 3-93 所示（注意使用方程式将全局变量赋予相应尺寸）。

3）通过【拉伸切除】命令生成圆弧台阶，如图 3-94 所示（注意几何约束关系）。

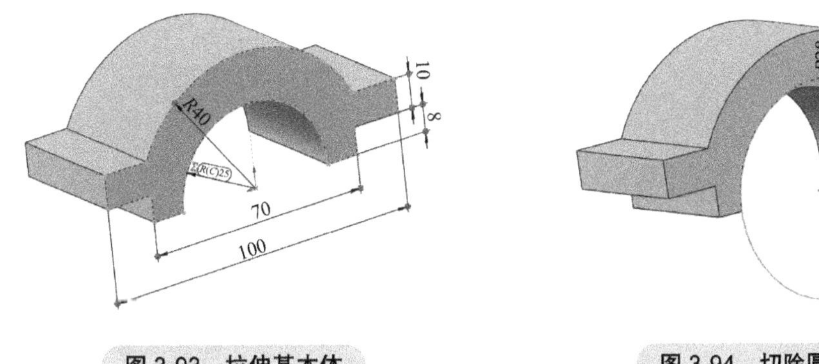

图 3-93　拉伸基本体 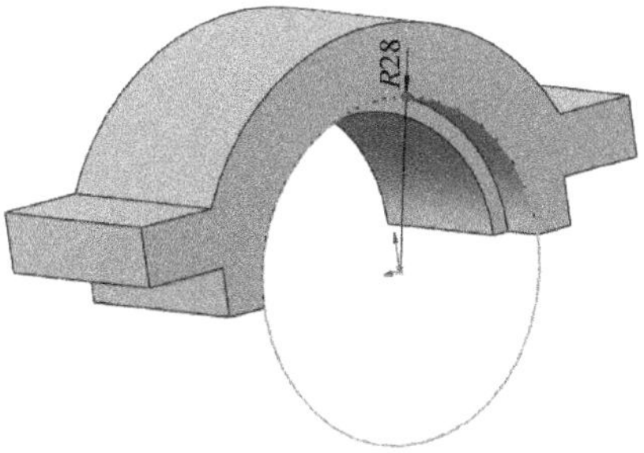　　　　图 3-94　切除圆弧台阶

4）通过【拉伸切除】命令创建两个圆形通孔，如图 3-95 所示。

5）通过【基准面】命令创建一个平行基准面，如图 3-96 所示（优先选用系统基准面作为

参考进行新基准面的创建）。

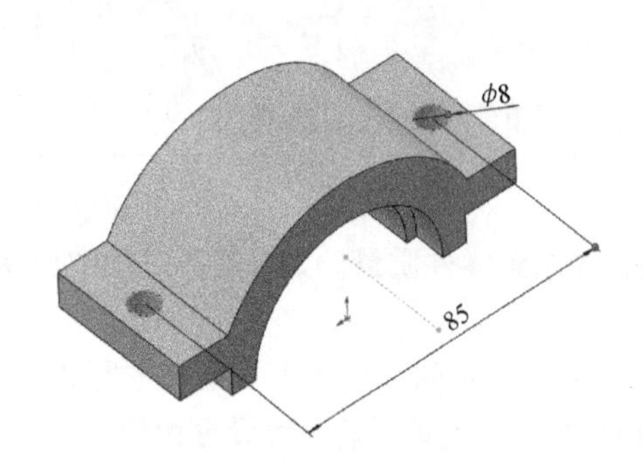

图 3-95　切除通孔

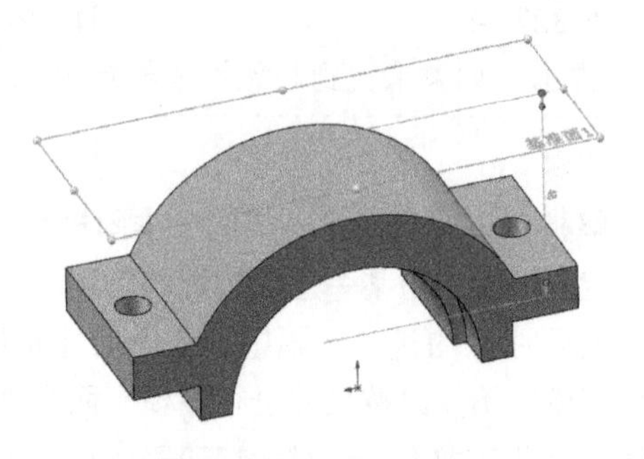

图 3-96　创建基准面

6）以上一步创建的基准面为草图基准绘制圆，再通过拉伸生成圆柱凸台，终止条件选择【成形到下一面】选项，结果如图 3-97 所示。

7）通过【拉伸切除】命令生成凸台上的通孔，注意孔为完全贯通，如图 3-98 所示。

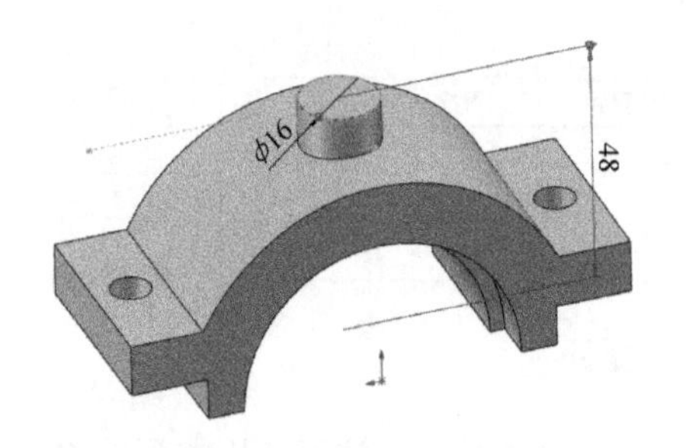

图 3-97　生成圆柱凸台

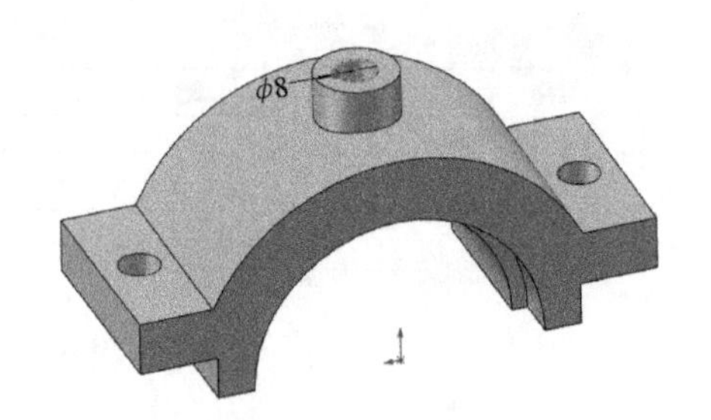

图 3-98　切除通孔

8）通过【拉伸】命令生成侧面的凸台，注意位置不要判断错，结果如图 3-99 所示。

9）通过【拉伸切除】命令切除底部的长形孔，注意位置不要判断错，如图 3-100 所示。

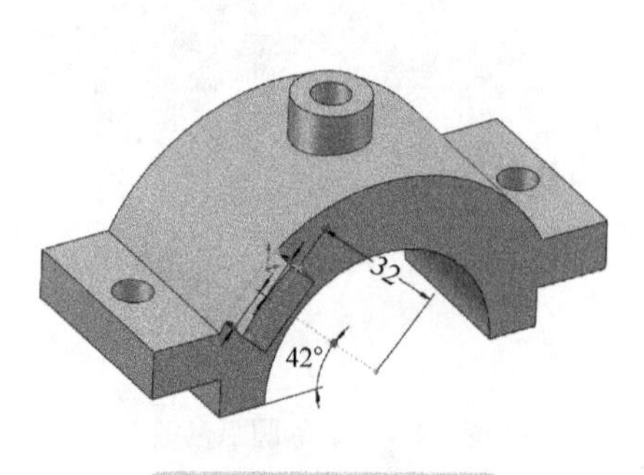

图 3-99　生成侧凸台

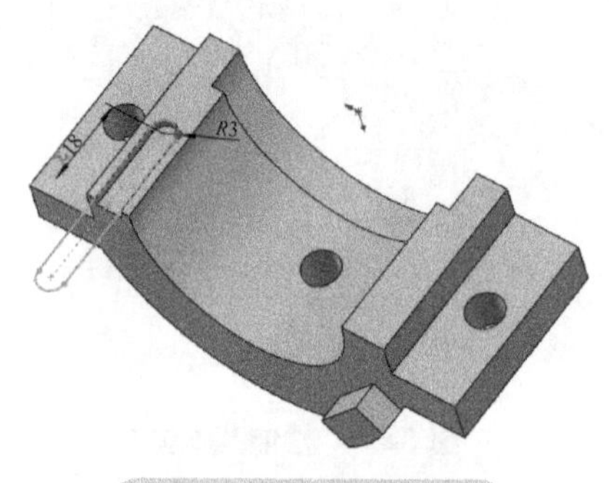

图 3-100　切除长形孔

10）通过【拉伸切除】命令切除底部的矩形槽，如图 3-101 所示。

11）根据题目要求赋予零件材料，如图 3-102 所示。

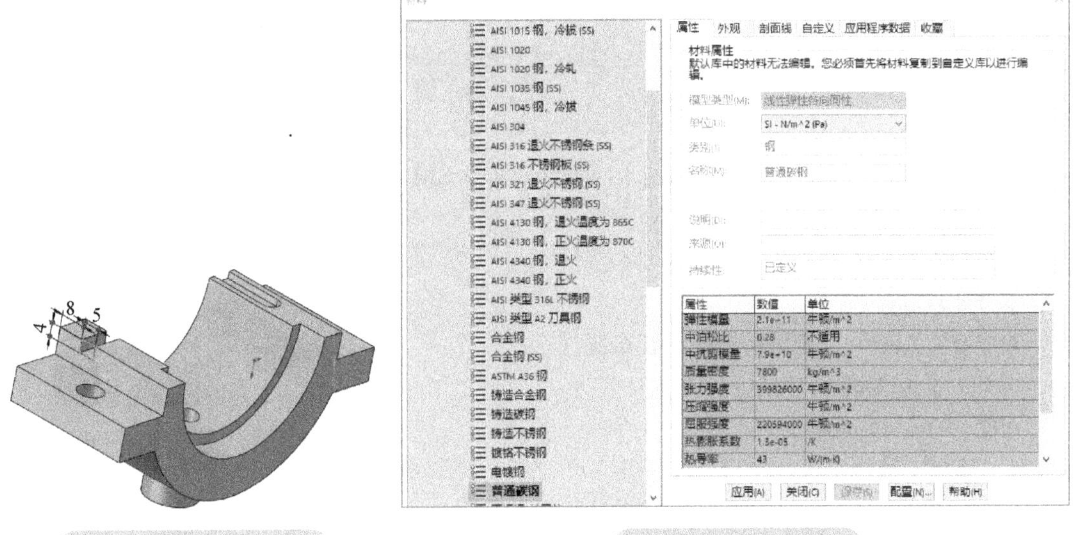

图 3-101　切除矩形槽　　　　图 3-102　赋予材料

12）通过评估功能里的【质量属性】命令查询零件质量，如图 3-103 所示。注意单位默认为 kg，而题目要求是 g，可单击【选项】按钮进行更改。

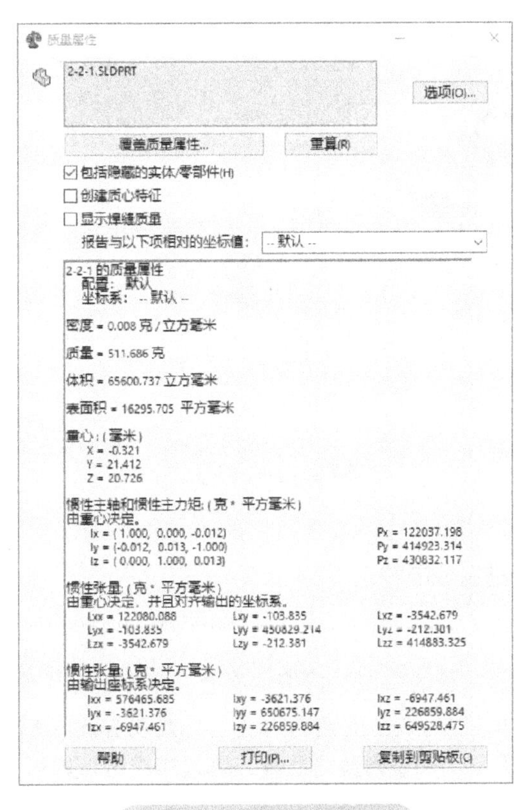

图 3-103　查询质量属性

13）根据查询到的质量选择正确的答案。虽然系统认为1%以内的误差都是可以接受的，但实际只要建模没有问题，那么答案应该与其中一个选项是一样的。

> **注意：** 在做这道模型题时一定要仔细，因为该题会直接影响到下一题，如果这一题没有找到正确答案，那么下一题也不会正确求解。

例题2：在SOLIDWORKS中修改上一题的零件，如图3-104所示。

使用单位：MMGS（毫米、克、秒）

小数位数：2位

零件原点：不拘

除非有特别指示，否则所有孔洞皆贯穿

材料：普通碳钢

密度 $=0.0078\text{g/mm}^3$

$A = 45.00$

$B = 16.00$

$C = 24.00$

$D = 6.5°$

注：假设所有未显示的尺寸均与前一题相同。

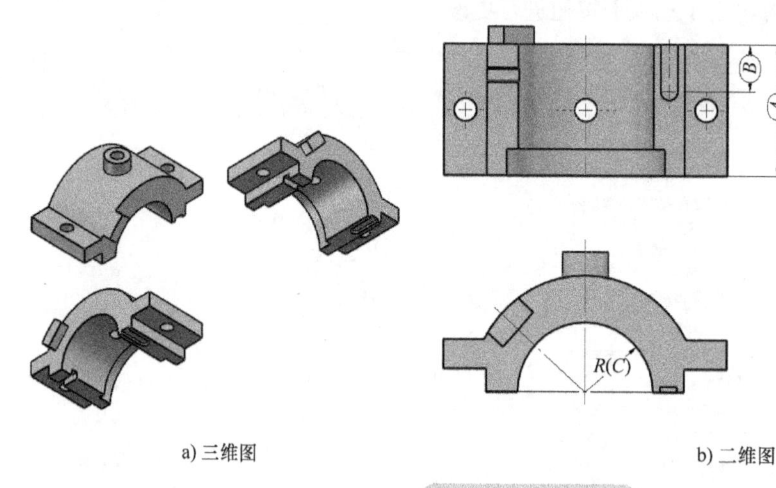

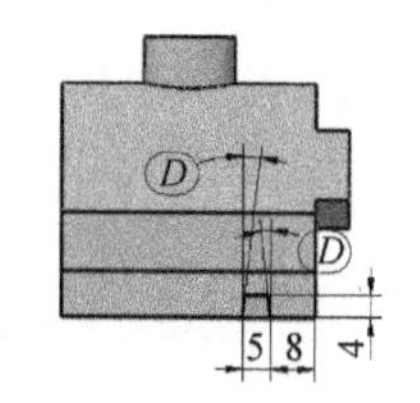

a) 三维图　　b) 二维图

图3-104　例题2

零件整体质量是（　　）g。

［使用 .（点）作为十进制分隔符］

答案：599.46

解析：该题是通过对上一题的模型进行编辑修改，来求解零件质量。其修改主要集中在两个地方，一是修改“A”“B”“C”3个变量的尺寸，二是将原矩形槽更改为梯形槽。这两处变更完成后通过【质量属性】命令来查询最终质量，填入相应区域即可。

操作步骤如下。

1）通过【方程式】命令修改“*A*”“*B*”“*C*”3 个全局变量为本题尺寸，并增加一个全局变量“*D*”，赋予相应尺寸，如图 3-105 所示。

方程式、整体变量、及尺寸

过滤所有栏区

名称	数值/方程式	估算到	评论
全局变量			
"A"	= 45	45	
"B"	= 16	16	
"C"	= 24	24	
"D"	= 6.5	6.5	
添加整体变量			

确定　取消　输入(I)...　输出(E)...

图 3-105　修改全局变量

2）修改矩形槽为梯形槽，并将斜边角度尺寸关联至全局变量“*D*”，如图 3-106 所示。

3）通过评估功能里的【质量属性】命令查询零件质量。注意单位默认为 kg，而题目要求是 g，可单击【选项】按钮进行更改，如图 3-107 所示。

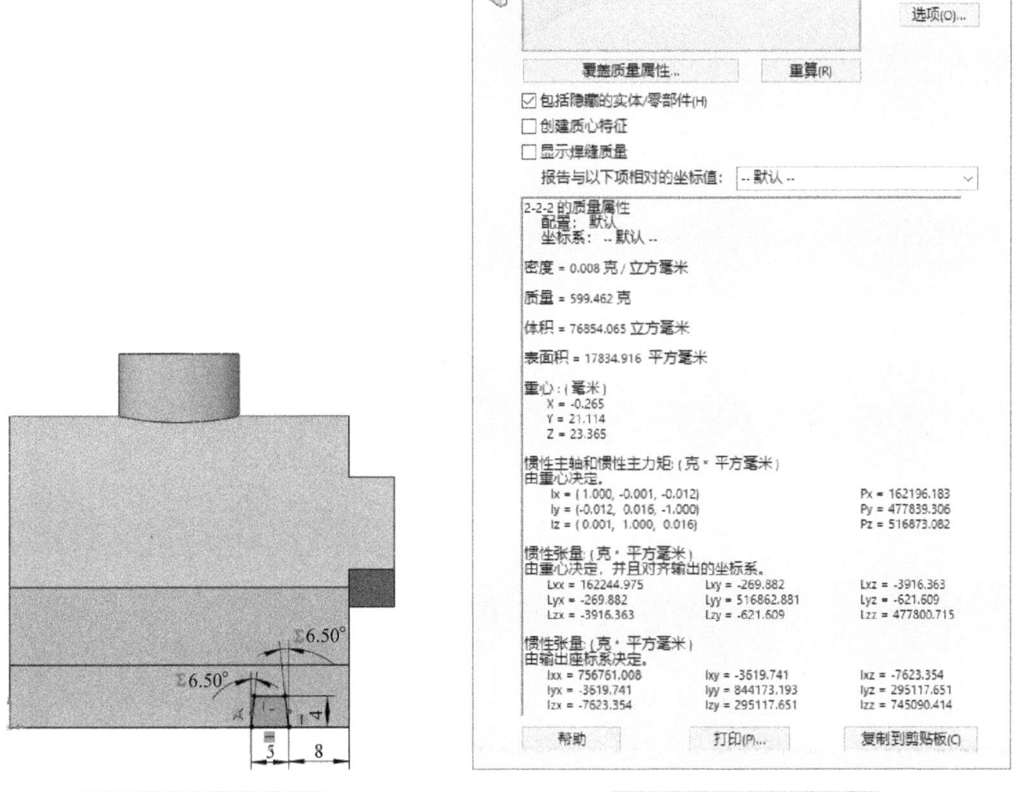

图 3-106　修改矩形槽

图 3-107　查询质量属性

4）将查询到的质量填入相应位置。注意小数点及小数位数。

3.13　认证样题

1. 在 SOLIDWORKS 中创建图 3-108 所示零件（如果必须复查审阅零件，则在每个问题后面保存零件）。

扫码看视频

使用单位：MMGS（毫米、克、秒）

小数位数：2 位

零件原点：不拘

除非有特别指示，否则所有孔洞皆贯穿

材料：普通碳钢

密度 =0.0078g/mm^3

A = 50.00

B = 60.00

C = 40.00

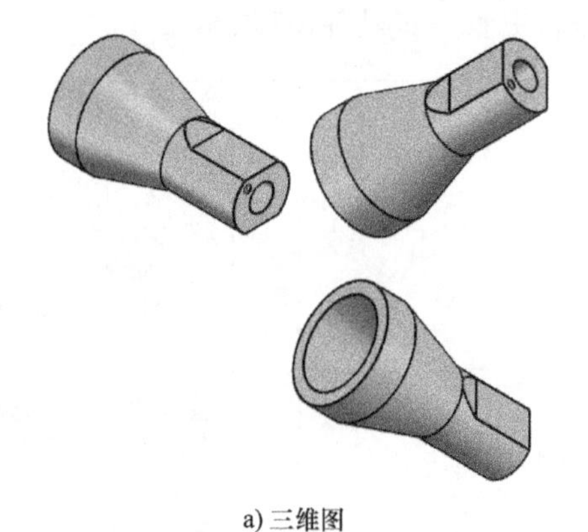

a) 三维图

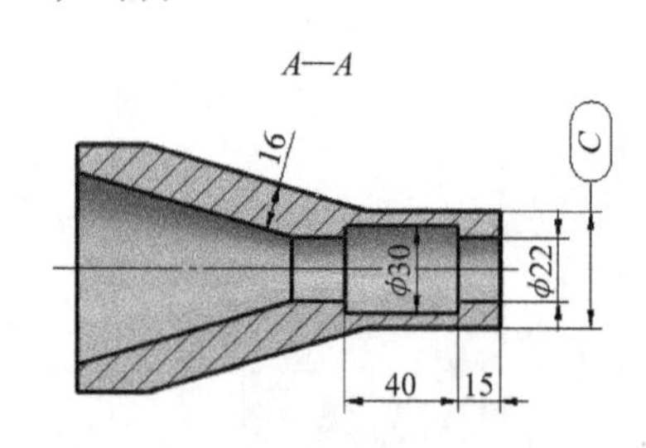

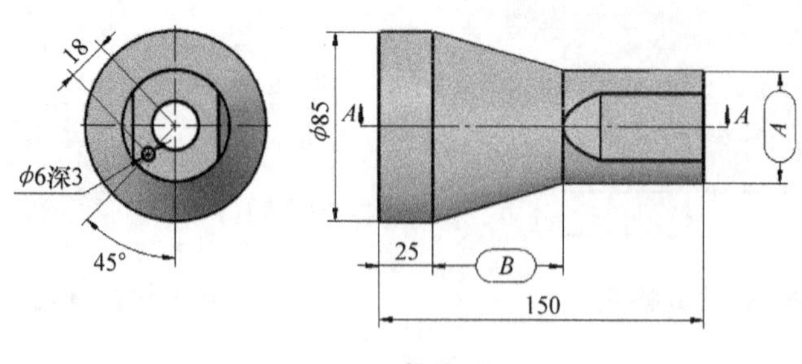

b) 二维图

图 3-108　样题 1

零件整体质量是（　　）g。

A.310.75　　B.2423.89　　C.2324.55　　D.1980.91

提示：如果未找到与您答案相差 1% 之内的选项，请重新检查您的模型。

2. 在 SOLIDWORKS 中修改上一题的零件，如图 3-109 所示。

使用单位：MMGS（毫米、克、秒）

小数位数：2 位

零件原点：不拘

除非有特别指示，否则所有孔洞皆贯穿

材料：普通碳钢

密度 =0.0078g/mm³

A = 48.00

B = 65.00

C = 38.00

D = 30°

注：假设所有未显示的尺寸均与前一题相同。

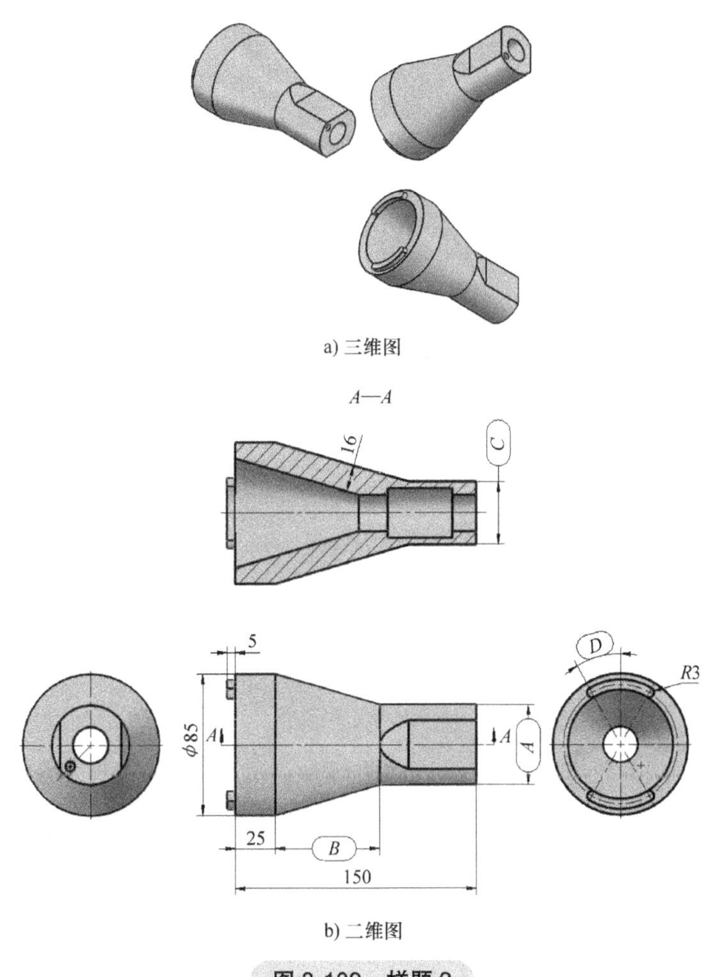

图 3-109　样题 2

零件整体质量是（　　　）g。

［使用 .（点）作为十进制分隔符］

本章小结

本章介绍了零件建模的基础知识与操作方法。在考试过程中由于基本建模题都是两两关联的，所以在做前面的选择题时一定要保证所获取的答案与给出的一致；否则会出现两道题全错的现象，这样对总分的影响是相当大的。在出现不一致的情况时一定要仔细核对整个建模步骤，通常情况下时间是足够的，切不可因担心时间问题而仓促选择。

第4章 装配体知识

4

学习目标

1）熟悉装配过程中零件的各种插入方法。

2）理解各种配合关系并熟悉其图标，可通过合理的配合关系对零件进行装配。

3）通过质量属性查询装配体的质量、重心等数据。

装配体是 CSWA 考试的 4 项基本内容之一，需要将给定的零件依据适当的坐标系按要求进行装配，再根据题目要求求得与装配体相对应的质量、重心等数据。

4.1 装配体的创建

4.1.1 打开已有装配体

在 SOLIDWORKS 中，装配体对应的文件格式为 .sldasm。考试中需要打开系统给定的模型（系统提供的是“zip”压缩包文件，需要通过解压软件将其解压）。

操作方法如下。

选择菜单中的【文件】/【打开】命令，打开配套素材文件夹“4\4.1.1 打开已有装配体”中的文件“万向节装配 .sldasm”，模型如图 4-1 所示。

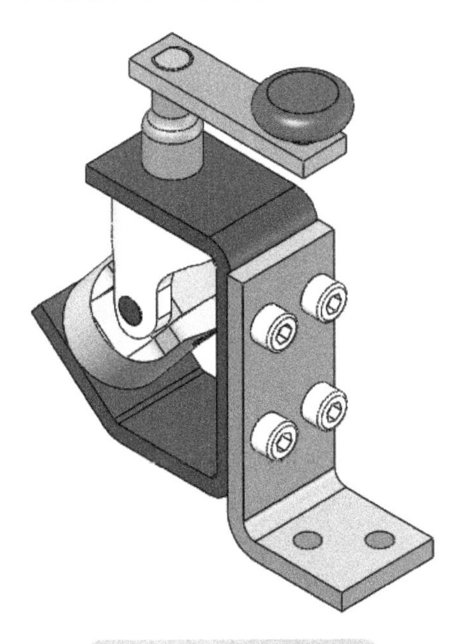

图 4-1 万向节装配模型

技巧

也可在任务栏的【文件探索器】中直接将需打开的文件拖放至 SOLIDWORKS 环境中，快速打开模型文件。

4.1.2 新建装配体

在 SOLIDWORKS 中单击【新建】可以创建装配体文件。

操作方法如下。

1）单击【新建】，系统弹出图 4-2 所示的对话框，选择“装配体”即可进入新装配体的编辑状态。

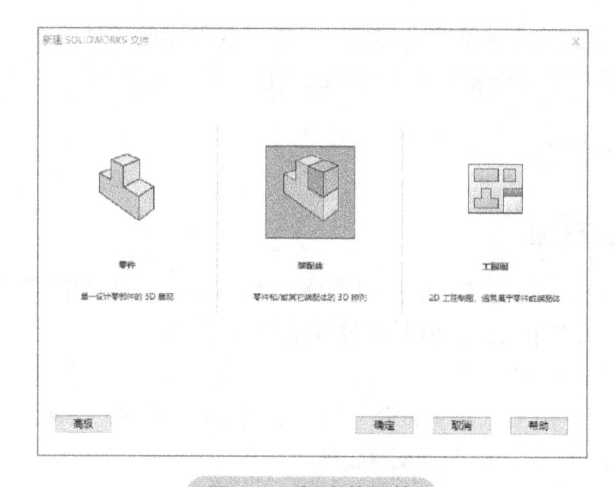

图 4-2 新建装配体

2）若需要更换模板，可单击【高级】按钮，系统会弹出图 4-3 所示的【模板】选项卡，根据需要选择所需的模板，单击【确定】按钮即可。

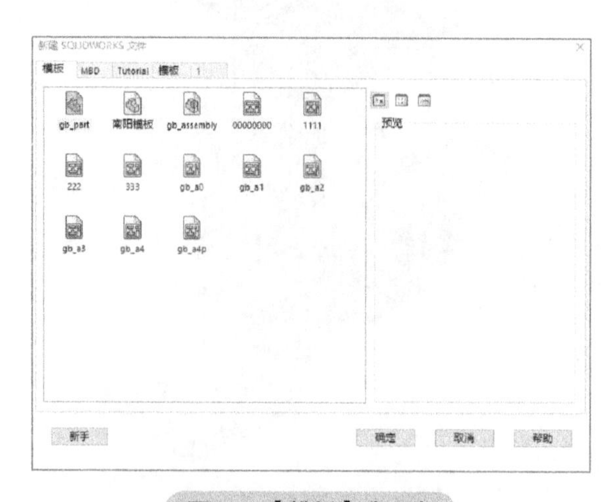

图 4-3 【模板】选项卡

3）保存装配体。选择【文件】/【保存】命令，将新建的装配体保存在特定的目录下，并适当命名。考试过程中要按题目要求进行保存。

4.2　零部件的插入

装配体中的零部件来自已有零件模型与装配体，新建装配体时并不包含任何零部件，需根据需要插入要装配的零部件。插入零部件的方法有多种，在此介绍较常用的几种方法。

4.2.1 【插入零部件】命令

1）当新建装配体时，系统会默认弹出【打开】对话框，如图 4-4 所示，在该对话框中选择所需插入的零部件，再单击【打开】按钮。通常第一个插入的零部件会作为装配基准，在模型空间中无须对该零部件进行定位，直接单击【确定】按钮即可，系统会默认将该零部件的原点与装配体原点重合，且将该零部件设为固定，不可移动。

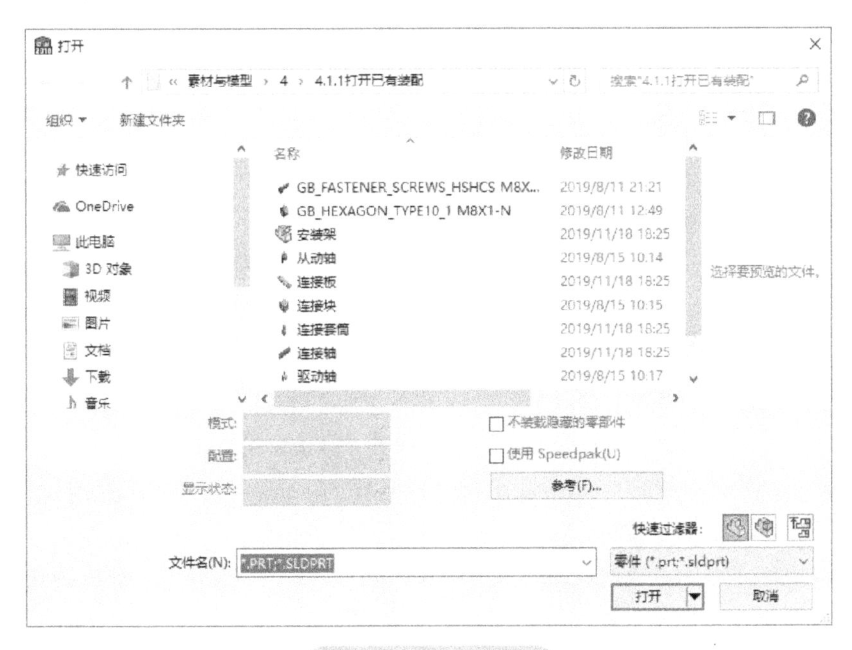

图 4-4　零部件选择

2）在后续操作中需要插入零部件时，单击工具栏中的【装配体】/【插入零部件】命令，系统会再次弹出图 4-4 所示的【打开】对话框。

4.2.2　从资源管理器中插入

打开 Windows 资源管理器，找到所需装配的零部件，按住鼠标左键拖动该零部件至 SOLIDWORKS 装配环境，此时会显示该零部件的预览，同时光标一侧有“+”符号提示，如图 4-5 所示。如果该零部件为装配体中第一个装入的零部件，则系统会默认为“固定”状态；如果装配体中已有了零部件，则该零部件

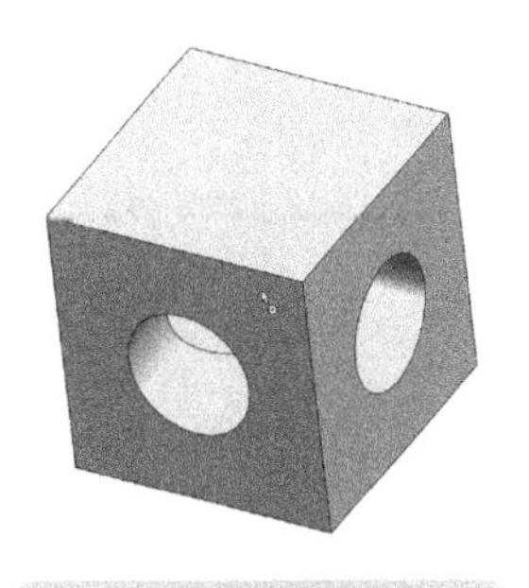

图 4-5　“+”符号提示

默认为“浮动”状态。

通过这种方法还可以同时插入多个零部件到装配体中。当需插入的零部件在同一目录下时，该方法可以有效地提高插入效率。

4.2.3 从文件探索器中插入

文件探索器在 SOLIDWORKS 右侧的任务栏中，它类似于资源管理器中的文件夹目录，内容更为丰富。其列出的内容包括最近文件、当前打开的文件、桌面、我的电脑等，在其中找到所需装配的零部件后，按住鼠标左键拖动该对象至装配环境即可，如图 4-6 所示。

从文件探索器中插入零部件的默认状态与从资源管理器中插入的默认状态相同，且也支持选择多个零部件同时插入。

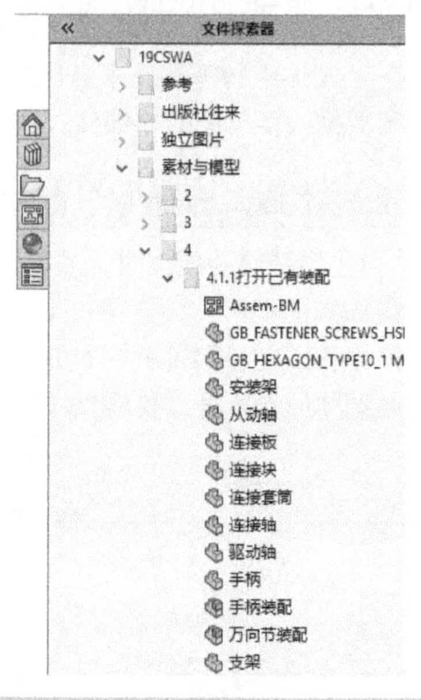

图 4-6 从文件探索器中插入零部件

4.2.4 直接拖放插入

这种方法适用于要插入的零部件也处于打开状态的情况。将装配体与待插入零部件通过窗口调整同时显示在工作环境中，按住鼠标左键拖动要插入的零部件至装配环境即可，如图 4-7 所示。

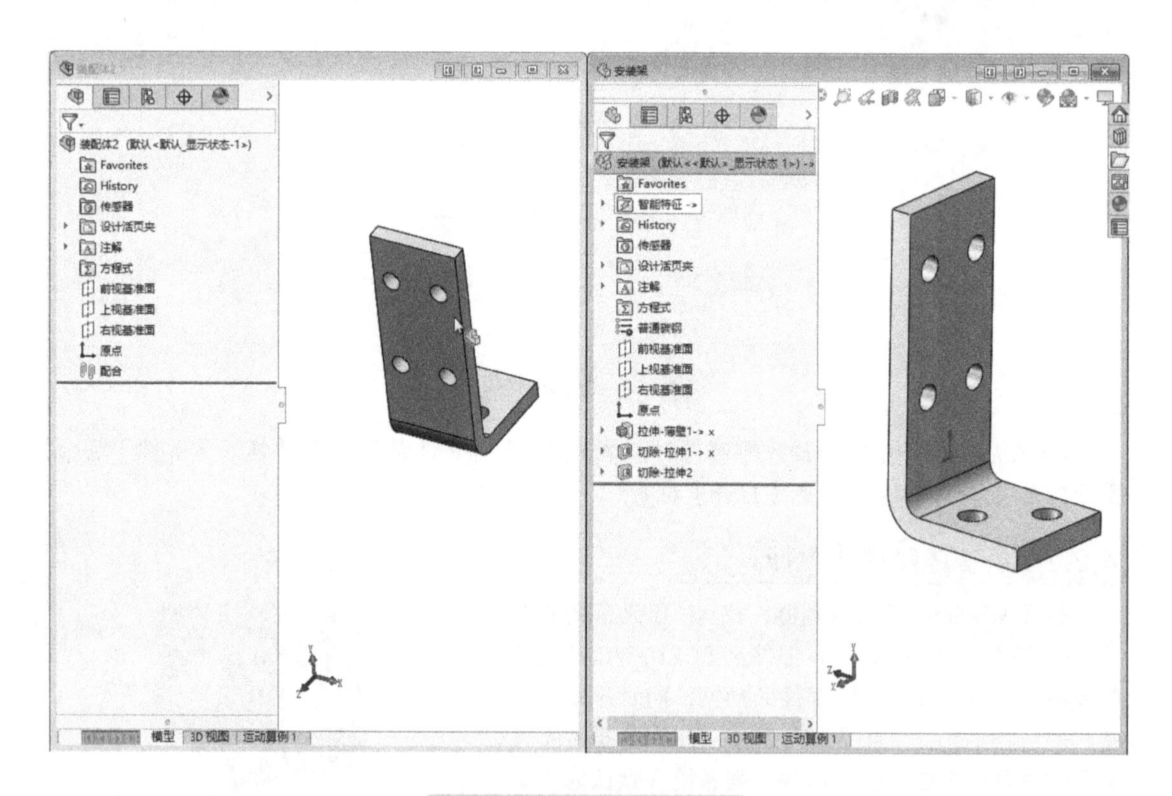

图 4-7 直接拖放插入零部件

注意：零部件默认为固定状态，如果需取消其固定状态，可以在设计树中的该零部件上单击鼠标右键，在弹出的快捷菜单中选择【浮动】命令，如图 4-8 所示。

图 4-8　固定 / 浮动切换

技巧

当同一零件需要插入多次时，可以按住键盘上的 <Ctrl> 键，再用鼠标选中该零件并拖动，进行快速复制；当待复制的是部件时，可以按住键盘上的 <Ctrl> 键，在设计树中用鼠标选中该部件并拖动，进行快速复制。在设计树中的操作同样适用于零件。

4.3　配合关系

【配合】会在装配体的零部件之间生成几何关系。配合关系用以限制零部件的自由度，使零部件只能在允许的自由度内移动，从而可以直观了解装配体可能的运动状态。

同一零部件，可能有多个配合关系可限制某一自由度，在实际应用中需要遵守一定的规则。只要可能，建议将所有零部件配合到一个（或尽量少）固定的零部件或参考，如图 4-9a 所示；串联的零部件配合关系求解的时间较长，且易产生配合错误，如图 4-9b 所示；应避免产生循环引用配合，如图 4-9c 所示。

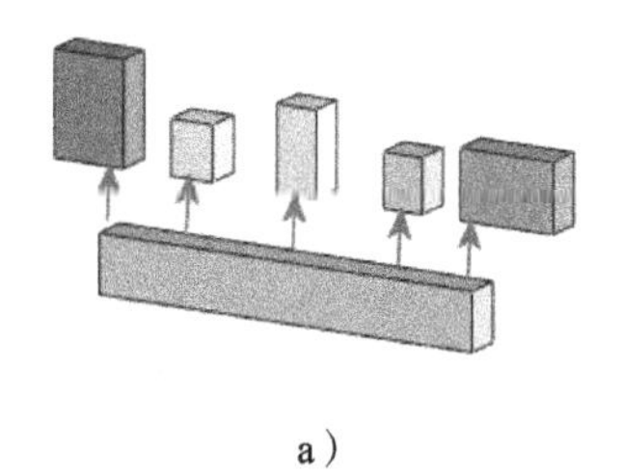

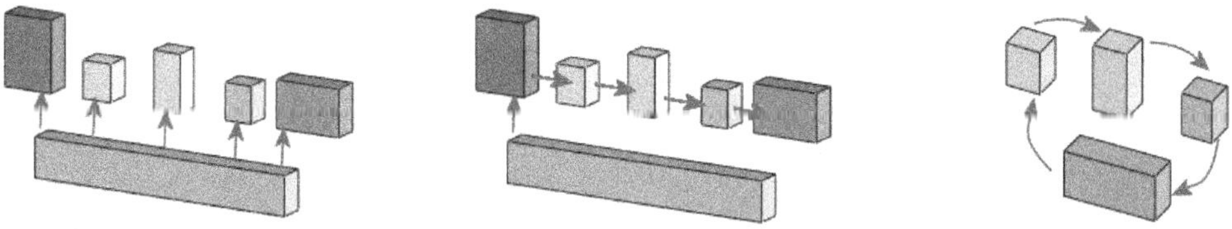

a）

b）

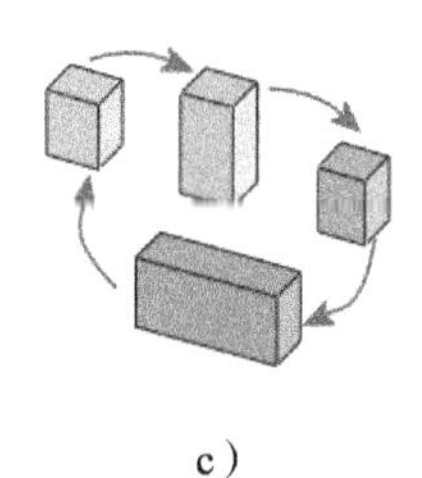

c）

图 4-9　配合关系

4.3.1 常用配合关系

SOLIDWORKS 中的配合关系主要分为 3 大类，即标准配合、高级配合与机械配合。在 CSWA 考试中只涉及标准配合的内容，其余两类不在考试范围之列。

标准配合包含以下几种配合关系。

1）重合。两个对象处于重合状态，没有间隙，其图标为。

2）平行。两个对象处于平行状态，距离任意，其图标为。

3）垂直。两个对象处于垂直状态，夹角为 90°，其图标为⊥。

4）相切。两个对象处于相切状态，可以旋转，其图标为。

5）同轴心。两个对象处于同轴状态，可轴向移动，其图标为◎。

6）锁定。两个对象全相关，无法做相对运动，其图标为。

7）距离。两个对象间的距离固定，当距离为 0 时与重合作用相同，其图标为。

8）角度。两个对象间的夹角固定，当角度为 90° 时与垂直作用相同，其图标为。

4.3.2 配合关系的添加

在 SOLIDWORKS 中添加配合关系的方式主要有两种：一种是先选择命令，再选择配合对象及所需的配合关系；另一种是先选择配合对象，由系统判断最佳配合关系并添加。

方法一：单击工具栏中的【装配体】/【配合】命令，弹出图 4-10 所示的对话框。在【配合选择】区域中选择所需配合的对象，然后在下方的【标准配合】区域中选择配合关系，最后单击【确定】，完成配合关系的添加。

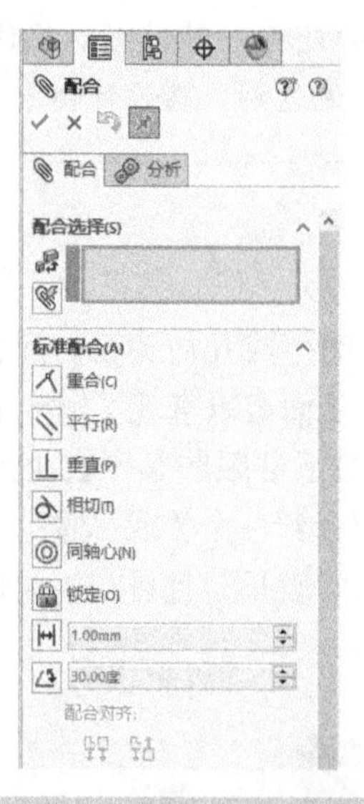

图 4-10 【配合】对话框

注意：根据所选对象的不同，【标准配合】区域中会有相应的配合关系变为灰色不可选状态。如第一个对象选择的是平面，那么【同轴心】配合关系就会变成灰色不可选状态，因为平面不存在同轴心配合的可能。

方法二：按住键盘上的 <Ctrl> 键，单击选择待装配的配合参考对象，选择完成后松开 <Ctrl> 键，此时会弹出图 4-11 所示的配合关联工具栏，单击选择所需的配合关系即可完成配合。选择对象不同，关联工具栏所出现的配合关系也不同，这取决于所选对象的性质。

图 4-11　配合关联工具栏

注意： 某些配合关系需选择两个以上的对象才能完成操作，如“对称”需选择 3 个对象，“宽度”需选择 3 个或 4 个对象。

4.3.3　配合关系的编辑

已完成的配合关系主要有两种编辑修改方法。

方法一：在设计树中找到所需编辑的配合，单击该配合，此时系统会弹出图 4-12 所示的关联工具栏，单击【编辑特征】即可进入该配合的编辑对话框。在该对话框中既可更改配合对象，也可以重新选择配合关系。

如果配合关系较多，这种方法在查找需编辑的配合时较耗时间。

方法二：在设计树中找到需编辑配合关系的零部件，单击该零部件，系统会弹出图 4-13 所示的关联工具栏。

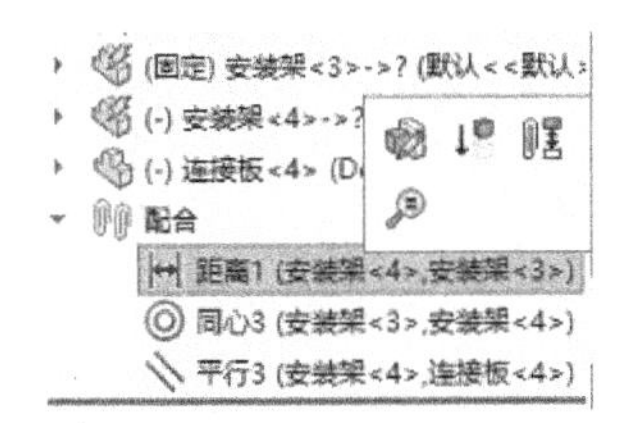

图 4-12　配合关联工具栏

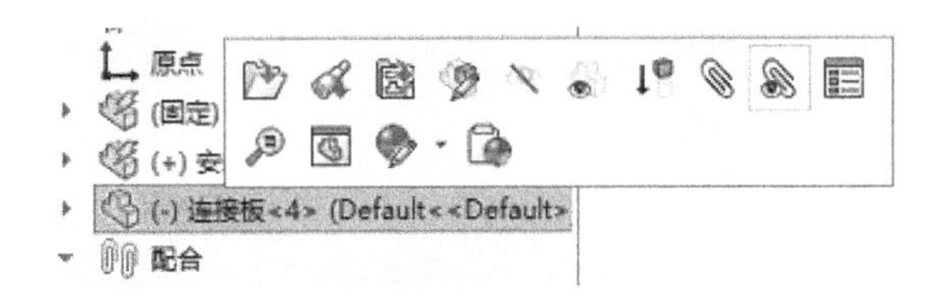

图 4-13　零部件关联工具栏

单击【查看配合】，工作区会出现与该零部件相关的所有配合列表，如图 4-14 所示。

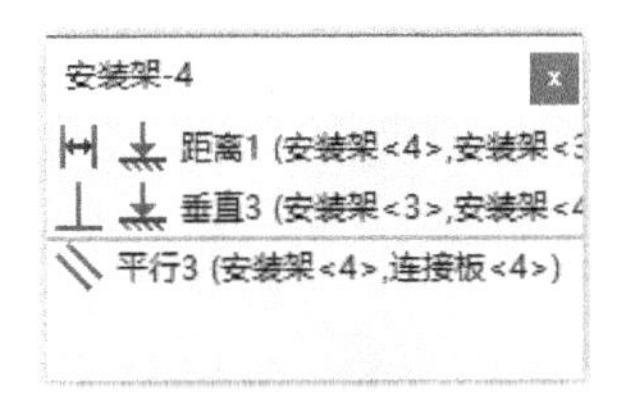

图 4-14　配合列表

在该列表中单击所需编辑的配合关系，弹出与方法一中相同的关联工具栏，单击【编辑特征】进入配合编辑对话框，可对其进行编辑修改。

这种方法效率较高，也是较常用的一种方法。

4.4 属性查询

装配体部分的考试要求与零件类似，也是通过查询获得相应数值后，选择或填写正确答案。装配体中所考查的主要是测量某一尺寸或整个装配体的重心坐标。

4.4.1 自定义坐标系

SOLIDWORKS 使用带原点的坐标系统，每个零部件均包含默认原点，并有相应的 *X*、*Y*、*Z* 方向，形成默认的坐标系。工作区域左下角有与默认坐标系对应的坐标显示，以方便判定方向。由于考试所需的重心坐标具有相对性，所以在题目中会明确地给定所需的坐标系，这就需要通过【自定义坐标系】功能进行坐标系的定义。

单击工具栏中的【装配体】/【参考几何体】/【坐标系】命令，弹出图 4-15a 所示的【坐标系】对话框。首先选择原点，再选择 *X*、*Y*、*Z* 这 3 个轴中的两个轴作为参考方向，参考方向可以是直边线、草图直线，也可以是平面。如果出现方向相反的情况，可以单击相应的【反转】进行方向反转，如图 4-15b 所示。选择完成后单击【确定】✓完成坐标系定义。

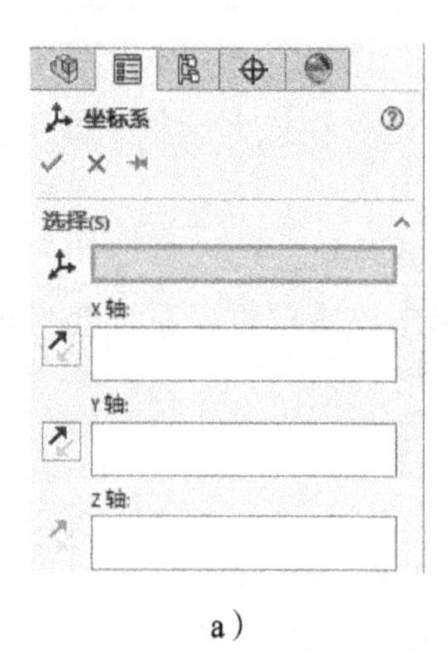

a）

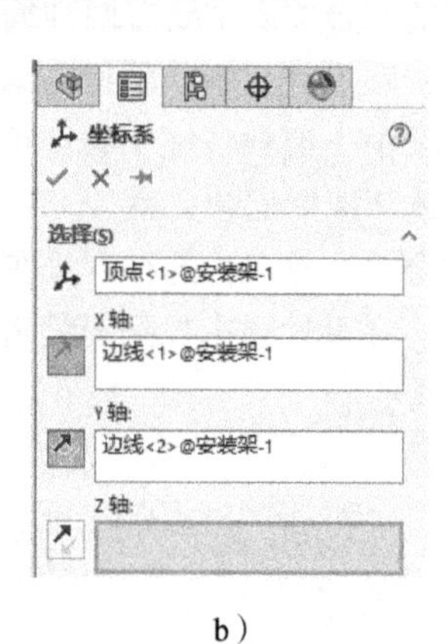

b）

图 4-15 自定义坐标系

由于装配体中坐标系默认是不显示的，为了方便查看，可选择菜单中的【视图】/【隐藏/显示】/【坐标系】命令以显示坐标系，如图 4-16 所示。另外，为了方便在【质量属性】中选择对应的坐标系，可根据需要对坐标系重新命名，方法是在设计树中双击该坐标系，进入名称修改状态，输入新的名称即可。

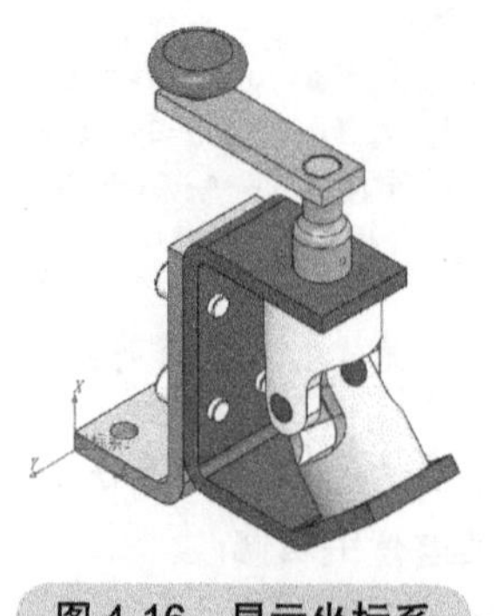

图 4-16 显示坐标系

4.4.2　测量

【测量】的操作方法、结果显示与零件中的【测量】相同，只是测量的对象由零件中的点线面变成了零件间的点线面，这里不再重复讲述。

4.4.3　质量属性

在 CSWA 考试中关于质量属性主要考查的是装配体的重心，单击工具栏中的【评估】/【质量属性】命令，系统弹出图 4-17 所示对话框。在这里，一定要注意将【报告与以下项相对的坐标值】选项更改为题目所要求的坐标系。

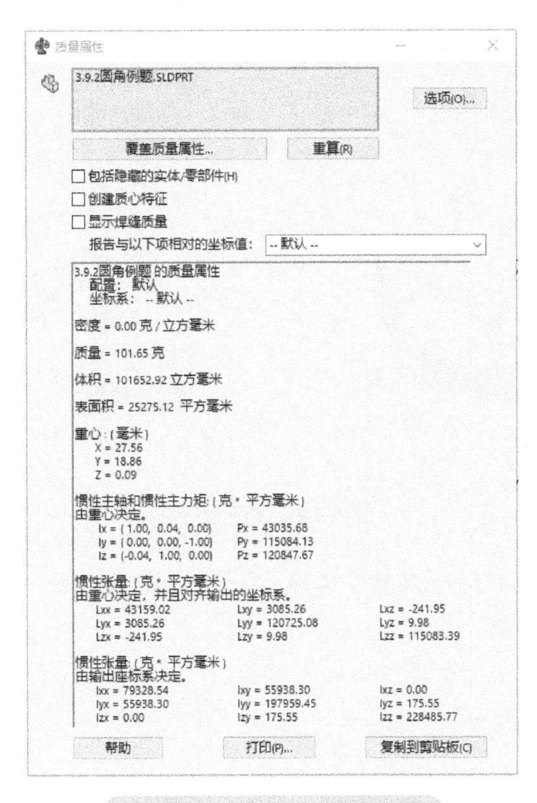

图 4-17 【质量属性】对话框

4.5　装配体例题

例题 1：在 SOLIDWORKS 中创建图 4-18 所示装配体 [连杆机构（BarLinkage）]。

该装配体包含 1 个平台体（Platform）①、1 个平台支撑（Platform Support）②、1 个主撑杆（Brace）③、1 个下连接杆（Lower Link）④、1 个上连接杆（Upper Link）⑤、7 个铆钉（Rivet）⑥。

使用单位：MMGS（毫米、克、秒）

小数位数：2 位

零件原点：不拘

扫码看视频

•下载附带的 zip 文件，然后打开。

•保存包含的零件，然后在 SOLIDWORKS 中打开这些零件进行装配（注：如果 SOLIDWORKS 弹出“是否继续进行特征识别？”的提示，请单击【否】按钮）。

使用以下条件创建装配体。

1）平台体①作为装配基准，平台支撑②的一底面与平台体①相重合，并通过 3 个铆钉⑥与平台体①的 3 个对应孔连接，孔为同轴连接，如图 4-19a 所示。

2）主撑杆③的一端通过铆钉⑥与平台支撑②的孔连接。其配套的铆钉⑥为长度较长的一个配置（其余的铆钉均为短配置），如图 4-19b 所示。

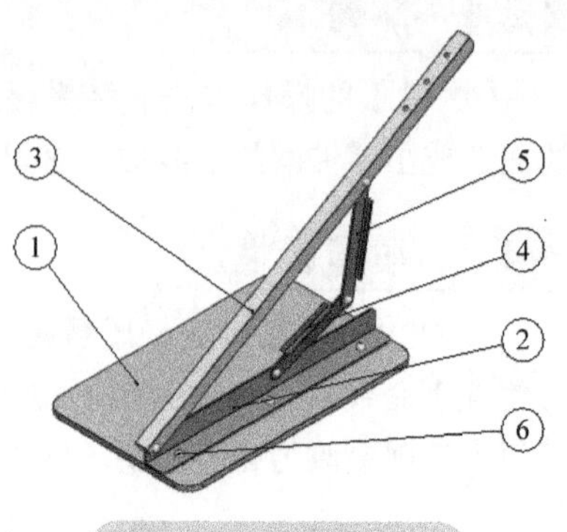

图 4-18 装配示意 1

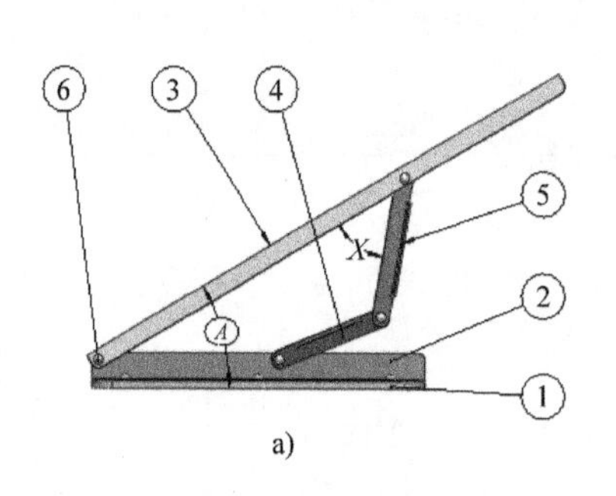

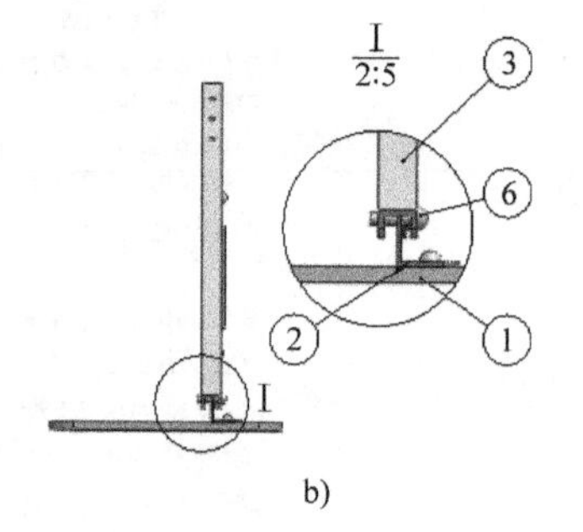

图 4-19 装配示意 2

3）下连接杆④的一端与平台支撑②连接，孔同轴面重合，另一端与上连接杆⑤连接，孔同轴面重合，如图 4-20 所示。

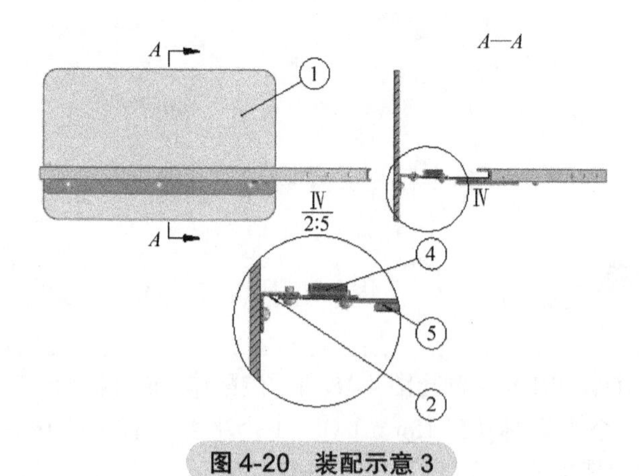

图 4-20 装配示意 3

4）上连接杆⑤的一端与下连接杆④连接，孔同轴面重合，另一端与主撑杆③连接，孔同轴面重合，如图 4-21 所示。

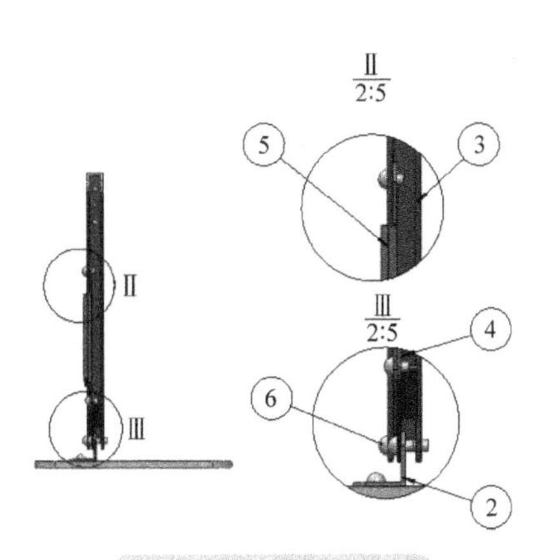

图 4-21　装配示意 4

5）主撑杆③与平台体①形成的夹角为 A，如图 4-19 所示。

——A=30°

测量夹角 X 是多少度。______（夹角位置见图 4-19）

A.52.35°　　B.49.79°　　C.31.24°　　D.40.95°

提示：如果未找到与您答案相差 1% 之内的选项，请重新检查您的模型。

答案：B

解析：该题是将题目给定的模型按要求进行装配，再根据问题选择正确的答案。该题要求解的是装配好的零件夹角，所以对零件原点没有要求，在插入第一个装配基准零件时既可以按默认原点定位，也可放置在任意位置。

该题有一个变量“A”，会在下一题中变更后成为新一道题目的条件，所以可以将“A”作为全局变量。由于只有这一个变量，所以也可以在做下一题时直接修改。

可参考以下装配思路。

1）下载题目中的附件，附件是以 zip 压缩包形式提供的。将其下载到桌面或已有目录，并解压，其文件名与题目中的英文名称一一对应。

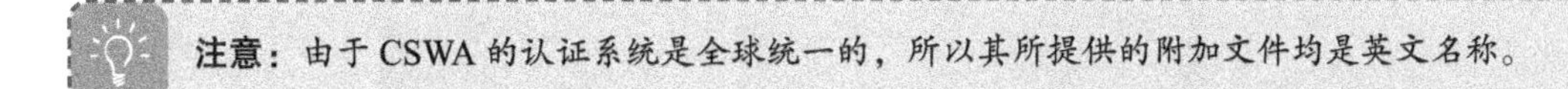

注意：由于 CSWA 的认证系统是全球统一的，所以其所提供的附加文件均是英文名称。

2）在 SOLIDWORKS 中新建一个装配体，并插入零件“Platform”，保持原点不变，其默认为固定，如图 4-22 所示。

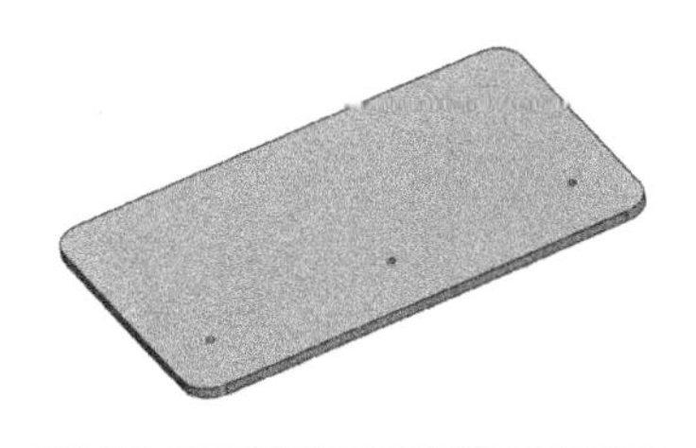

图 4-22　插入零件“Platform”

3）单击工具栏中的【装配体】/【插入零部件】命令，插入零件“PlatformSupport”，与零件“Platform”分别做【重合】、【同心】、【平行】3 个配合，如图 4-23 所示。

a）重合　　b）同心　　c）平行

图 4-23　添加配合 1

4）单击工具栏中的【装配体】/【插入零部件】命令，插入零件“LowerLink”，与零件“PlatformSupport”分别做【重合】、【同心】两个配合，如图 4-24 所示（注意零件方向）。

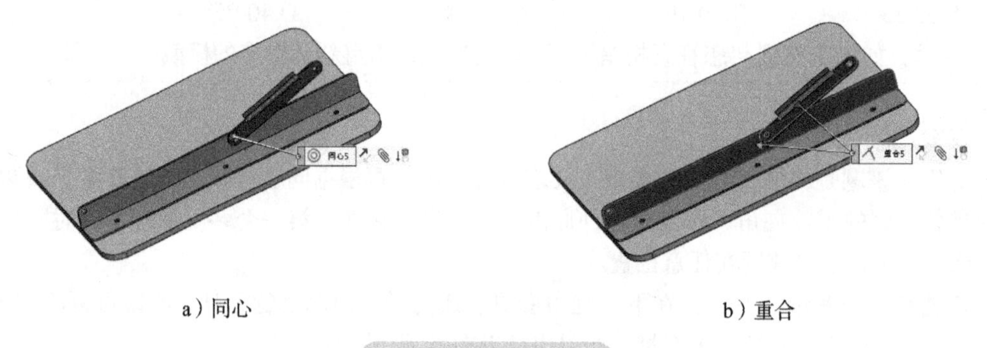

a）同心　　b）重合

图 4-24　添加配合 2

5）单击工具栏中的【装配体】/【插入零部件】命令，插入零件“UpperLink”，与零件“LowerLink”分别做【重合】、【同心】两个配合，如图 4-25 所示（注意零件方向）。

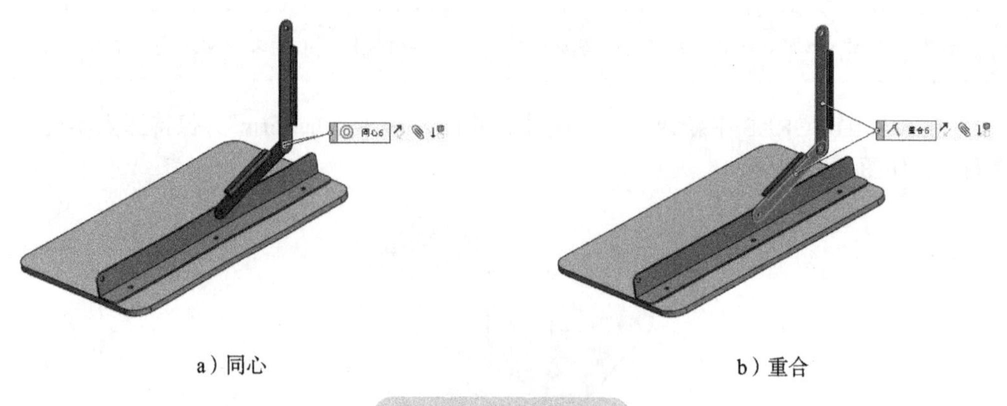

a）同心　　b）重合

图 4-25　添加配合 3

6）单击工具栏中的【装配体】/【插入零部件】命令，插入零件“Brace”，与零件“PlatformSupport”做【同心】配合，与“UpperLink”做【同心】、【重合】配合，如图4-26所示（注意重合的面不要选错）。

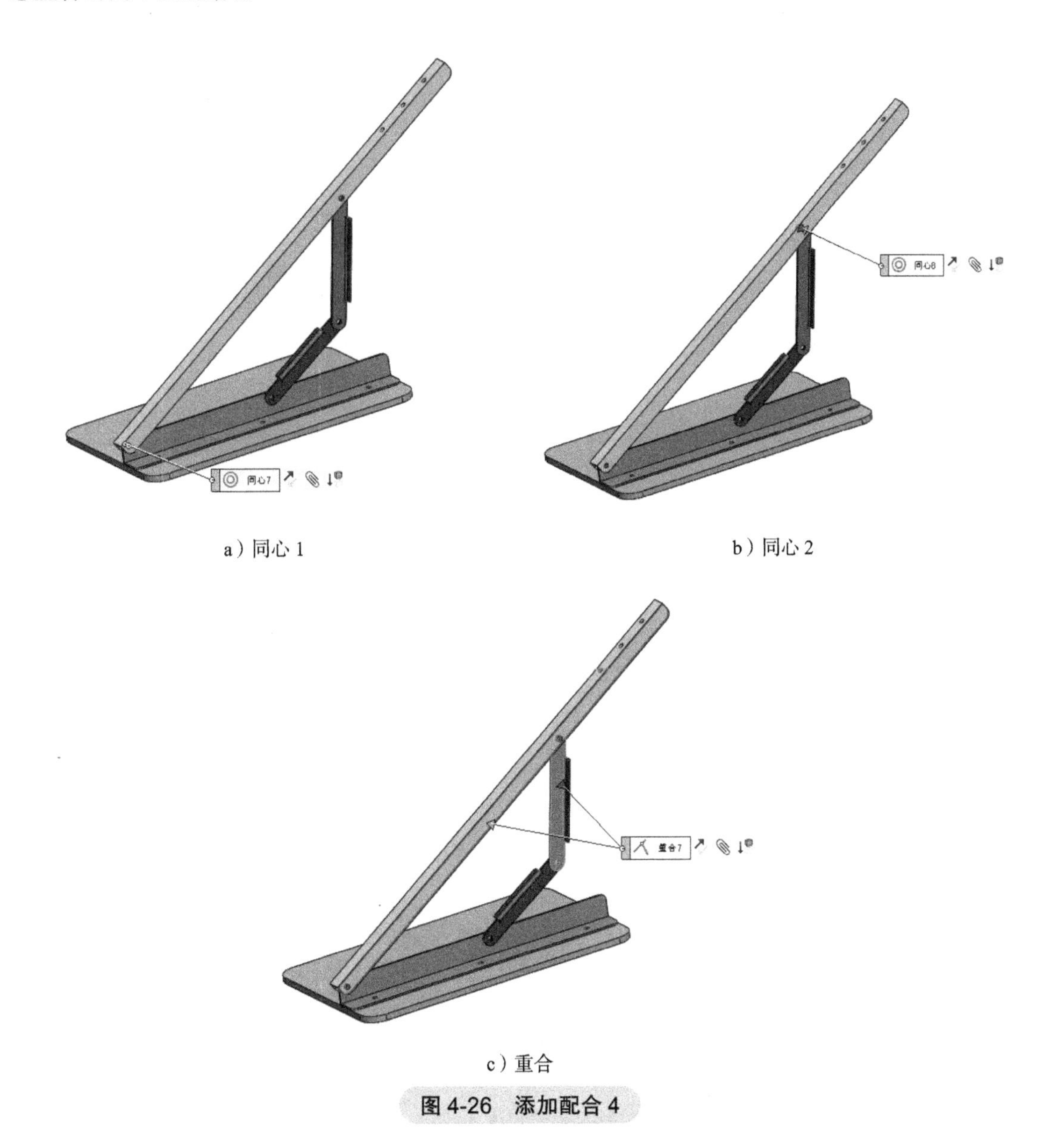

a）同心 1　　b）同心 2

c）重合

图 4-26　添加配合 4

7）单击工具栏中的【装配体】/【插入零部件】命令，插入零件“Rivet”并选用合适的配置，通过【同心】、【重合】进行装配，如图 4-27 所示。由于该题只涉及安装角度问题，不涉及重量、质心等须完整装配才能得到正确答案的题目，所以实际装配时该步骤可以省略。

8）为“Platform”与“Brace”添加角度配合，并将角度值更改为 30°，如图 4-28 所示。

9）根据题目要求，使用【测量】对“Brace”与“UpperLink”的两条对应边进行角度测量（也可选择两对应面），如图 4-29 所示。根据测量结果选择正确的答案，虽然系统认为 1%

以内的误差都是可以接受的，但实际只要装配没有问题，那么答案应该与其中一个选项是一样的。

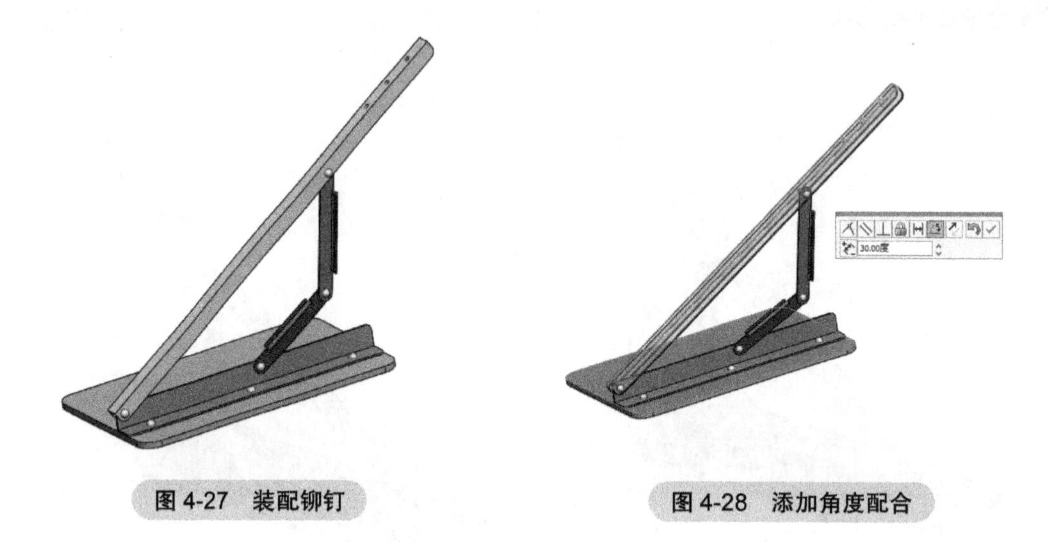

图 4-27　装配铆钉　　图 4-28　添加角度配合

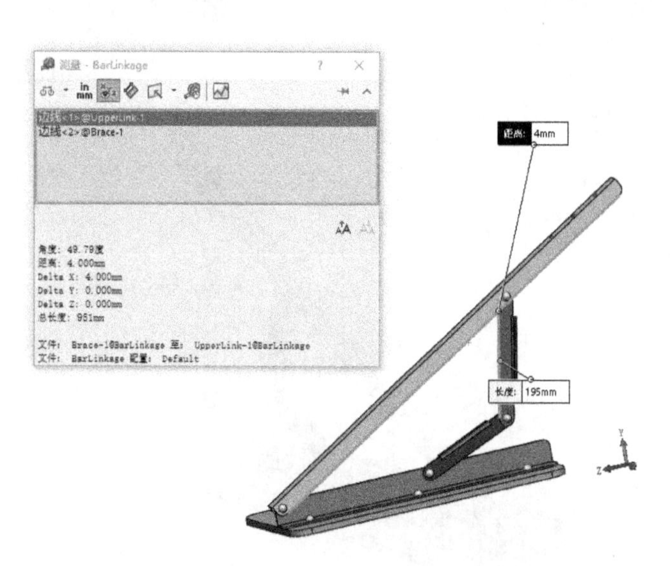

图 4-29　测量角度

在做这道题时一定要仔细看清题目的每个装配关系，只要有一个装配关系产生错误，那么就无法得到正确的答案。另外，由于本题分值较高，且直接影响到下一题的解题，所以一定要谨慎。为了方便返回复查，将该装配保存为合适的文件名。

例题 2：在 SOLIDWORKS 中修改上一题生成的装配体 [连杆机构（BarLinkage）]，如图 4-30 所示。

使用单位：MMGS（毫米、克、秒）

小数位数：2 位

零件原点：不拘

使用前一问题所创建的装配体，然后修改以下参数：

——A=38.5°

测量夹角 X 是多少度。

[使用 .（点）作为十进制分隔符]

a) 示意1

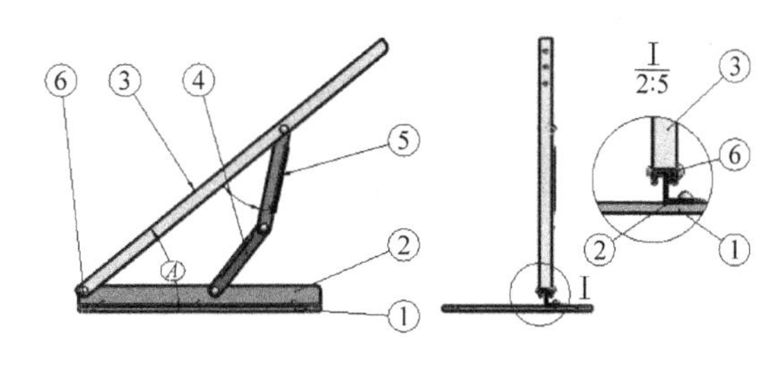

b) 示意2

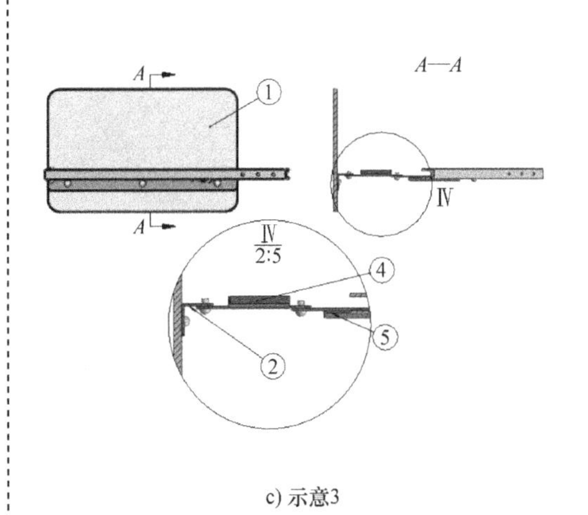

c) 示意3

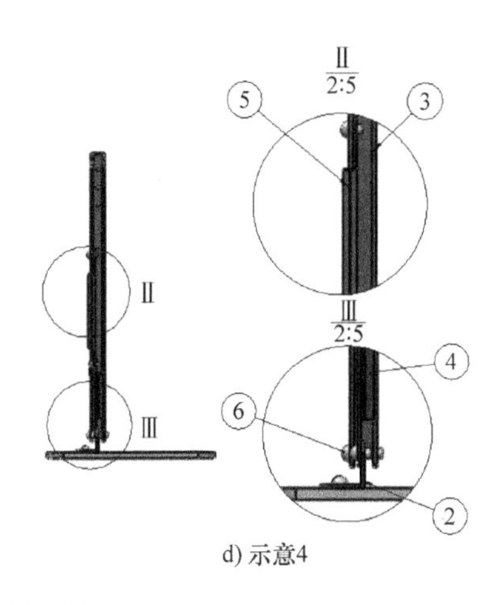

d) 示意4

图 4-30　装配示意

答案：39.83。

解析：可参考以下装配思路。

1）打开上一题的最终装配结果，如图 4-31 所示，另存为合适的文件。

2）找到需修改的角度配合关系，如图 4-32 所示。

3）将角度值更改为 38.5°，如图 4-33 所示。

4）根据题目要求，使用【测量】对“Brace”与“UpperLink”的两条对应边进行角度测量（也可选择两对应面），测得正确结果为“39.83”，如图 4-34 所示。

图 4-31 打开保存的装配体

图 4-32 查找角度配合

图 4-33 更改角度

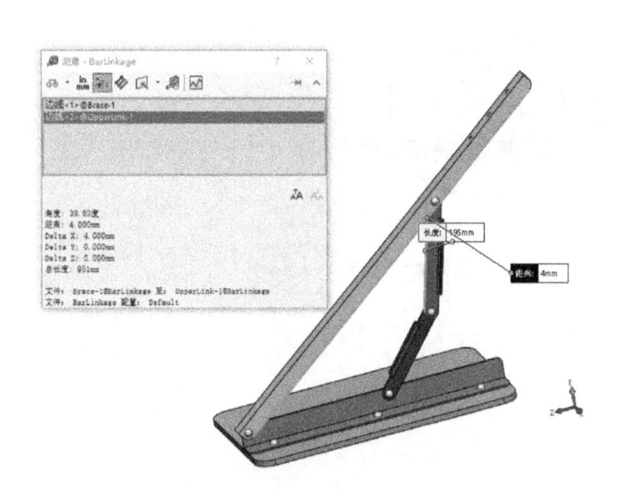

图 4-34 测量角度

4.6 认证样题

1. 在 SOLIDWORKS 中创建图 4-35 所示装配体 [发动机（engine）]。

该装配体包含 1 个气缸（Cylinder）①、2 个活塞（Piston）②、1 个曲轴（Crankshaft）③、2 个连杆（Connecting rod）④、1 个底座（Base）⑤。

使用单位：MMGS（毫米、克、秒）

小数位数：2 位

零件原点：不拘

• 下载附带的 zip 文件，然后打开。

• 保存包含的零件，然后在 SOLIDWORKS 中打开这些零件进行装配（注：如果 SOLIDWORKS 弹出“是否继续进行特征识别？”的提示，请单击【否】按钮）。

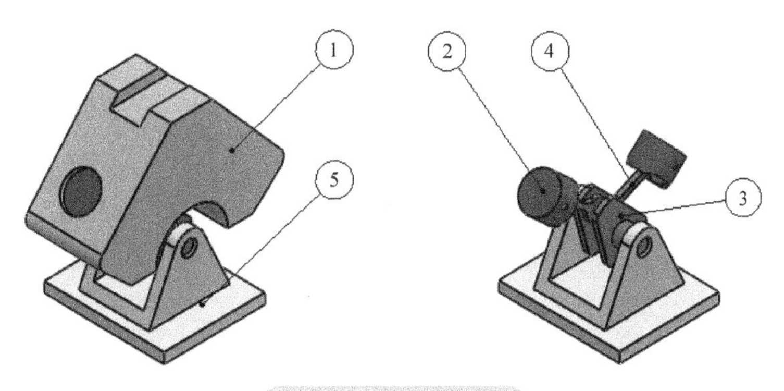

图 4-35　装配示意 1

使用以下条件创建装配体。

1）底座⑤作为装配基准，曲轴③两端的轴肩与底座⑤的孔重合，轴肩台阶侧面与底座⑤内侧面重合，如图 4-36a 所示。

2）气缸①的半圆孔与底座⑤的孔同轴，其上表面与底座⑤的下表面平行，左右居中，如图 4-36b 所示。

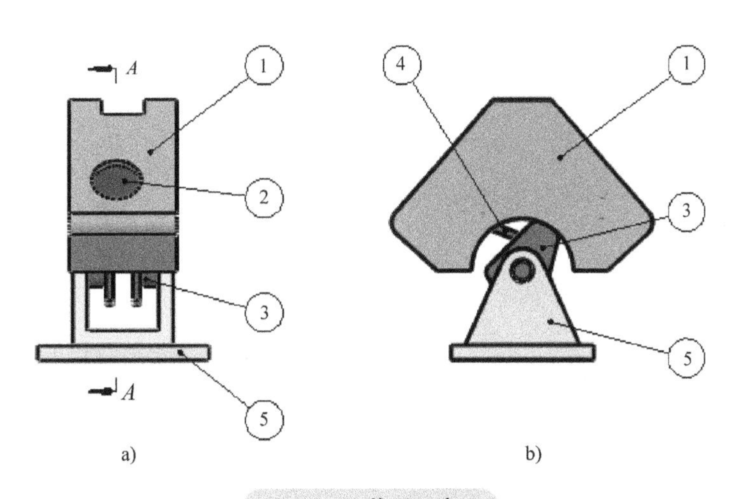

图 4-36　装配示意 2

3）两个连杆④的一端与曲轴③同轴连接，另一端与活塞②同轴连接，如图 4-37 所示。

4）两个活塞②与气缸①的孔同轴连接。

5）连杆④与曲轴③连接的一端侧面与曲轴③中间段的侧面重合，如图 4-38 所示。

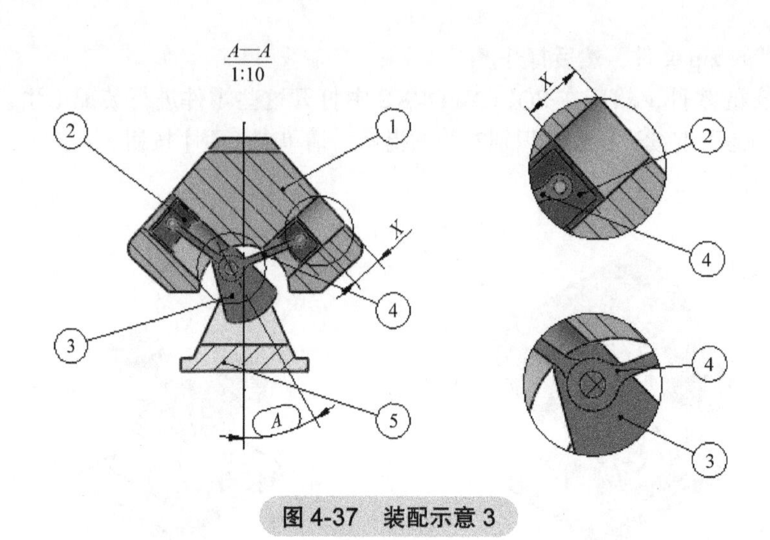

图 4-37 装配示意 3

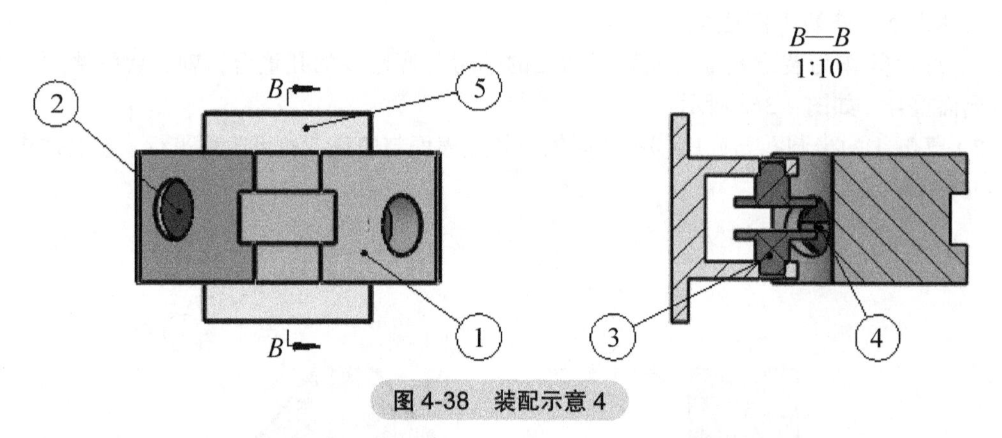

图 4-38 装配示意 4

6）曲轴③的对称中心线（装配基准面）与整个装配体的对称中心线形成的夹角为 *A*，如图 4-37 所示。

——*A*=30°

测量距离 *X* 是多少（mm）。______（距离 *X* 位置见图 4-37）

A.31.57　　B.68.19　　C.60.26　　D.43.75

2. 在 SOLIDWORKS 中修改上一题生成的装配体 [发动机（engine）]，如图 4-39 所示。

使用单位：MMGS（毫米、克、秒）

小数位数：2 位

零件原点：不拘

使用上一题创建的装配体，然后修改以下参数：

——*A*=35.2°

测量距离 *Y* 是多少（mm）。______（距离 *Y* 位置见图 4-39c）

[使用 .（点）作为十进制分隔符]

扫码看视频

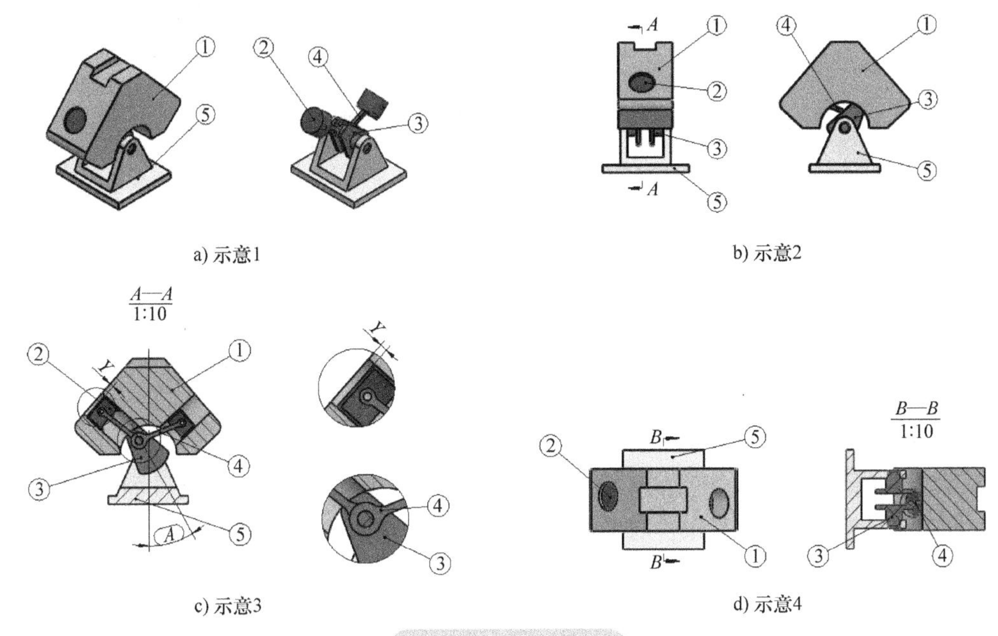

图 4-39　装配示意

本章小结

本章介绍了基本的装配操作方法，考试中只涉及基本的配合关系，不涉及高级配合关系。在考试过程中由于装配的两道题目也是相互关联的，所以在做第一道选择题时一定要保证所获取的答案与给出的一致。通常第二道题要求解的尺寸与第一道题是同一个，但有时可能第二道题要求解的是另一个尺寸，如样题中两道题要求解的尺寸就是不一样的，考试时一定要看清楚要求的尺寸。两个装配体可分别保存为两个文件，方便后续检查。

第5章 高级建模知识

学习目标

1）熟悉 SOLIDWORKS 中的高级建模功能，包括阵列、筋、拔模、抽壳等。

2）学会分析模型中何处会用到高级建模功能，并熟悉其编辑修改方法。

3）通过质量属性查询模型的质量、体积、重心等数据。

零件高级建模是 CSWA 考试的 4 项基本内容之一，需要通过给定的带尺寸的二维工程视图创建较复杂的三维模型。题目条件与基本零件建模相同，即通过给出的视图创建模型、赋予材质，再求出相应的质量、重心等数据。

5.1 阵列

SOLIDWORKS 提供了多种阵列形式，本书只对 CSWA 认证考试中所涉及的阵列形式进行讲解，主要包括线性阵列、圆周阵列与镜像 3 种。通过阵列功能可以快速创建相同的特征，且这些特征处于关联状态，阵列后的对象依赖于原特征，只需对其原特征进行修改，其余的阵列特征会自动同步更新。

5.1.1 线性阵列

线性阵列可以根据参考方向、间距和实例数量进行复制特征的创建，复制的对象可以是特征、实体或者面。

合理的线性阵列创建流程如下。

1）分析模型，确定需通过线性阵列生成的特征。

2）创建作为源的特征对象，如拉伸特征、旋转特征等。

3）单击工具栏中的【特征】/【线性阵列】命令，选择作为方向参考的对象，并输入该方向的间距与实例数。系统支持两个方向同时阵列。

4）选择要阵列的源特征，此时会出现阵列的预览，观察是否符合所需，再根据实际需要调整参数。如阵列的方向相反，可以在方向参考对象前单击【反向】以更改。

5）单击【确定】完成线性阵列操作。

6）如需修改阵列特征参数，则在设计树中选择生成的阵列特征，在弹出的关联工具栏中单击【编辑特征】进行参数修改。

5.1.2 圆周阵列

圆周阵列可以根据阵列轴、夹角和实例数量进行复制特征的创建，复制的对象可以是特征、实体或者面。

合理的圆周阵列创建流程如下。

1）分析模型，确定需通过圆周阵列生成的特征。

2）创建作为源的特征对象，如拉伸特征、旋转特征等。

3）单击工具栏中的【特征】/【圆周阵列】命令，选择作为阵列轴的对象，并输入角度与实例数。系统支持实例间距（夹角方式）与等间距（全周方式）两种方式。

4）选择要阵列的源特征，此时会出现阵列的预览，观察是否符合所需，再根据实际需要调整参数。如阵列的是实例间距方式，可以在阵列对象前单击【反向】以更改。

5）单击【确定】完成圆周阵列操作。

6）如需修改阵列特征参数，则在设计树中选择生成的阵列特征，在弹出的关联工具栏中单击【编辑特征】进行参数修改。

注意：方向参考对象可以是线性边线、临时轴、草图直线、圆柱面、圆锥面、基准轴等。不同的对象其方向参考也不一样，如果选择圆形边线，则方向为该圆的轴向，可通过提示箭头观察。

5.1.3 镜像

镜像可以在基准面的另一侧进行复制特征的创建，复制的对象可以是特征、实体或者面。

合理的镜像创建流程如下。

1）分析模型，确定需通过镜像生成的特征，如分布于两侧的相同特征。

2）创建作为源的特征对象，如拉伸特征、旋转特征等。

3）单击工具栏中的【特征】/【镜像】命令，选择作为镜像面的参考对象。

4）选择要镜像的源特征，此时会出现镜像的预览，观察是否符合所需，再根据实际需要调整参数。

5）单击【确定】完成镜像操作。

6）如需修改镜像特征参数，则在设计树中选择生成的镜像特征，在弹出的关联工具栏中单击【编辑特征】进行参数修改。

注意：镜像面的参考对象可以是平面或基准面。

5.1.4 阵列例题

根据图 5-1 所示的二维工程图创建相应的三维模型。

操作步骤如下。

1）新建零件，并选择“gb_ part”作为模板。

2）以“前视基准面”为基准绘制图 5-2 所示草图，注意以原点为对称点。

3）退出草图。单击工具栏中的【特征】/【拉伸凸台 / 基体】命令，设置拉伸深度为 15mm，结果如图 5-3 所示。

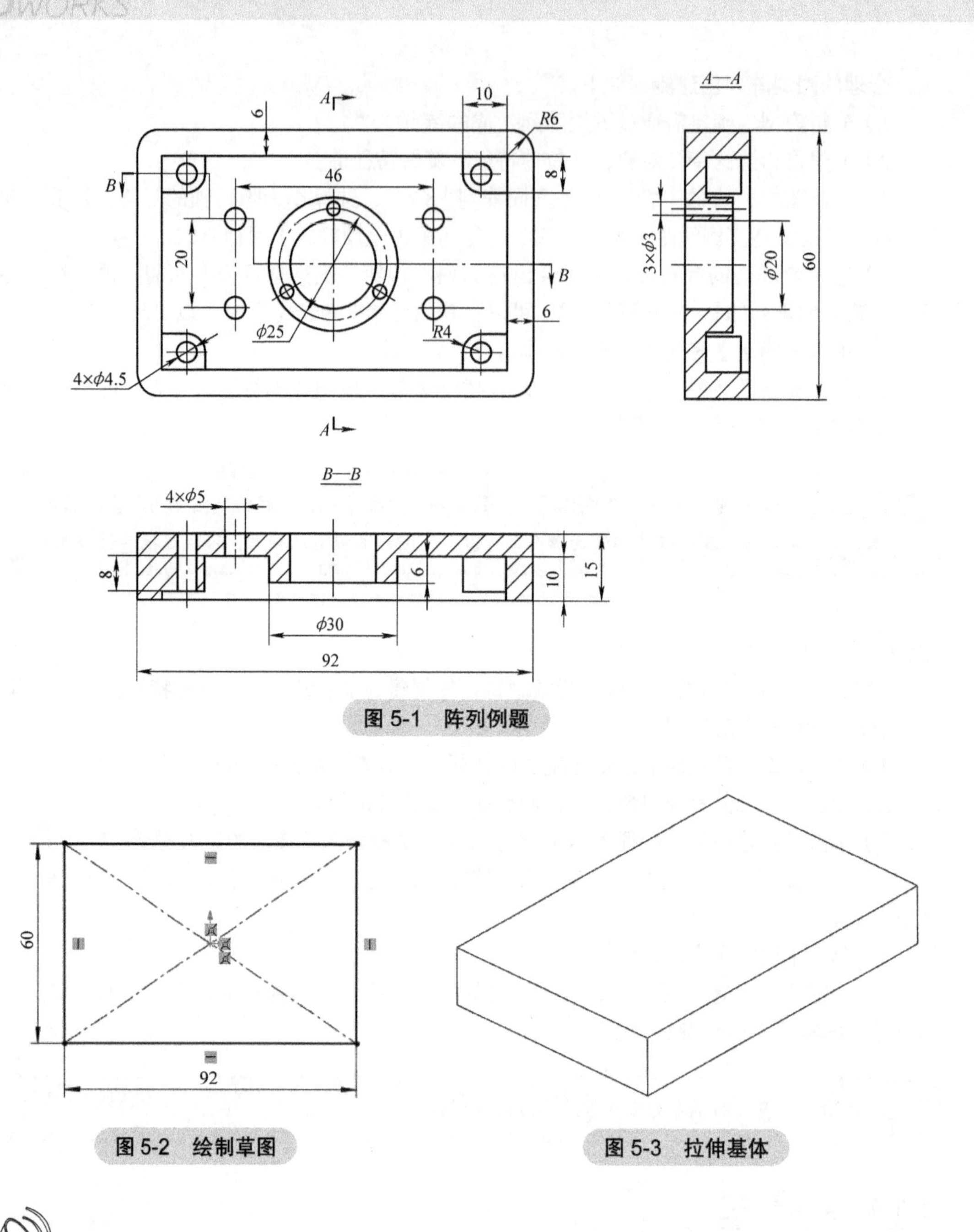

图 5-1　阵列例题

图 5-2　绘制草图

图 5-3　拉伸基体

技巧

在绘制矩形时系统默认为【边角矩形】，可切换为【中心矩形】，快速绘制以某点为对称中心的矩形。

4）以上一步完成的特征上表面为基准面绘制图 5-4 所示的矩形草图，该矩形与已有边线的距离为 6mm。

5）单击工具栏中的【特征】/【拉伸切除】命令，设置拉伸深度为 10mm，结果如图 5-5 所示。

技巧

该矩形草图也可通过单击工具栏中的【草图】/【等距实体】按钮，对已有边线等距进行绘制。

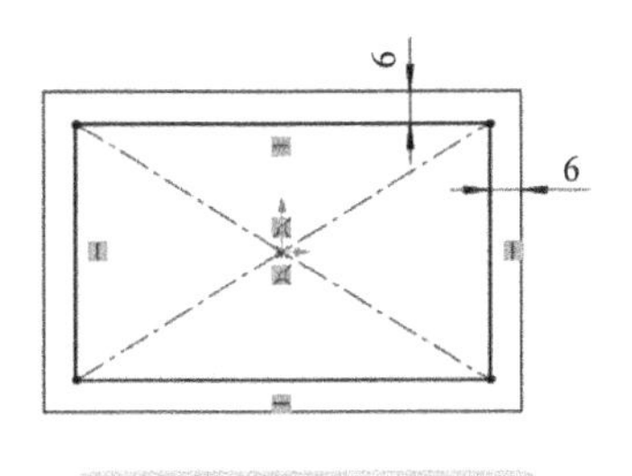

图 5-4 绘制矩形草图

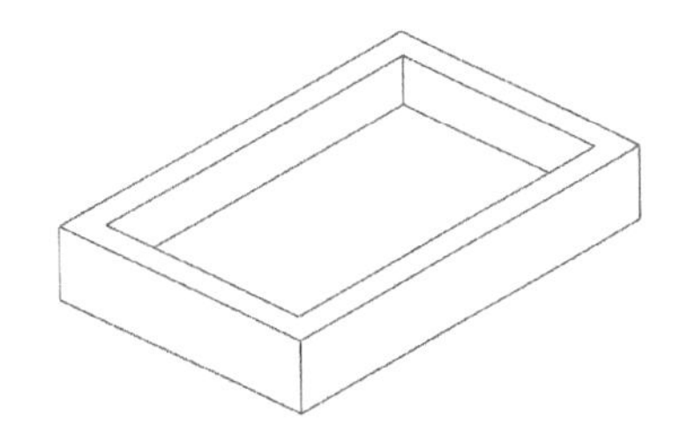

图 5-5 切除长方体

6）单击工具栏中的【特征】/【圆角】命令，对长方体的 4 个外边进行圆角操作，圆角半径为 6mm，结果如图 5-6 所示。

7）以切除部分的平面为基准面，绘制图 5-7 所示的矩形草图。

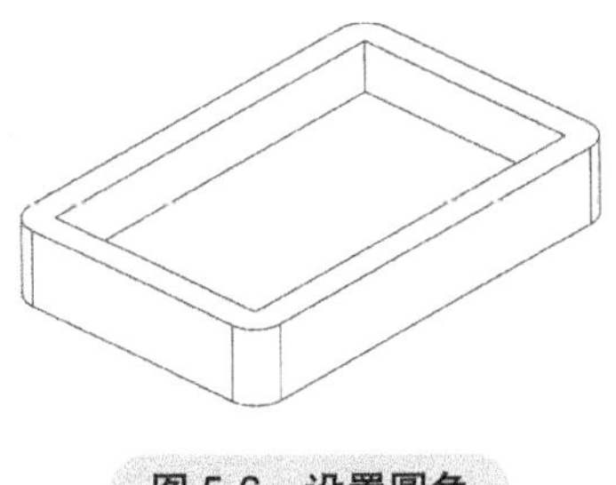

图 5-6 设置圆角

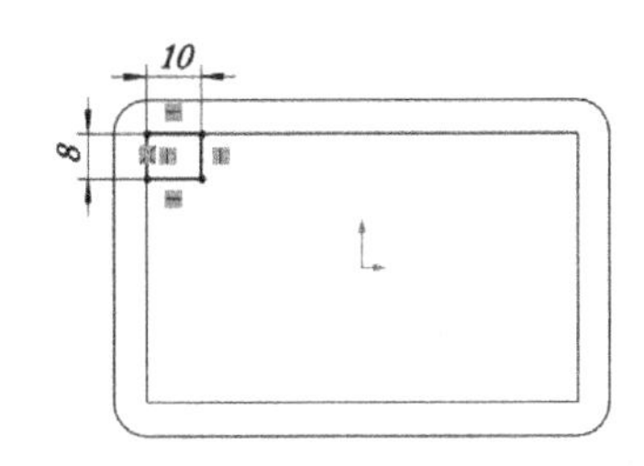

图 5-7 绘制矩形草图

8）单击工具栏中的【特征】/【拉伸凸台/基体】命令，设置拉伸深度为 8mm，结果如图 5-8 所示。

9）单击工具栏中的【特征】/【圆角】命令，对上一步拉伸的矩形凸台的外边进行圆角操作，圆角半径为 4mm，结果如图 5-9 所示。

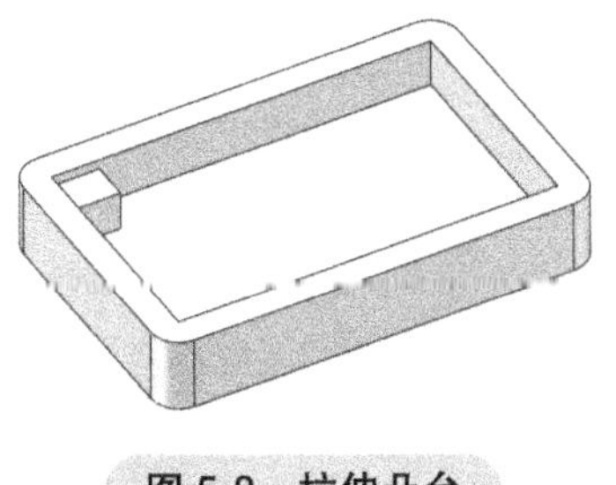

图 5-8 拉伸凸台

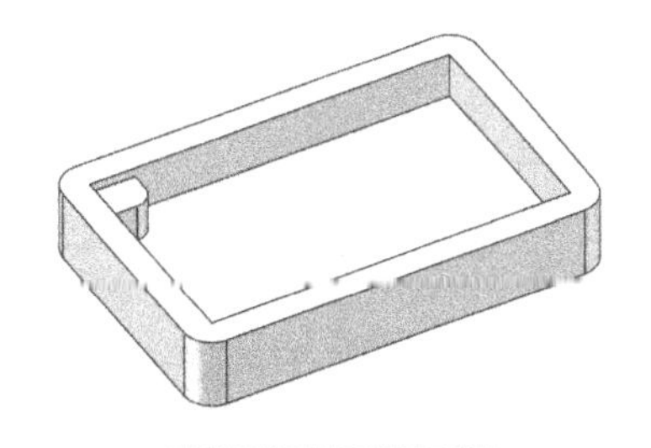

图 5-9 生成圆角

10）以圆角后的矩形凸台的上表面为基准面绘制图 5-10 所示草图，圆与上一步的圆角同

心，直径为 4.5mm。

11）单击工具栏中的【特征】/【拉伸切除】命令，设置拉伸方向为【完全贯穿】，结果如图 5-11 所示。

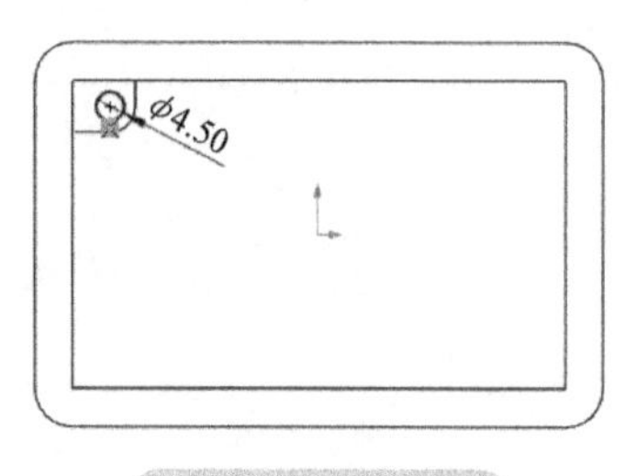

图 5-10 绘制圆

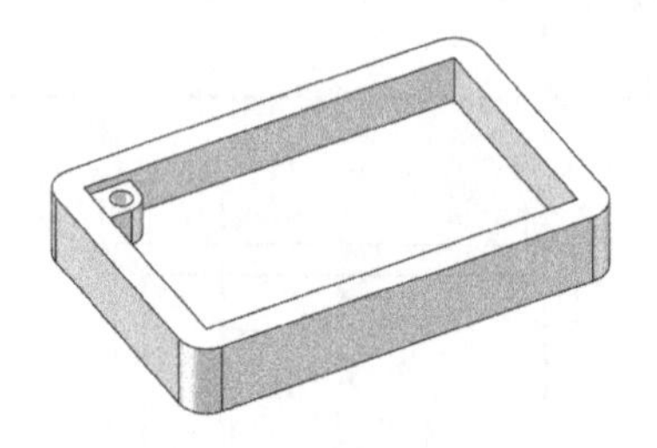

图 5-11 生成圆孔

12）单击工具栏中的【特征】/【镜像】命令，以“前视基准面”为镜像面，要镜像的特征为第 8、9、11 步生成的 3 个特征，镜像结果如图 5-12 所示。

13）单击工具栏中的【特征】/【镜像】命令，以“右视基准面”为镜像面，要镜像的特征为第 8、9、11、12 步生成的 4 个特征，镜像结果如图 5-13 所示。

图 5-12 镜像一侧

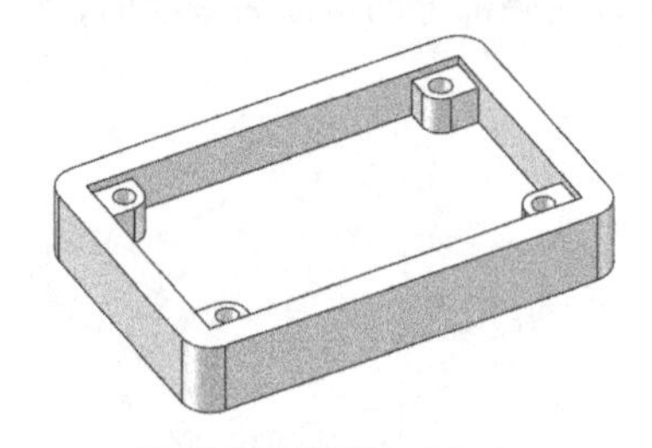

图 5-13 镜像另一侧

14）以型腔的内表面为基准面绘制图 5-14 所示草图，圆的直径为 30mm。

15）单击工具栏中的【特征】/【拉伸凸台/基体】命令，设置拉伸深度为 6mm，结果如图 5-15 所示。

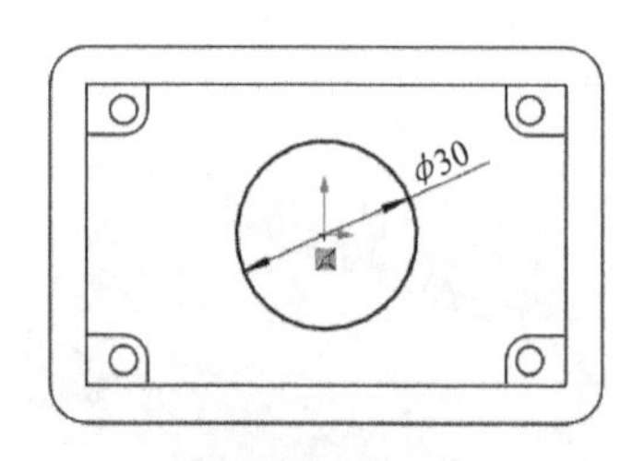

图 5-14 绘制圆

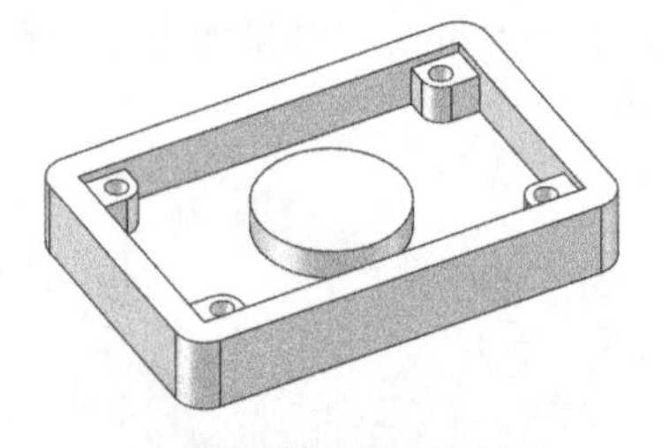

图 5-15 拉伸凸台

16）以上一步拉伸凸台的上表面为基准面绘制图 5-16 所示草图，圆的直径为 20mm。

17）单击工具栏中的【特征】/【拉伸切除】命令，设置拉伸方向为【完全贯穿】，结果如图 5-17 所示。

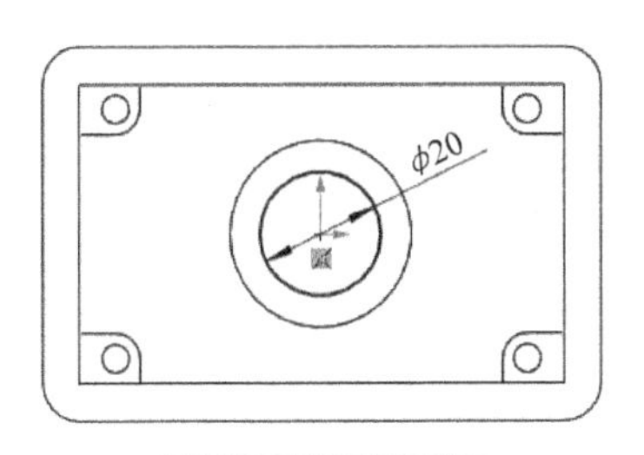

图 5-16　绘制圆

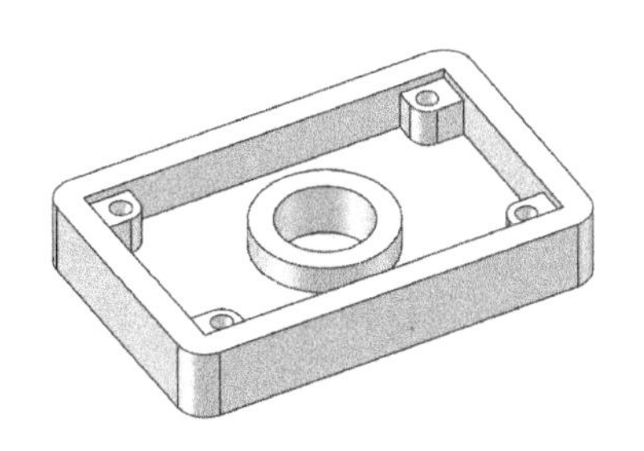

图 5-17　拉伸切除

18）以上一步拉伸切除后形成的圆环上表面为基准面绘制图 5-18 所示草图，大圆的直径为 25mm，小圆的直径为 3mm。

19）单击工具栏中的【特征】/【拉伸切除】命令，设置拉伸方向为【完全贯穿】，结果如图 5-19 所示。

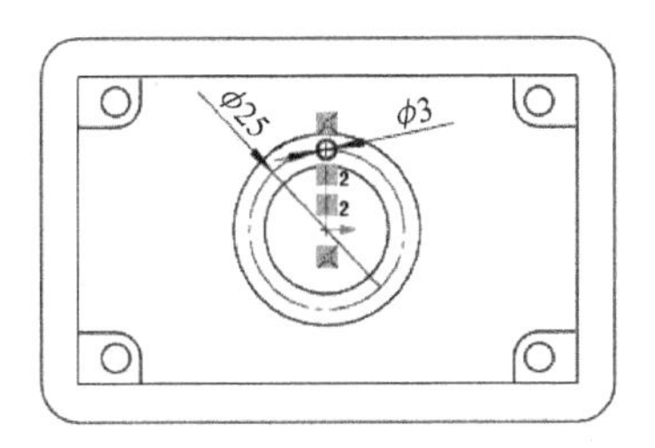

图 5-18　绘制圆

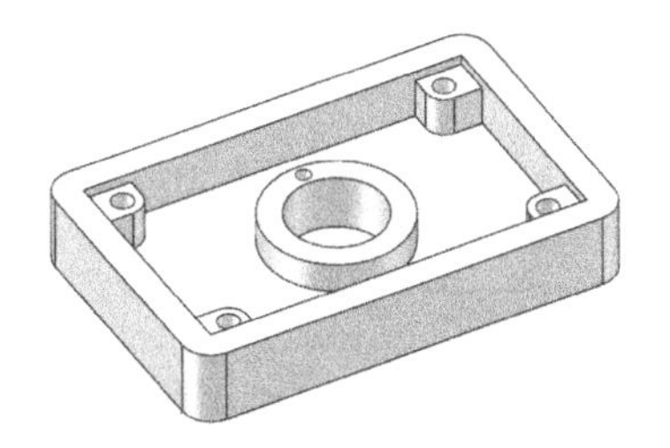

图 5-19　拉伸切除孔

20）单击工具栏中的【特征】/【圆周阵列】命令，选择“圆环内表面”作为阵列轴，数量为 3，要阵列的特征为上一步拉伸切除的孔，阵列结果如图 5-20 所示。

21）以型腔内表面为基准面绘制图 5-21 所示草图，圆的直径为 5mm。

技巧

由于该孔在整个模型中处于对称状态，所以通过绘制一个中心矩形作为构造线，可以很容易地标注出其对称后的孔间距，且在工程图中可以自动标注出符合要求的尺寸。

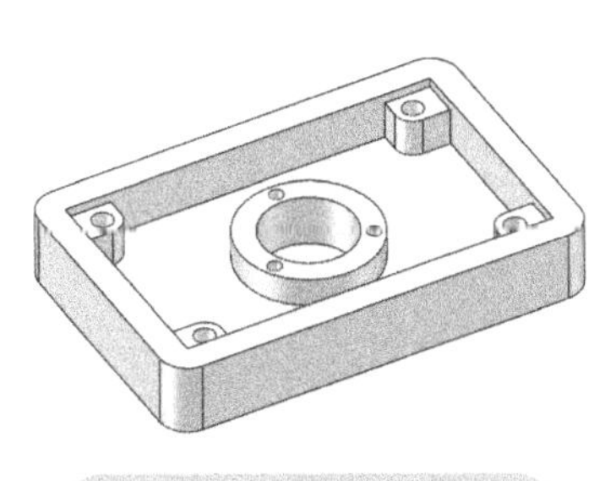

图 5-20　圆周阵列圆孔

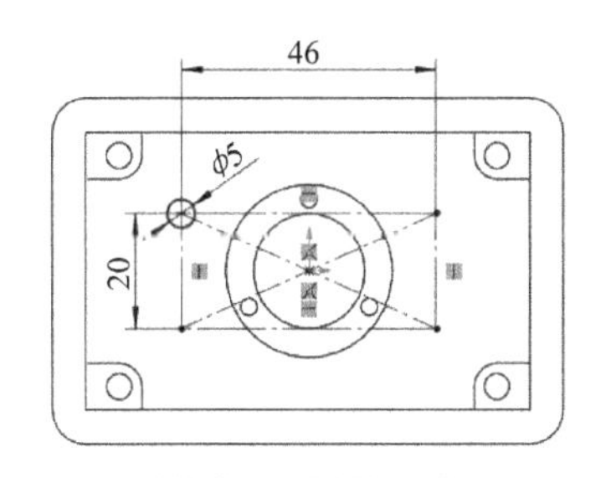

图 5-21　绘制圆

22）单击工具栏中的【特征】/【拉伸切除】命令，设置拉伸方向为【完全贯穿】，结果如图 5-22 所示。

23）单击工具栏中的【特征】/【线性阵列】命令，以模型上表面两垂直边线分别作为参考方向 1 与参考方向 2，数量均为 2，长度方向的间距为 46mm，宽度方向的间距为 20mm，要阵列的特征为上一步拉伸切除的孔，阵列结果如图 5-23 所示。

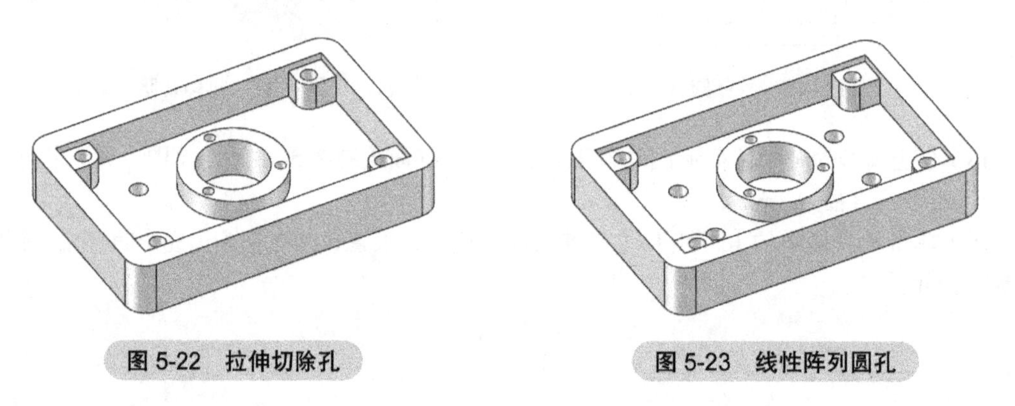

图 5-22　拉伸切除孔

图 5-23　线性阵列圆孔

24）完成模型创建，保存并关闭此模型。

5.1.5　阵列练习

根据图 5-24 所示的二维工程图进行三维模型的创建，要求以拉伸、阵列功能完成，草图完全定义。

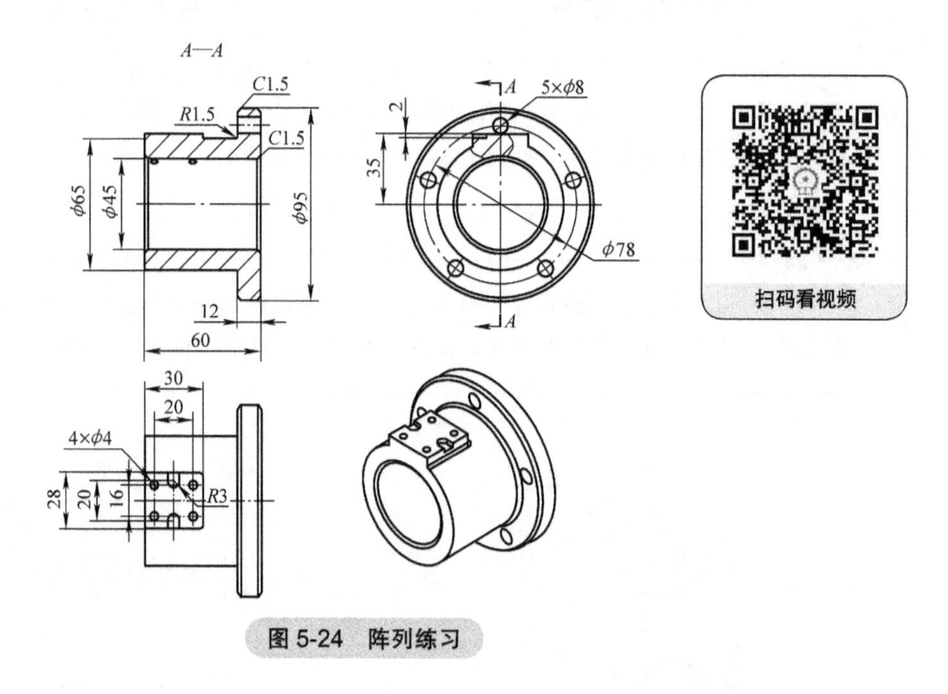

图 5-24　阵列练习

5.2　筋

筋是一种特殊的拉伸特征，可以从开环或闭环的草图轮廓向已有实体的方向填充材料生成

筋特征。既可以平行于草图填充，也可以垂直于草图填充，草图轮廓可以不与现有实体相交。系统在生成筋时会自动延伸，可以使用最简草图来生成筋特征。

5.2.1　创建筋的基本流程

合理的筋特征创建流程如下。

1）分析模型，确定需通过筋生成的特征。通常加强筋类的特征或单一厚度的特征均可通过筋特征进行创建。

2）选择合适的基准面，如该基准面当前不存在，则需要创建基准面。

3）绘制草图。通过几何约束与尺寸约束进行草图定义，草图可以不封闭、不完全定义。

4）单击工具栏中的【特征】/【筋】命令，选择合适的厚度与方向。

5）单击【确定】完成筋生成操作。

6）如需修改草图，则在设计树中选择生成的草图，在弹出的关联工具栏中单击【编辑草图】，进入草图环境进行修改。

7）如需修改特征参数，则在设计树中选择生成的特征，在弹出的关联工具栏中单击【编辑特征】进行参数修改。

5.2.2　筋例题

根据图 5-25 所示的二维工程图创建相应的三维模型。

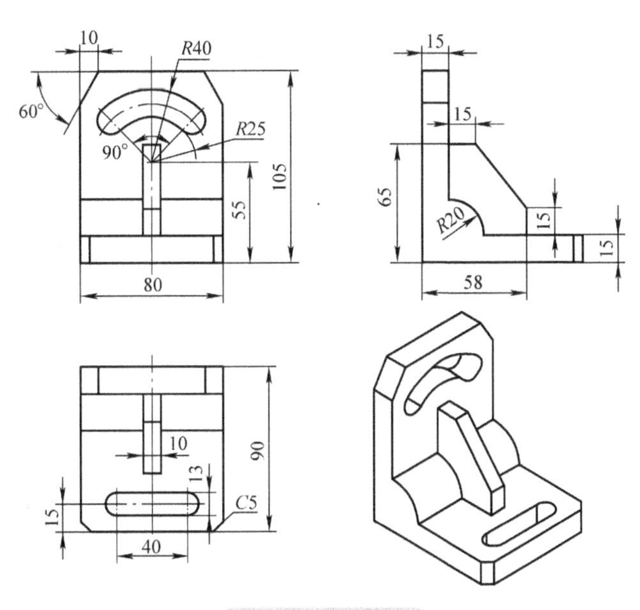

图 5-25　筋例题

操作步骤如下。

1）新建零件，并选择“gb_ part”作为模板。

2）以“前视基准面”为基准绘制图 5-26 所示草图。注意以原点为尺寸基准。

3）退出草图。单击工具栏中的【特征】/【拉伸凸台 / 基体】命令，方向为两侧对称，拉伸深度为 80mm，结果如图 5-27 所示。

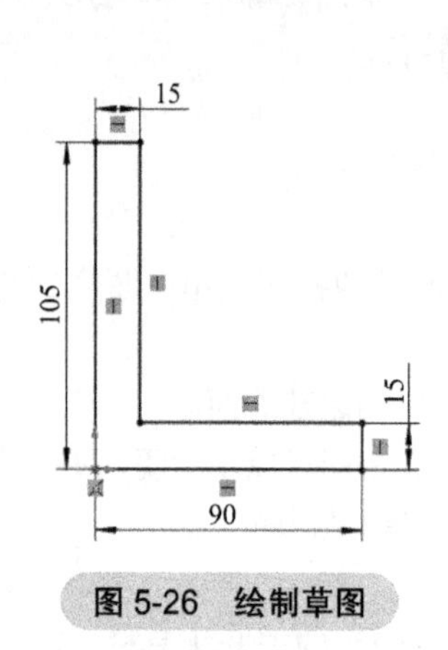

图 5-26　绘制草图

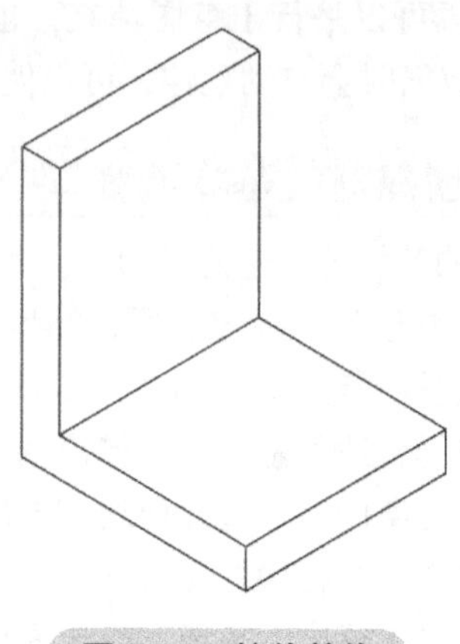

图 5-27　拉伸基体

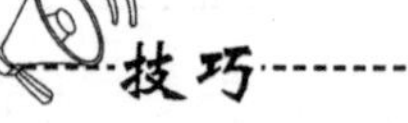

技巧

由于草图两段的厚度均为 15mm，所以此处的草图也可简化成单一的“L”形状，拉伸时通过【薄壁特征】将厚度定义为 15mm 进行拉伸，能有效地简化草图。

4）以“前视基准面”为基准绘制图 5-28 所示的圆弧草图，圆弧半径为 20mm。草图无须封闭，仅需 1/4 圆弧即可。

5）单击工具栏中的【特征】/【筋】命令，筋厚度为 80mm，结果如图 5-29 所示。

技巧

用作筋的草图也可以不与已有模型实体相交。如果是直线，系统会自动延伸至实体边界；如果是非直线，则会以切线方式延伸至模型边界。练习时可以进行尝试。

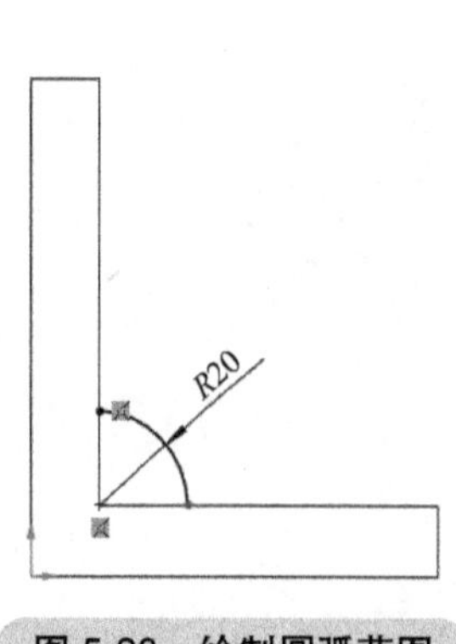

图 5-28　绘制圆弧草图

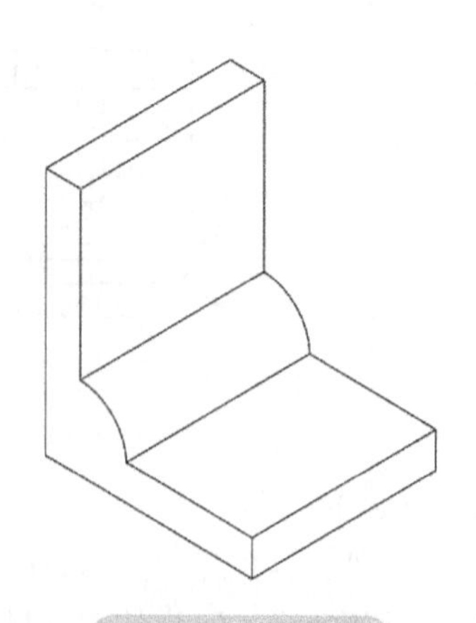

图 5-29　生成筋

6）以“前视基准面”为基准绘制图 5-30 所示草图。草图无须封闭，仅绘制内侧区域即可。

7）单击工具栏中的【特征】/【筋】命令，筋厚度为 10mm，结果如图 5-31 所示。

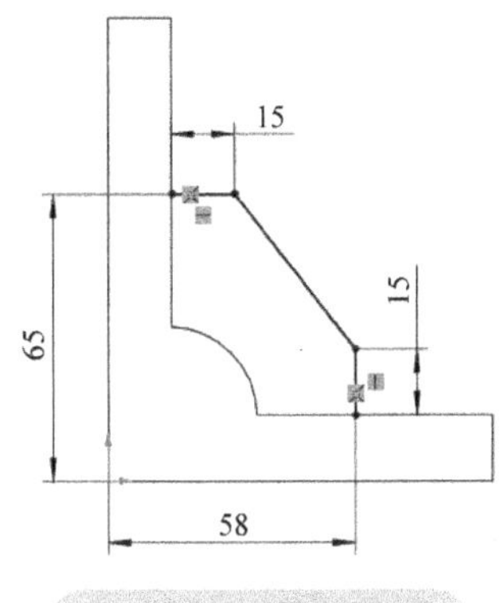

图 5-30　绘制筋草图

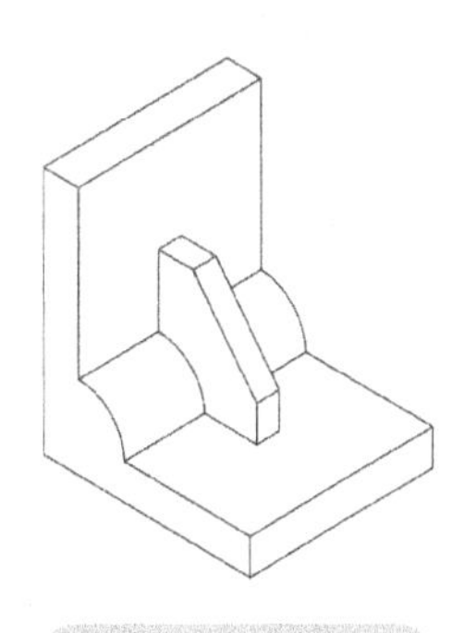
图 5-31　生成筋

8）以完成的实体内侧的上表面为基准面绘制图 5-32 所示长槽孔。

9）单击工具栏中的【特征】/【拉伸切除】命令，拉伸方向为【完全贯穿】，结果如图 5-33 所示。

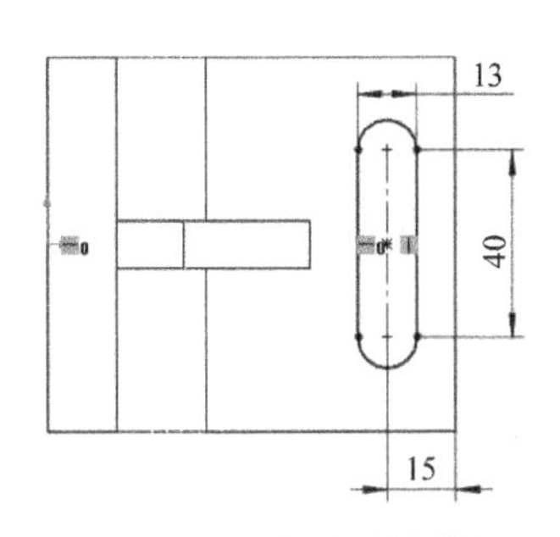

图 5-32　绘制长槽孔

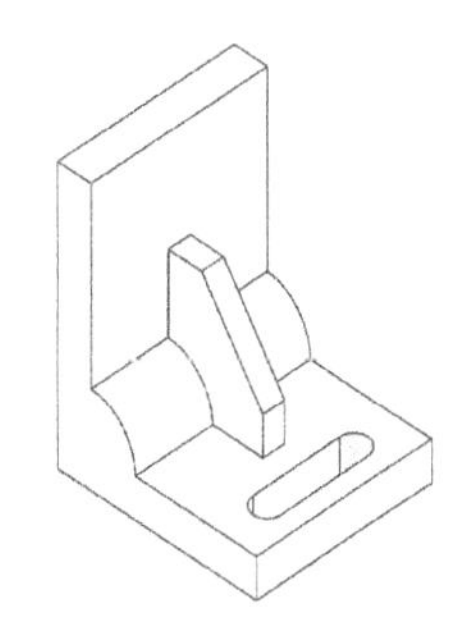
图 5-33　切除长槽孔

10）以完成的实体内侧的侧面为基准面绘制图 5-34 所示圆弧槽孔。

11）单击工具栏中的【特征】/【拉伸切除】命令，拉伸方向为【完全贯穿】，结果如图 5-35 所示。

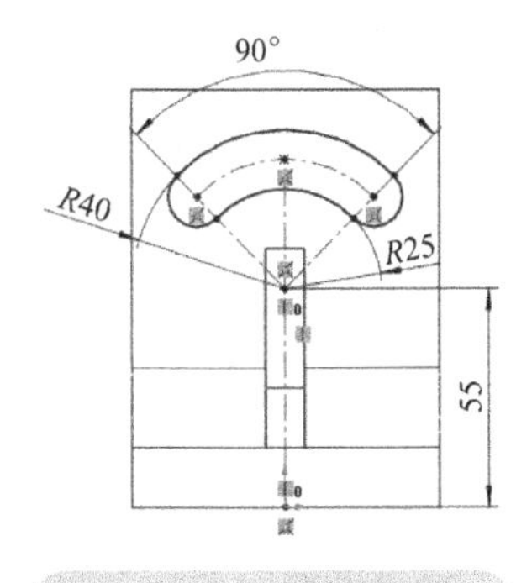

图 5-34　绘制圆弧槽孔

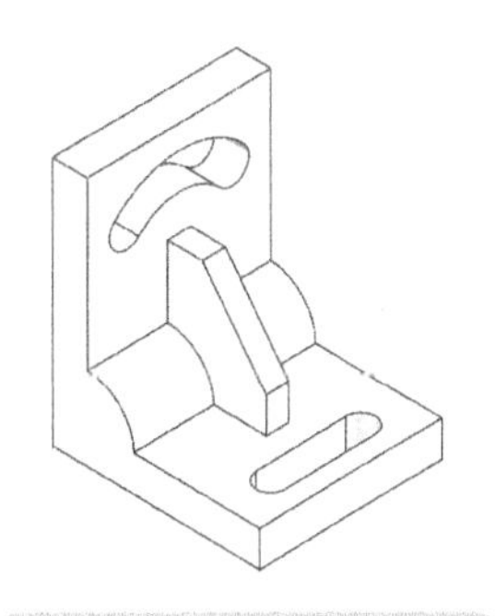
图 5-35　切除圆弧槽孔

12）单击工具栏中的【特征】/【倒角】命令，参数为10mm×60°，对模型上面的两条边进行倒角，结果如图5-36所示。

注意：当倒角角度不是45°时，倒角具有方向性，可通过预览查看，如不是所要的方向，可单击倒角处的红色箭头进行更改，也可分开进行倒角。

13）单击工具栏中的【特征】/【倒角】命令，参数为5mm×45°，对模型下面的两条边进行倒角，结果如图5-37所示。

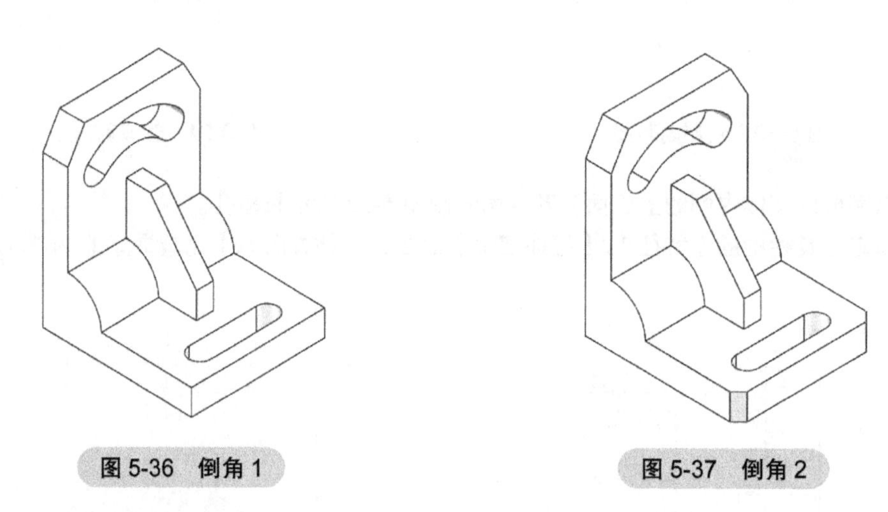

图5-36　倒角1　　　图5-37　倒角2

14）完成模型创建，保存并关闭此模型。

5.2.3　筋练习

根据图5-38所示二维工程图进行三维模型的创建，要求以拉伸、筋、阵列功能完成，草图完全定义。

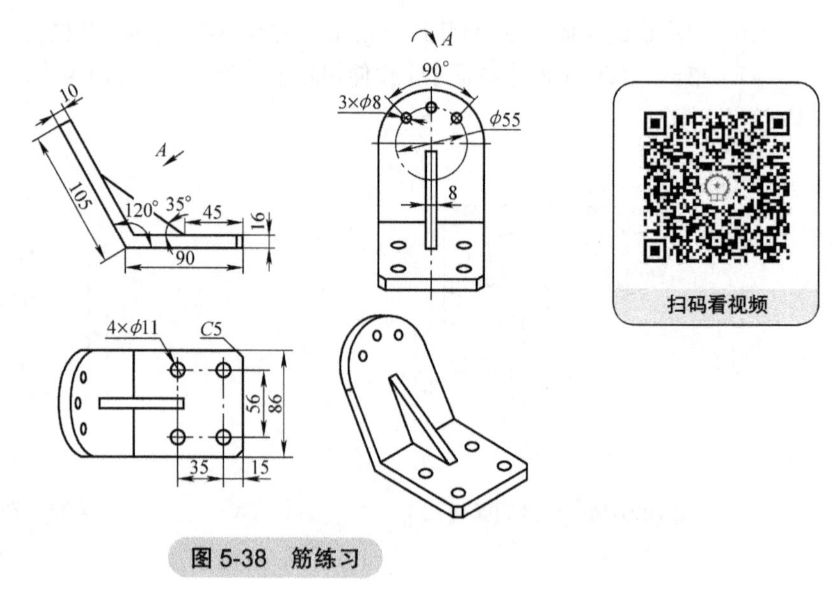

图5-38　筋练习

5.3　拔模

对于注塑件、铸件、锻件而言，拔模是一个必不可少的功能。通过拔模能使零件在某个方向上具有一定的斜度，方便进行脱模。在 SOLIDWORKS 中拔模主要有两种方式：一种是在【拉伸凸台 / 基体】或【拉伸切除】时直接输入拔模角度进行拔模；另一种是通过【拔模】命令处理所需拔模的面。

拔模是对已有的面进行处理，所以拔模无须单独的草图作为前置条件。

5.3.1　拔模的基本流程

合理的拔模特征创建流程如下。

1）分析模型，确定需通过拔模生成的面，尤其要区分是整个特征的所有面均需拔模还是仅其中某个面需要拔模。

2）根据分析选择拔模方式。

3）通过拉伸直接拔模时，单击工具栏中的【特征】/【拉伸凸台 / 基体】命令或【拉伸切除】命令，勾选【拔模开 / 关】复选框并输入所需的角度，输入其他参数后单击【确定】完成拉伸操作。

4）通过【拔模】命令直接拔模时，单击工具栏中的【特征】/【拔模】命令，选择拔模类型、输入拔模角度、选择参考面、选择拔模面后单击【确定】，完成拔模操作。

5）如需修改特征参数，则在设计树中选择生成的特征，在弹出的关联工具栏中单击【编辑特征】进行参数修改。

5.3.2　拔模例题

根据图 5-39 所示二维工程图创建相应的三维模型。

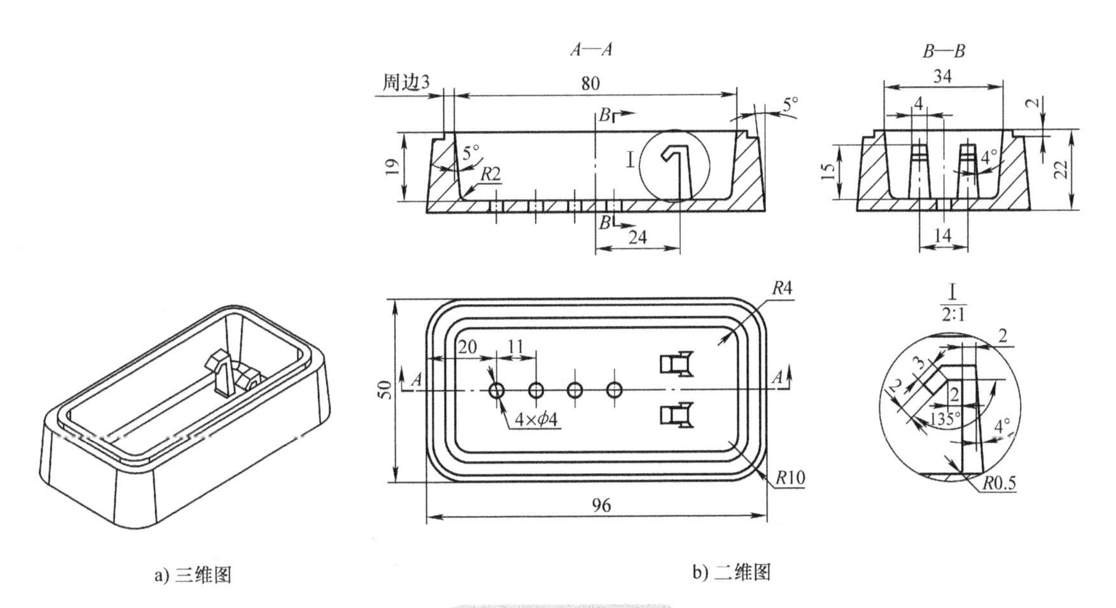

a) 三维图　　b) 二维图

图 5-39　拔模例题

操作步骤如下。

1）新建零件，并选择“gb_part”作为模板。

2）以“前视基准面”为基准绘制图5-40所示草图。注意草图主体是以原点为对称中心的矩形，且4个角是半径为10mm的圆角。

3）退出草图。单击工具栏中的【特征】/【拉伸凸台/基体】命令，拉伸深度为22mm，激活【拔模开/关】选项，设置角度为5°，结果如图5-41所示。

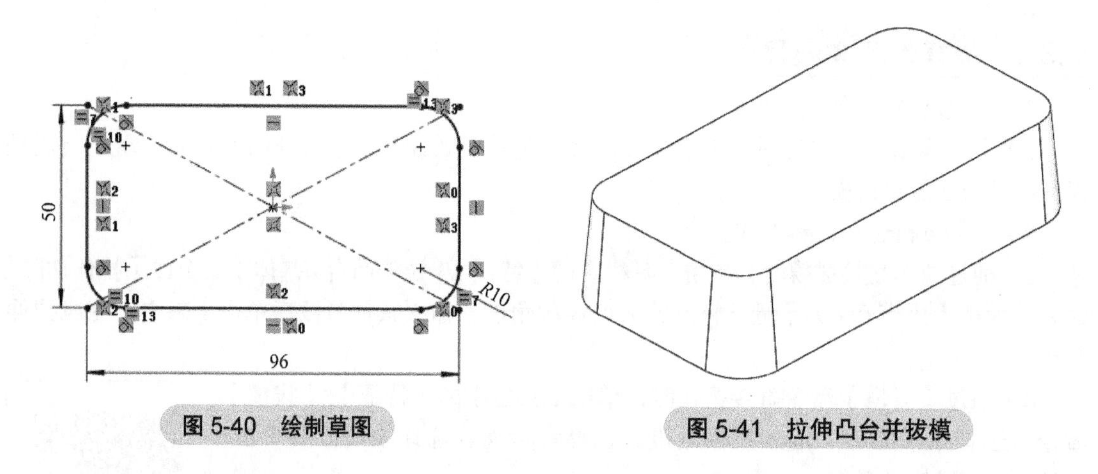

图5-40 绘制草图

图5-41 拉伸凸台并拔模

4）以上一步完成实体的上表面为基准绘制图5-42所示草图。注意草图主体是以原点为对称中心的矩形，且4个角是半径为4mm的圆角。

5）退出草图。单击工具栏中的【特征】/【拉伸切除】命令，拉伸深度为19mm，激活【拔模开/关】选项，设置角度为5°，结果如图5-43所示。

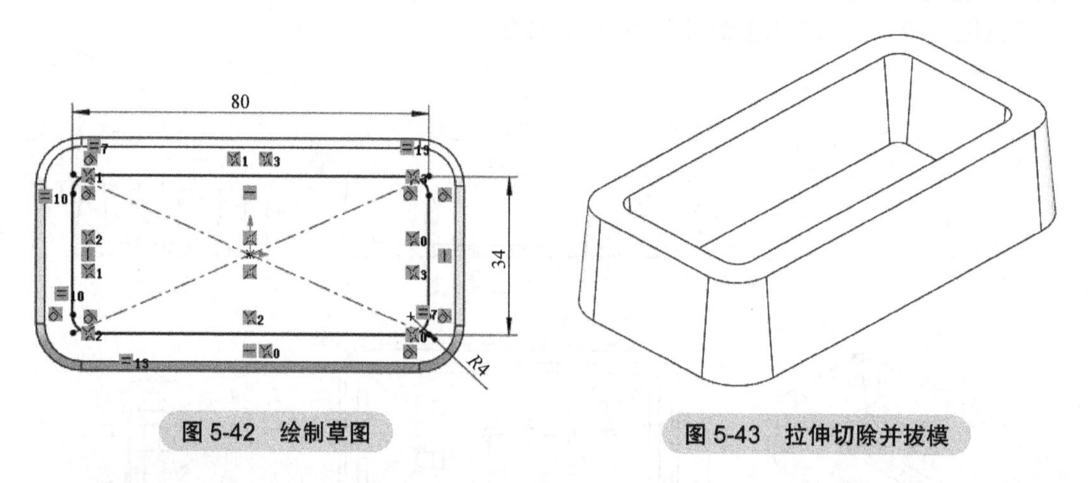

图5-42 绘制草图

图5-43 拉伸切除并拔模

6）以已完成实体的上表面为基准绘制图5-44所示草图，其与上表面的内侧边线等距3mm。可通过工具栏中的【草图】/【等距实体】命令快速生成，而不用使用基本绘制功能，这样可有效提高该草图的生成效率。

7）退出草图。单击工具栏中的【特征】/【拉伸切除】命令，拉伸深度为2mm，勾选【反侧切除】复选框，结果如图5-45所示。

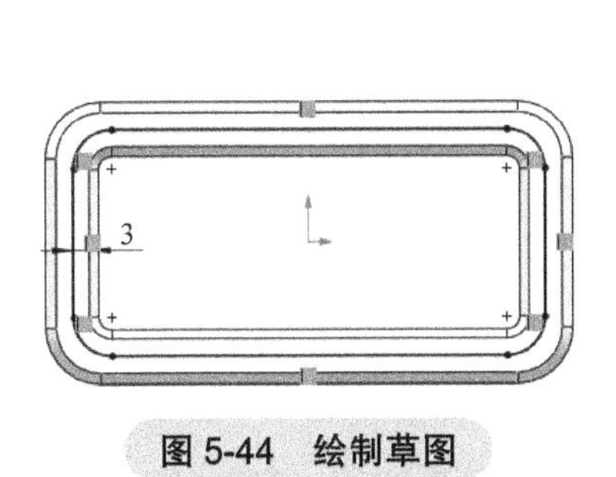

图 5-44　绘制草图

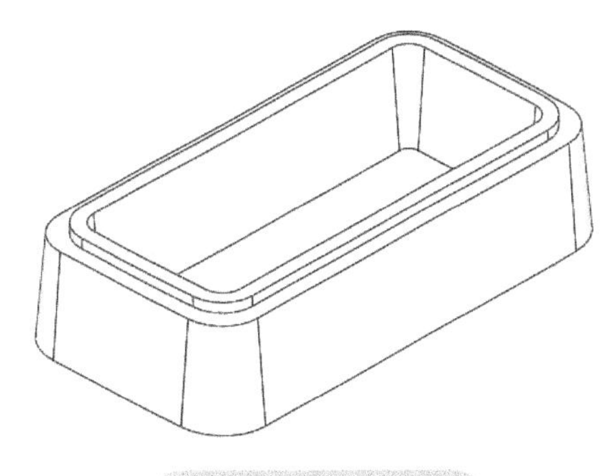

图 5-45　拉伸切除

技巧

在绘制拉伸切除所需草图时，系统默认切除草图封闭环内的实体，如需切除外侧实体，需在外侧再加一个封闭草图，操作较为烦琐。如果切除的是外侧所有区域，可以不用绘制外侧的封闭草图，通过【反侧切除】选项可以很容易实现，这样能有效地减少草图绘制的工作量，且减小草图的复杂性，降低出错的可能性。

8）单击工具栏中的【特征】/【圆角】命令，对型腔的底边进行圆角操作。选择底边任一边线，系统会自动将切线延伸选择其余边线，圆角尺寸为 2mm，结果如图 5-46 所示。

9）单击工具栏中的【特征】/【参考几何体】/【基准面】命令，以“上视基准面”为参考，等距 7mm 生成一个新的基准面，结果如图 5-47 所示。

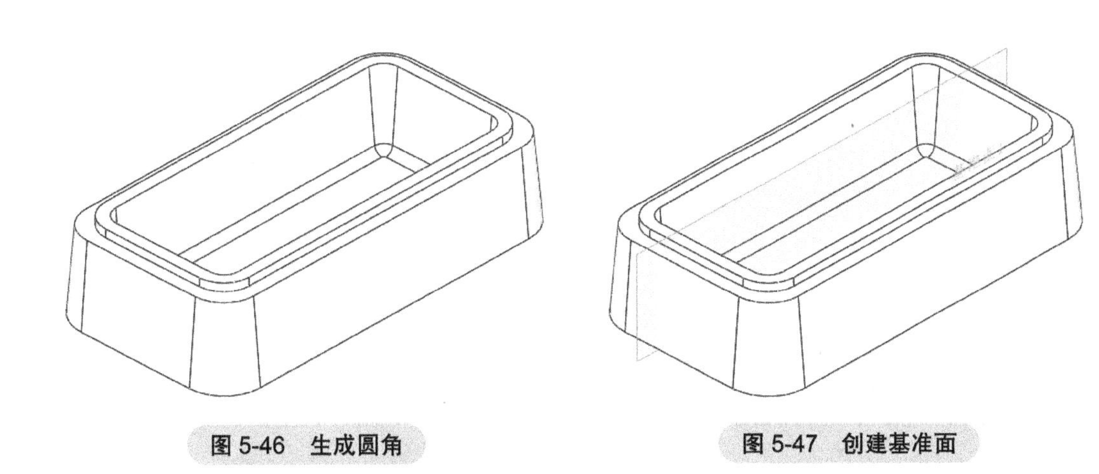

图 5-46　生成圆角　　图 5-47　创建基准面

10）以新创建的基准面为基准绘制图 5-48 所示草图。

11）退出草图。单击工具栏中的【特征】/【拉伸凸台 / 基体】命令，拉伸方向为【两侧对称】，深度为 4mm，结果如图 5-49 所示。

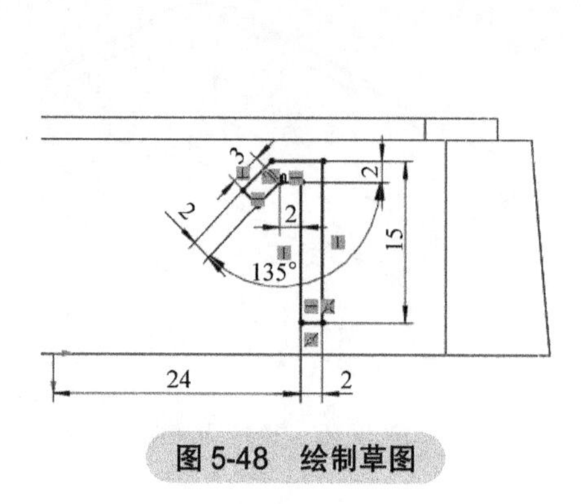

图 5-48　绘制草图

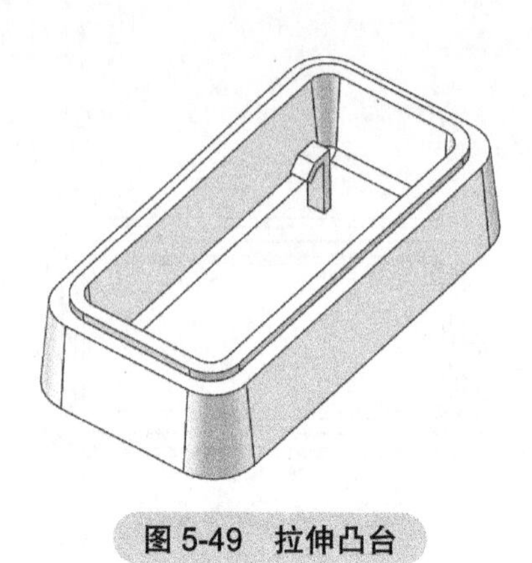
图 5-49　拉伸凸台

技巧

在绘制型腔内草图时，由于观察不方便且有时参考尺寸不便标注，可以单击前导视图中的【剖视图】工具，选择相应的剖切参考面即可在剖面的状态下绘制草图，如图 5-50 所示。

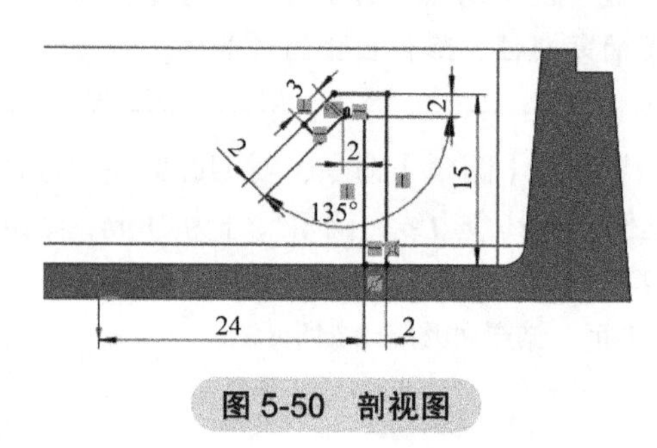

图 5-50　剖视图

12）单击工具栏中的【特征】/【拔模】命令，拔模角度为 4°，参考面为上一步拉伸特征的上表面，拔模面为上一步拉伸特征的 3 个外侧面，拔模结果如图 5-51 所示。

13）单击工具栏中的【特征】/【圆角】命令，对拔模后特征连接处的两个长边添加圆角，圆角半径为 0.5mm，结果如图 5-52 所示。

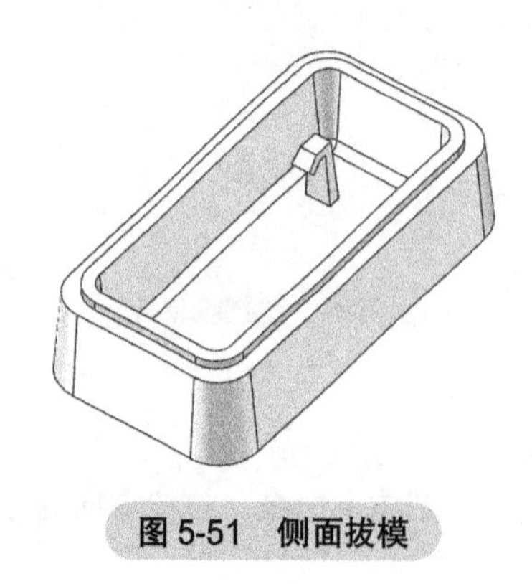
图 5-51　侧面拔模

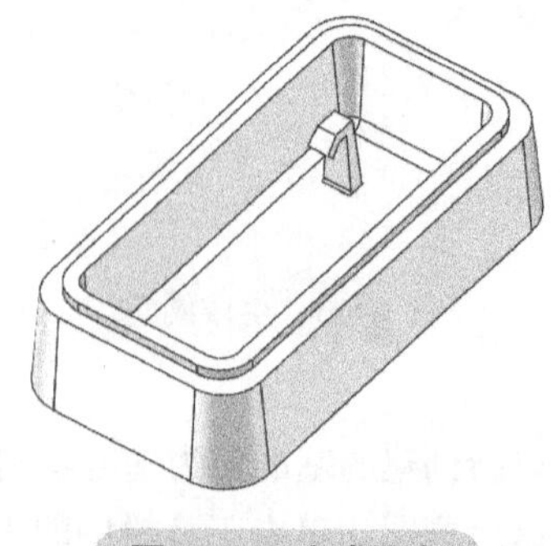
图 5-52　生成圆角

14）单击工具栏中的【特征】/【镜像】命令，镜像面为“上视基准面”，要镜像的特征为第 11、12、13 步生成的拉伸、拔模及圆角特征，结果如图 5-53 所示。

15）以型腔底面为基准面绘制图 5-54 所示草图，圆直径为 4mm，与外侧边的距离为 20mm。

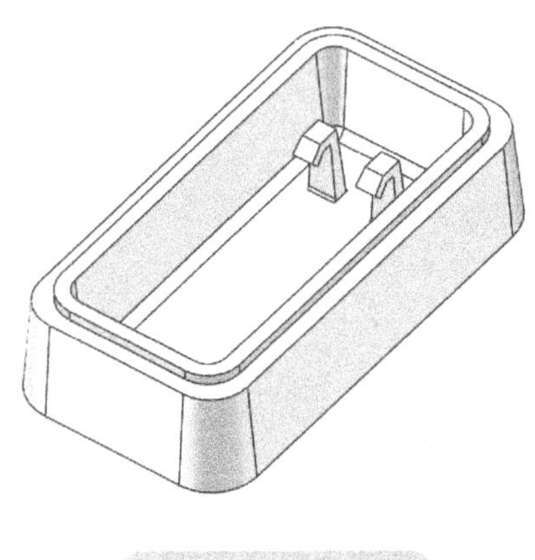

图 5-53　镜像特征

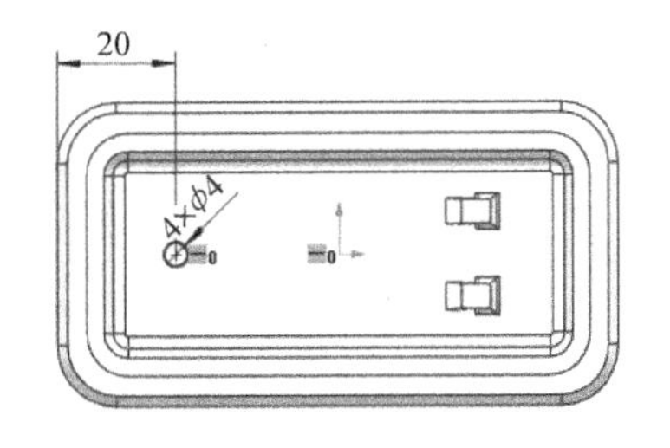

图 5-54　绘制草图

16）退出草图。单击工具栏中的【特征】/【拉伸切除】命令，拉伸深度为【完全贯穿】，结果如图 5-55 所示。

17）单击工具栏中的【特征】/【线性阵列】命令，以模型长边线作为参考方向 1，数量为 4，间距为 11mm，要阵列的特征为上一步拉伸切除的孔，阵列结果如图 5-56 所示。

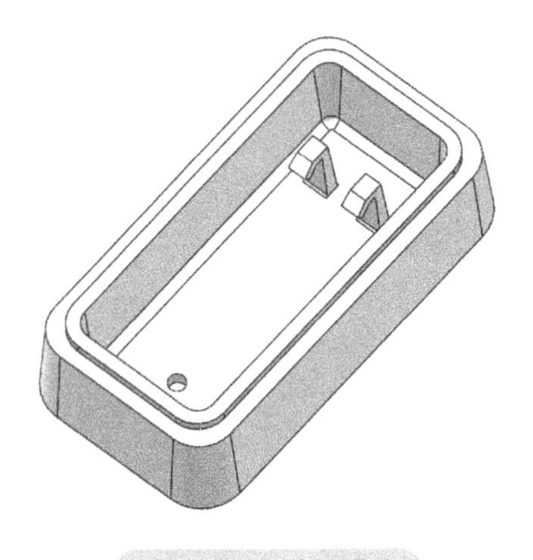

图 5-55　拉伸切除孔

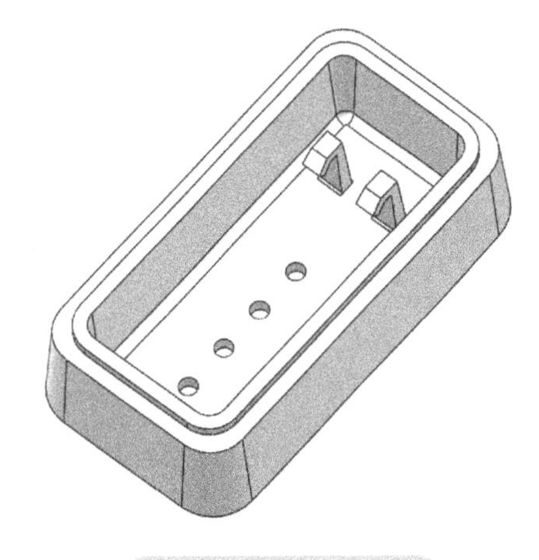

图 5-56　线性阵列孔

18）完成模型创建，保存并关闭此模型。

5.3.3　拔模练习

根据图 5-57 所示二维工程图创建相应的三维模型，要求以旋转、筋、拔模功能完成，草图完全定义。

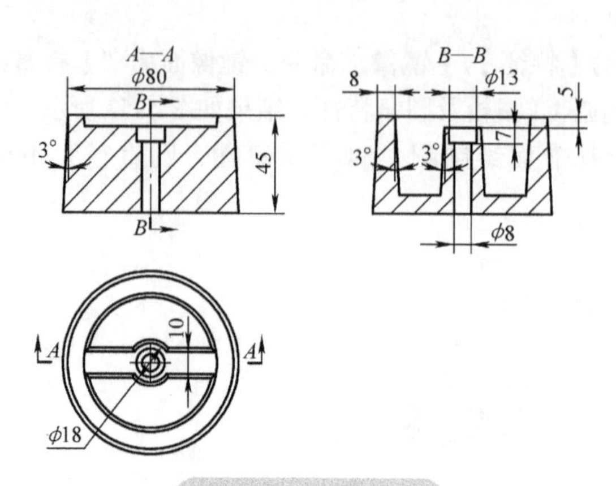

图 5-57 拔模练习

5.4 抽壳

抽壳可以将已有实体模型进行抽空处理，对于等壁厚的模型而言是一个很好的工具。该功能还允许生成壁厚不等的抽壳特征，同时还可以将所选面完全抽去做敞开处理。

5.4.1 抽壳的基本流程

合理的抽壳特征创建流程如下。

1）分析模型是否具有等壁厚的壁面，同时确定是否有需要抽空敞开的面。

2）完成基础特征的创建。

3）单击工具栏中的【特征】/【抽壳】命令，选择需抽去的面，并输入壳体的厚度。

4）单击【确定】完成抽壳操作。

5）如需修改特征参数，则在设计树中选择生成的抽壳特征，在弹出的关联工具栏中单击【编辑特征】进行参数修改。

5.4.2 抽壳例题

根据图 5-58 所示的二维工程图创建相应的三维模型。

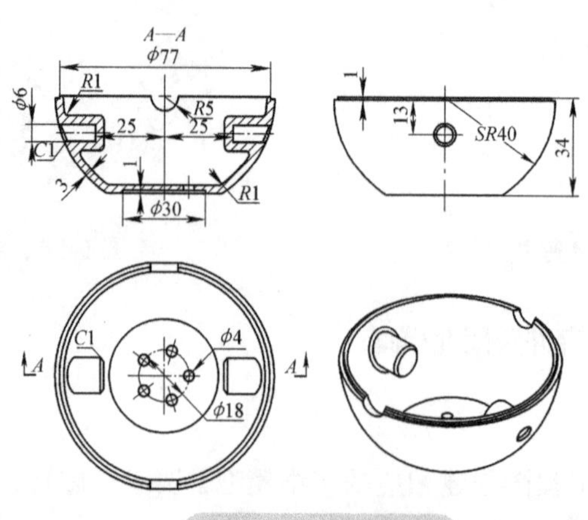

图 5-58 抽壳例题

操作步骤如下。

1）新建零件，并选择“gb_part”作为模板。

2）以“前视基准面”为基准绘制图 5-59 所示草图，圆弧半径为 40mm。

3）退出草图。单击工具栏中的【特征】/【旋转凸台 / 基体】命令，以竖线为“旋转轴”，结果如图 5-60 所示。

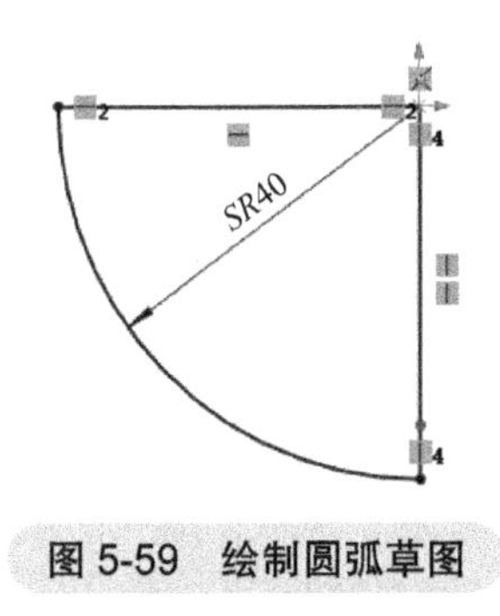

图 5-59　绘制圆弧草图

图 5-60　旋转半球

4）以“前视基准面”为基准绘制图 5-61 所示的矩形草图。注意矩形的封闭范围要能包含半球的所有 34mm 以下的部分。

5）退出草图。单击工具栏中的【特征】/【拉伸切除】命令，拉伸条件为【完全贯穿 - 两者】，切除半球下面的部分，结果如图 5-62 所示。

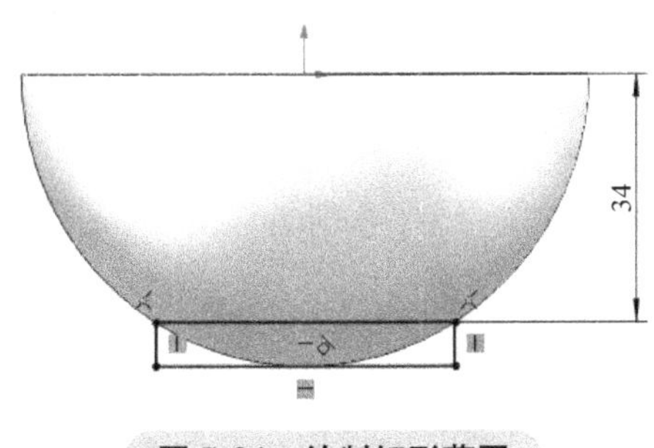

图 5-61　绘制矩形草图

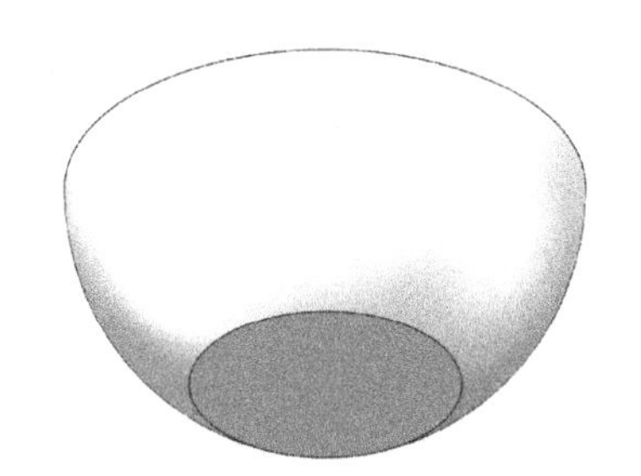

图 5-62　拉伸切除

6）以“前视基准面”为基准绘制图 5-63 所示草图，圆的直径为 6mm，与顶部的距离为 13mm。

7）退出草图。单击工具栏中的【特征】/【拉伸切除】命令，将【从】选项更改为【等距】，并输入尺寸 25mm，拉伸方向为【完全贯穿】，切除圆孔，结果如图 5-64 所示。

注意：在进行拉伸操作时，SOLIDWORKS 默认从草图所在基准面开始拉伸，其中的【从】选项可以改变拉伸的起始位置。在更改该选项时一定要注意方向，若从预览中看到方向与所需方向相反，可单击【反向】选项进行更改。

8）单击工具栏中的【特征】/【镜像】命令，以“前视基准面”为镜像面，镜像特征为上一步拉伸切除的孔，结果如图 5-65 所示。

9）单击工具栏中的【特征】/【抽壳】命令，厚度为3mm，【移除的面】选择上表面，结果如图5-66所示。

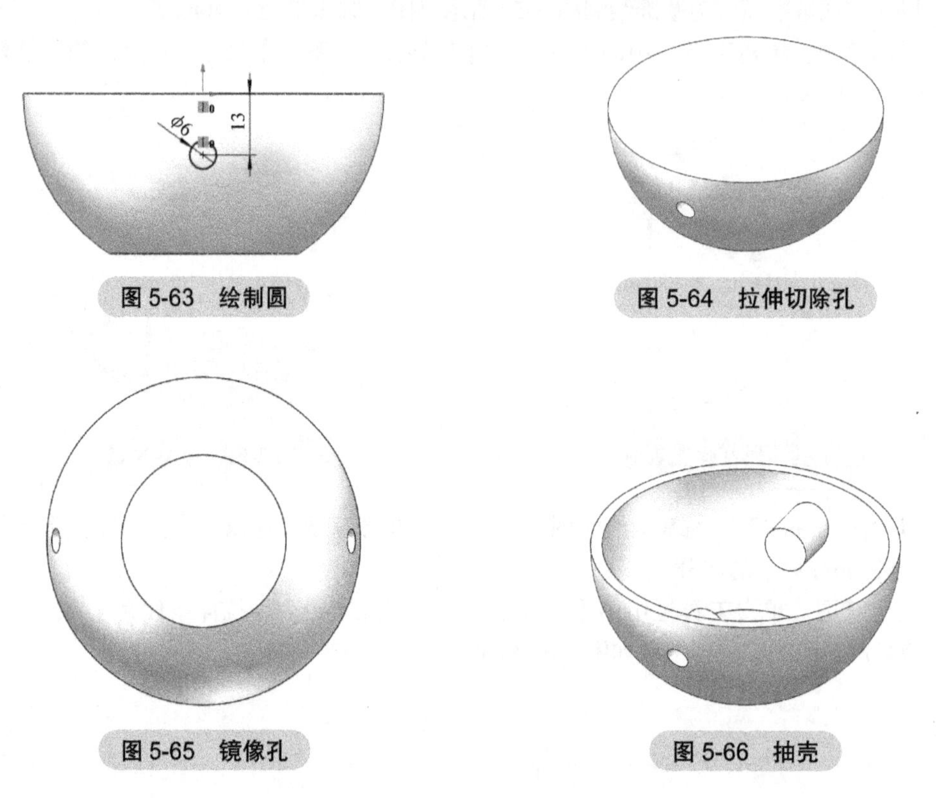

图5-63 绘制圆

图5-64 拉伸切除孔

图5-65 镜像孔

图5-66 抽壳

10）以已完成实体的底部为基准绘制图5-67所示草图，圆的直径为30mm。

11）退出草图。单击工具栏中的【特征】/【拉伸切除】命令，拉伸深度为1mm，结果如图5-68所示。

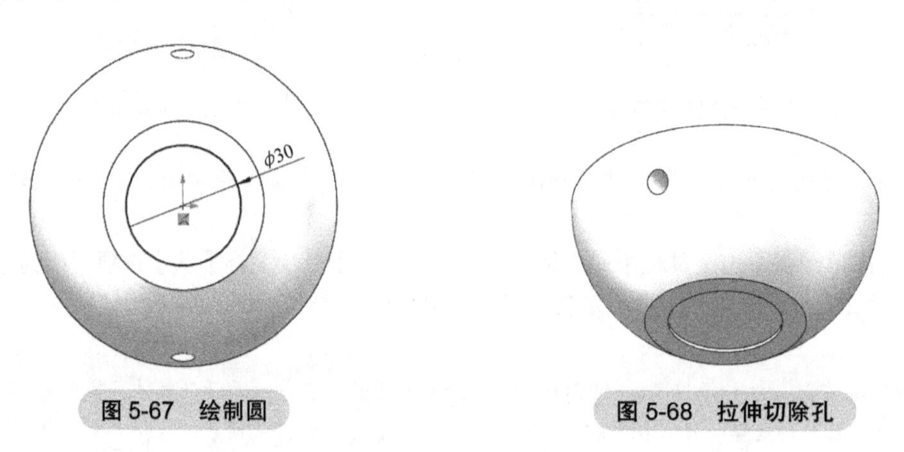

图5-67 绘制圆

图5-68 拉伸切除孔

12）以已完成实体的底部为基准绘制图5-69所示草图，圆的直径为4mm。

13）退出草图。单击工具栏中的【特征】/【拉伸切除】命令，拉伸方向为【完全贯穿】，结果如图5-70所示。

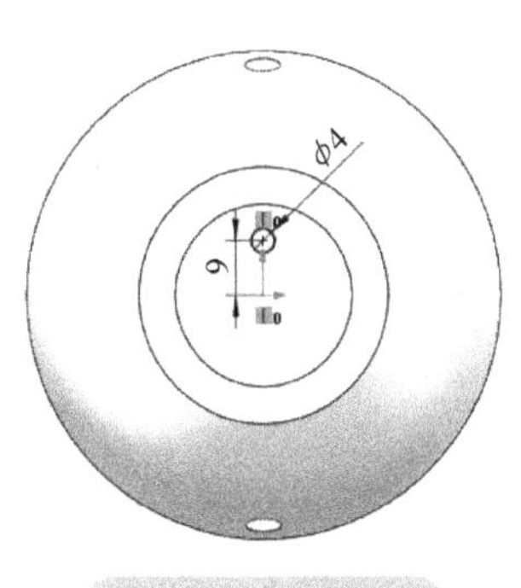

图 5-69　绘制圆

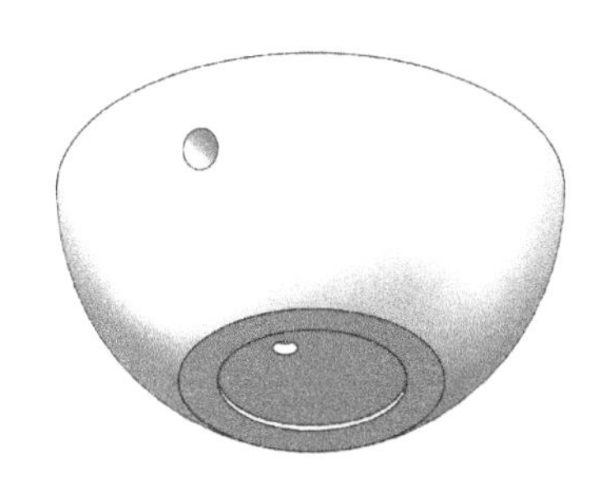
图 5-70　拉伸切除孔

14）单击工具栏中的【特征】/【圆周阵列】命令，以底部圆柱凹槽侧面为阵列轴，阵列数量为 5，阵列特征为上一步拉伸切除的孔，结果如图 5-71 所示。

15）单击工具栏中的【特征】/【圆角】命令，圆角对象为两圆柱凸台根部边线及型腔底部边线，圆角半径为 1mm，结果如图 5-72 所示。

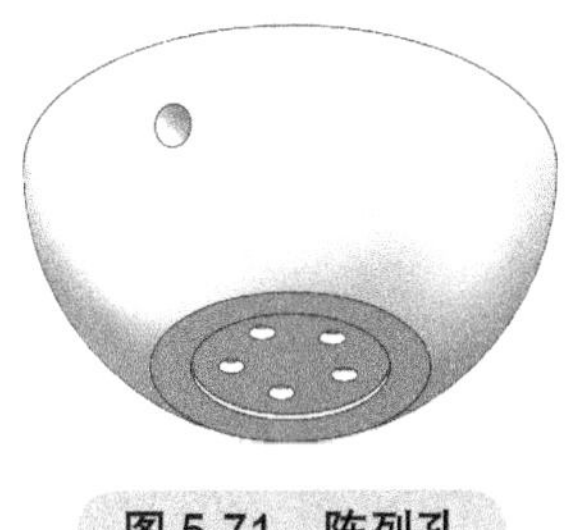
图 5-71　阵列孔

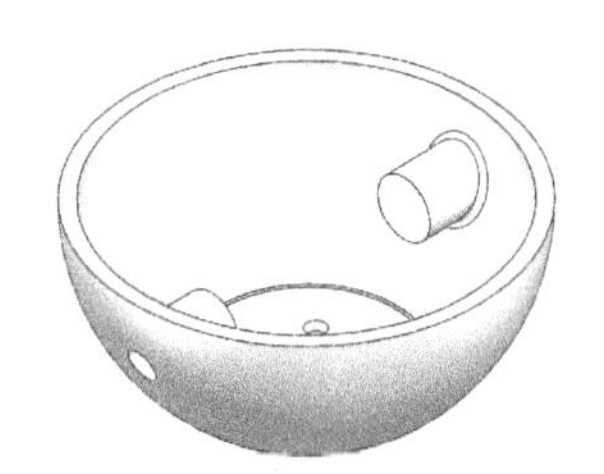
图 5-72　生成圆角

16）单击工具栏中的【特征】/【倒角】命令，倒角对象为两圆柱凸台顶部边线及凸台孔的外部边线，倒角尺寸为 1mm × 45°，结果如图 5-73 所示。

17）以已完成实体的顶部为基准绘制图 5-74 所示草图，圆的直径为 77mm。

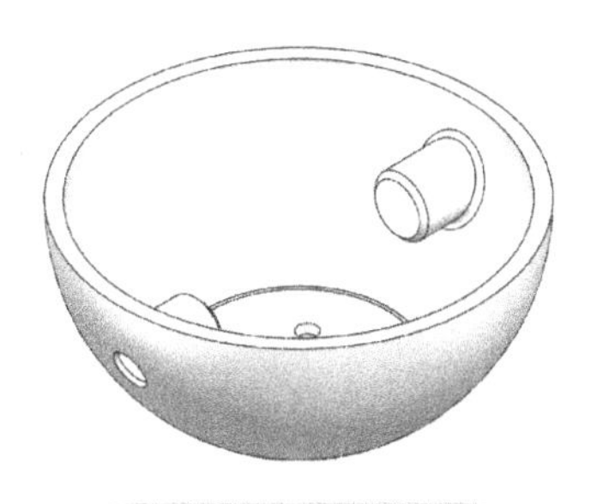
图 5-73　生成倒角

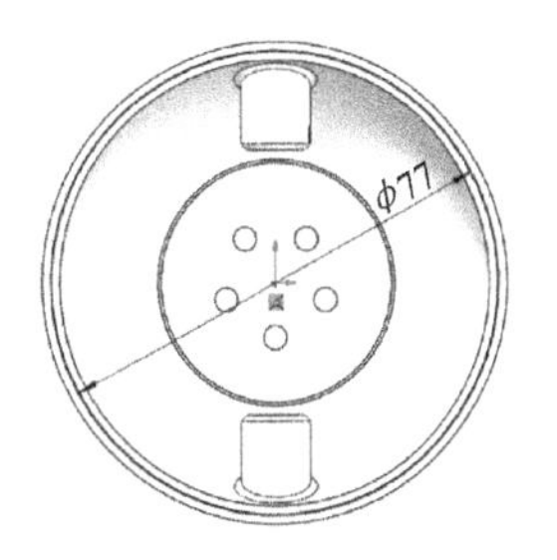

图 5-74　绘制圆

注意： 倒角时由于凸台孔与球面交线是样条曲线，所以在倒角时虽然是 45° 角，但也有方向性，这是在样条边线上生成倒角的特殊之处。可通过预览查看是否与要求相符，不相符时可以单击对应的红色箭头进行更改。

18）退出草图。单击工具栏中的【特征】/【拉伸切除】命令，拉伸深度为1mm，结果如图5-75所示。

19）以“右视基准面”为基准绘制图5-76所示草图，圆的直径为10mm。

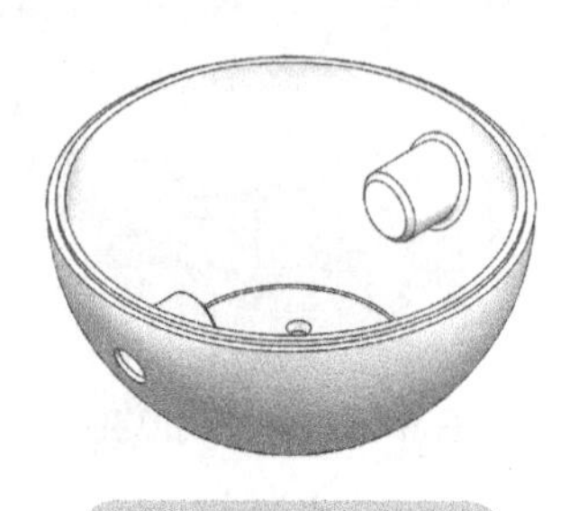

图5-75 拉伸切除

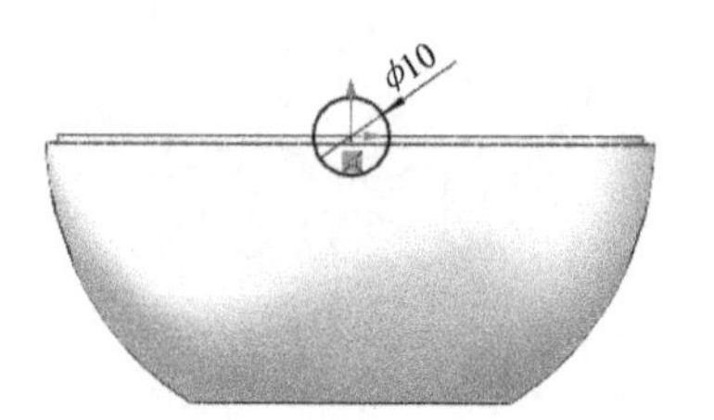

图5-76 绘制圆

20）退出草图。单击工具栏中的【特征】/【拉伸切除】命令，拉伸方向为【完全贯穿-两者】，切除圆弧槽，结果如图5-77所示。

21）完成模型创建，保存并关闭此模型。

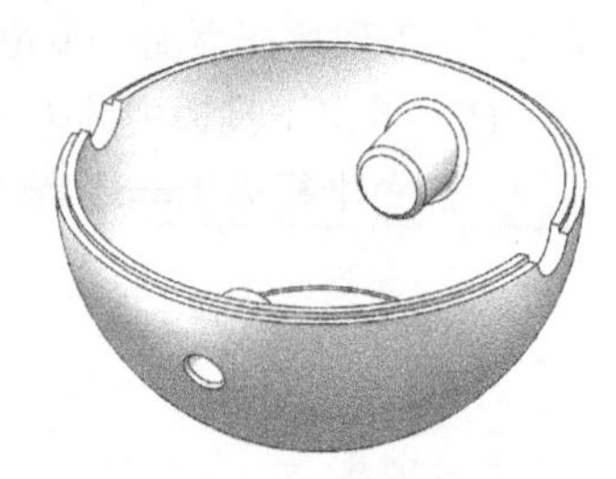

图5-77 拉伸切除圆弧槽

5.4.3 抽壳练习

根据图5-78所示二维工程图创建相应的三维模型，要求以拉伸、筋、抽壳、阵列等功能完成，草图完全定义。

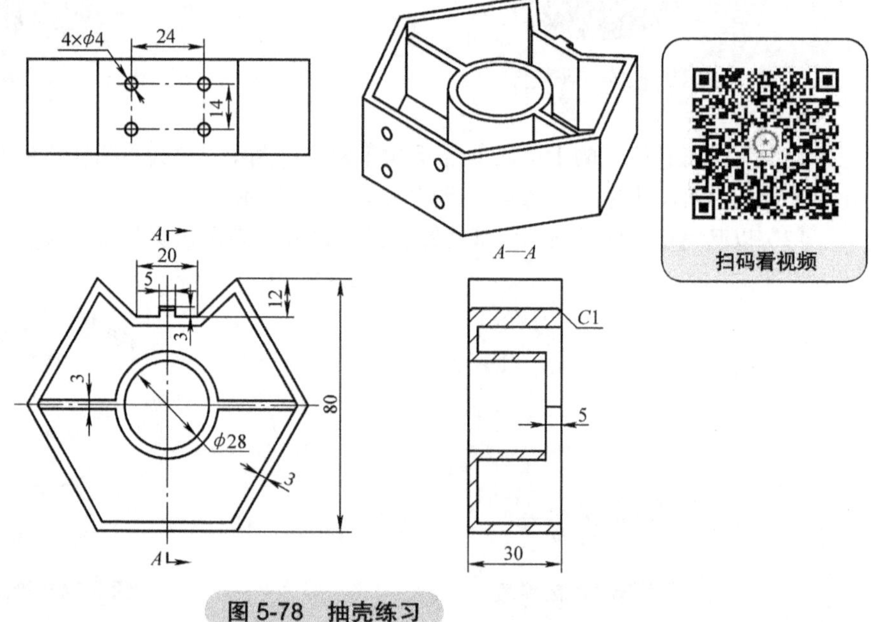

图5-78 抽壳练习

5.5 异型孔向导

孔是机械零部件中必不可少的重要特征，用于安装连接各种零部件等。其中大部分孔的尺寸取决于与之配套的标准件尺寸，如果用常规的【拉伸切除】功能创建孔，则需要查阅各种相

关尺寸，且特征生成烦琐。通过【异型孔向导】工具可以很容易地生成所需的各类孔，例如螺纹孔、柱形沉头孔、锥形沉头孔等，且尺寸输入灵活，既可通过选择与之配套的标准件自动产生尺寸，也可以自定义尺寸，是零件建模过程中孔特征生成的重要工具。

5.5.1　创建异型孔的基本流程

合理的孔特征创建流程如下。

1）分析模型中孔的类型，确定孔的定位尺寸是否需要预先定义草图参考。

2）若需要预先定义草图进行定位，则先绘制好相应的参考草图。

3）单击工具栏中的【特征】/【异型孔向导】命令，选择孔类型，再选择孔的标准、规格，如果是非标准规格，则需要勾选【显示自定义大小】复选框，然后定义孔所需的尺寸，最后定义孔的深度。

4）切换至【位置】选项卡，选择参考面并绘制定位点，然后标注尺寸。

5）单击【确定】完成孔生成操作。

6）如需修改特征参数，则在设计树中选择生成的孔特征，在弹出的关联工具栏中单击【编辑特征】进行参数修改。

扫码看视频

5.5.2　异型孔例题

根据图 5-79 所示的二维工程图创建相应的三维模型。

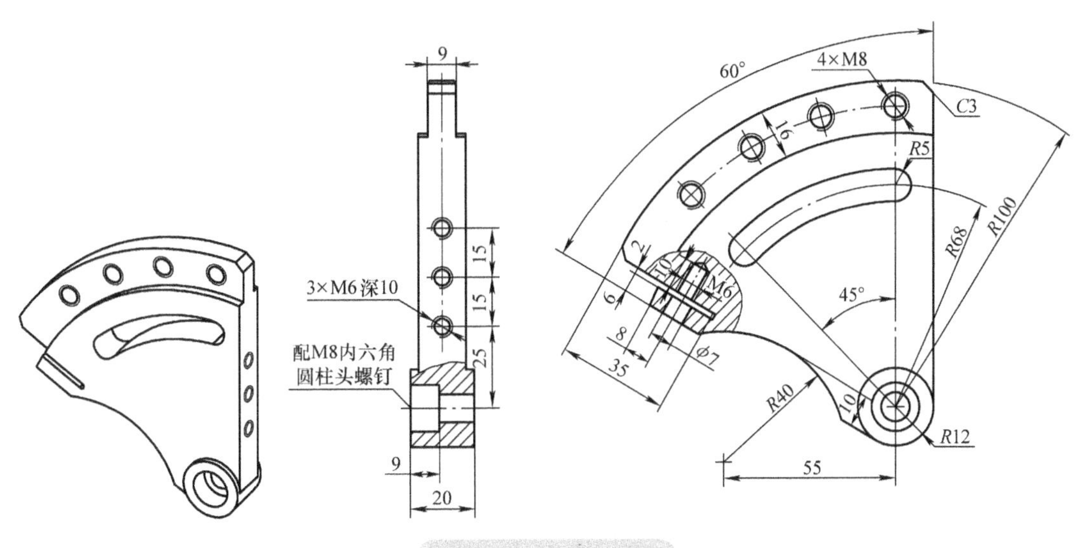

图 5-79　异型孔例题

操作步骤如下。

1）新建零件，并选择“gb_ part”作为模板。

2）以“前视基准面”为基准绘制图 5-80 所示草图，两圆弧同心。

3）退出草图。单击工具栏中的【特征】/【拉伸凸台 / 基体】命令，拉伸方向为【两侧对称】，拉伸深度为 15mm，结果如图 5-81 所示。

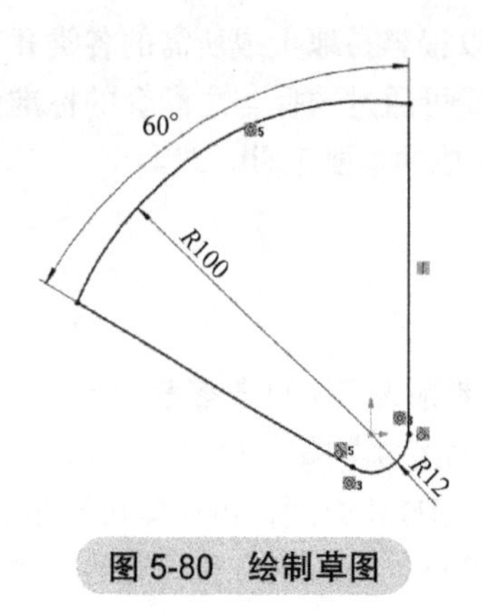

图 5-80 绘制草图

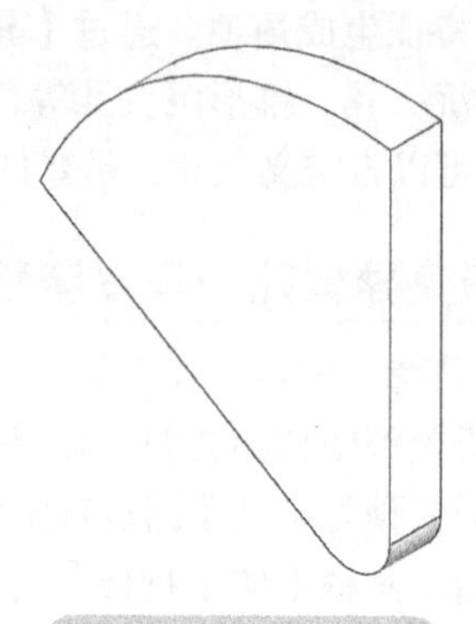

图 5-81 拉伸凸台

4）以上一步完成的实体上表面为基准绘制图 5-82 所示草图。可以通过选择已有实体边线，使用【等距实体】命令快速生成。注意草图的封闭性。

5）退出草图。单击工具栏中的【特征】/【拉伸切除】命令，拉伸深度为 3mm，结果如图 5-83 所示。

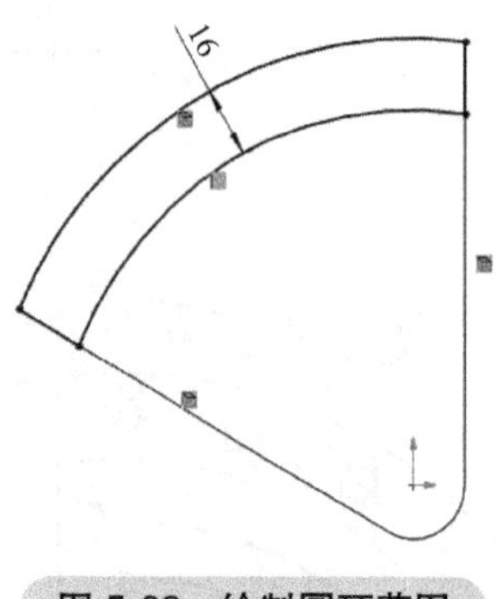

图 5-82 绘制圆环草图

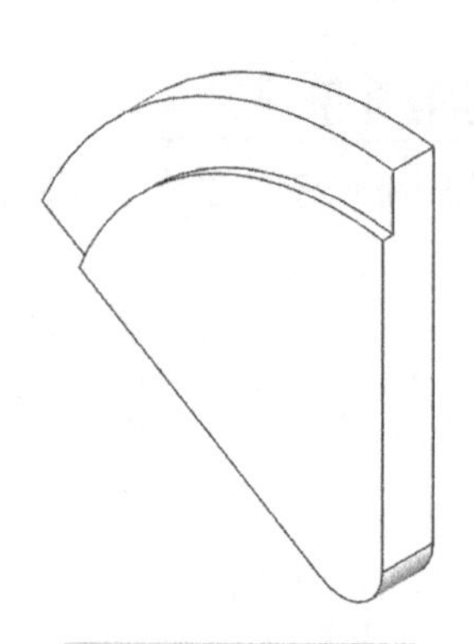

图 5-83 拉伸切除

6）单击工具栏中的【特征】/【镜像】命令，镜像面为“前视基准面”，镜像特征为上一步生成的拉伸切除特征，结果如图 5-84 所示。

7）以已有实体上表面为基准绘制图 5-85 所示草图，圆弧半径为 40mm。

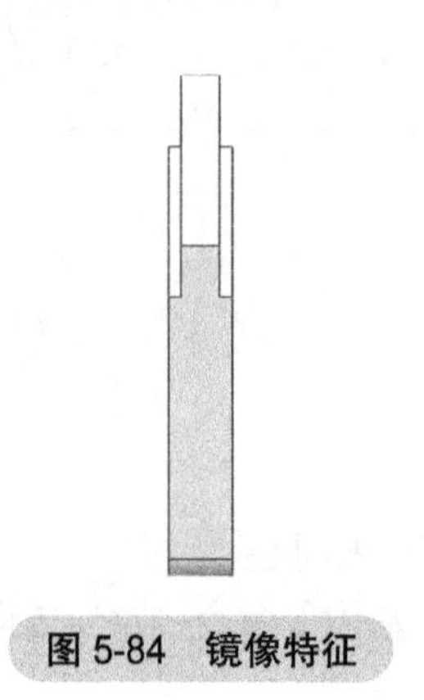

图 5-84 镜像特征

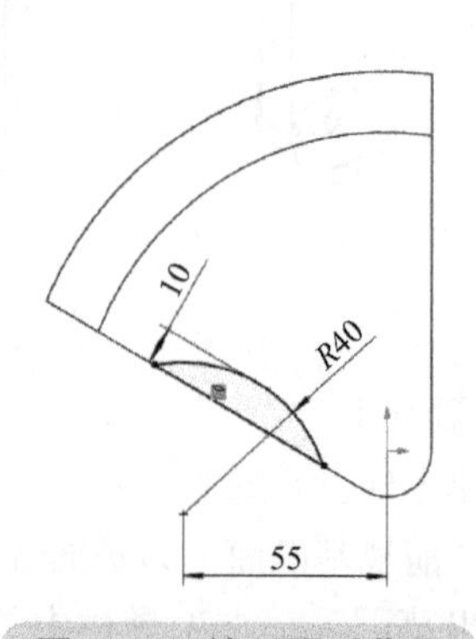

图 5-85 绘制圆弧草图

8）退出草图。单击工具栏中的【特征】/【拉伸切除】命令，拉伸方向为【完全贯穿】，结果如图 5-86 所示。

9）单击工具栏中的【特征】/【异型孔向导】命令，孔类型选择【直螺纹孔】，标准选择【GB】，类型选择【底部螺纹孔】，孔规格选择【M8】，终止条件为【完全贯穿】。切换至【位置】选择卡，选择圆环面为参考面，并绘制图 5-87 所示草图点。

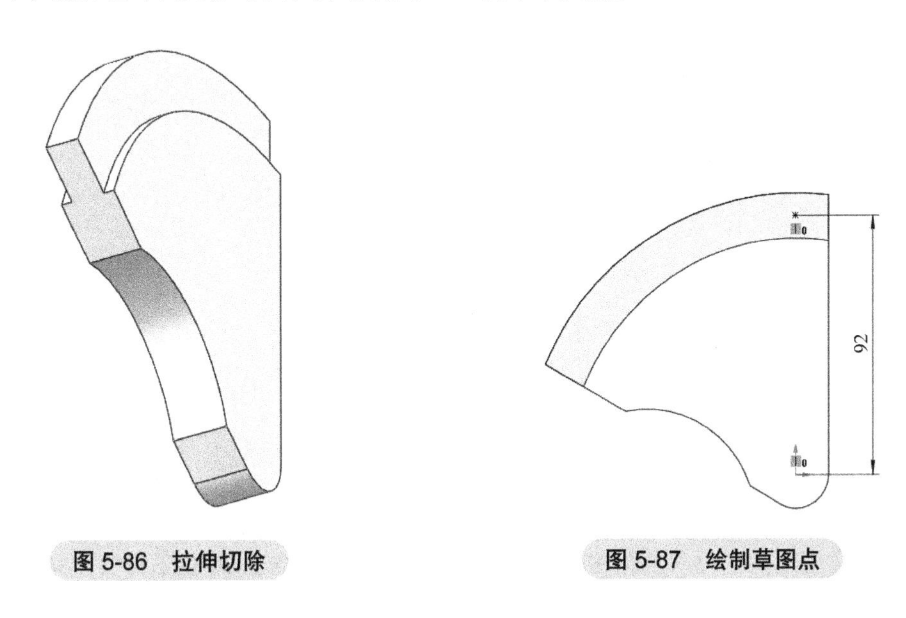

图 5-86　拉伸切除　　图 5-87　绘制草图点

10）单击【确定】完成异型孔向导，结果如图 5-88 所示。

11）单击工具栏中的【特征】/【圆周阵列】命令，以外圆弧侧面为阵列轴，阵列方式为【实例间距】，角度为 15°，阵列数量为 4，阵列特征为上一步生成的螺纹孔，结果如图 5-89 所示。

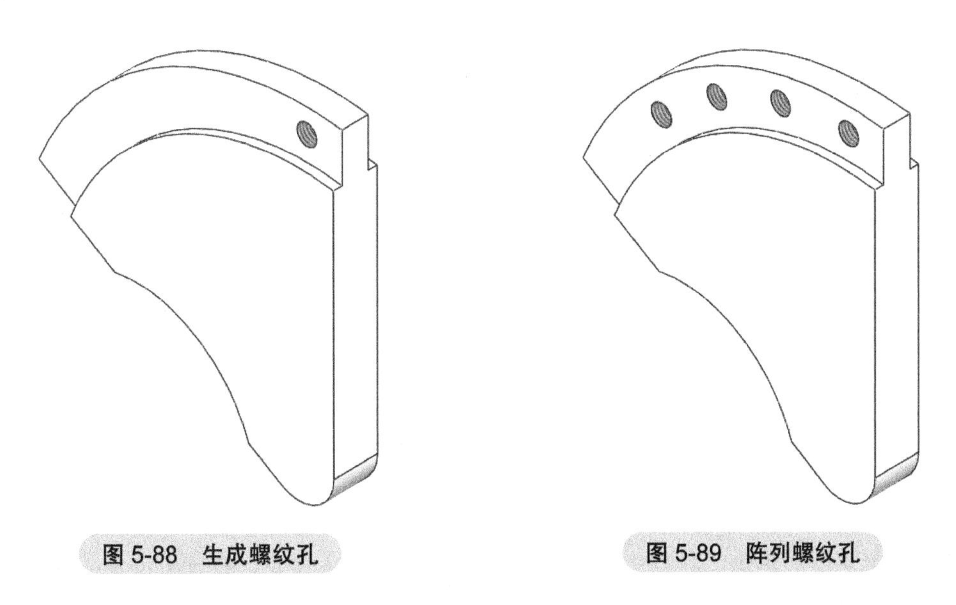

图 5-88　生成螺纹孔　　图 5-89　阵列螺纹孔

12）以“前视基准面”为基准绘制图 5-90 所示草图，直径与已有圆弧的直径相等。

13）退出草图。单击工具栏中的【特征】/【拉伸凸台/基体】命令，拉伸方向为【两侧对称】，拉伸深度为20mm，结果如图5-91所示。

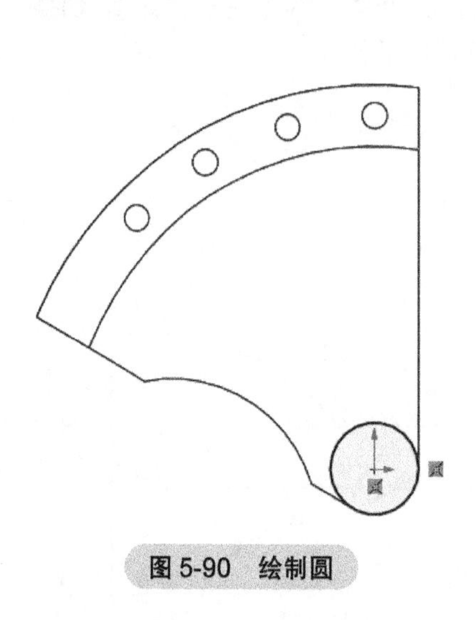

图5-90 绘制圆

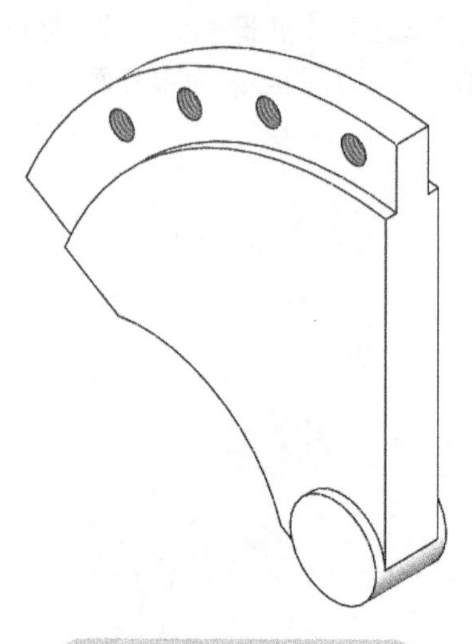

图5-91 拉伸圆柱凸台

14）单击工具栏中的【特征】/【异型孔向导】命令，孔类型选择【柱形沉头孔】，标准选择【GB】，类型选择【内六角圆柱头螺钉】，孔规格选择【M8】，终止条件为【完全贯穿】。切换至【位置】选项卡，选择上一步生成的圆柱顶面为参考面，并绘制图5-92所示草图点。

15）单击【确定】完成异型孔向导，结果如图5-93所示。

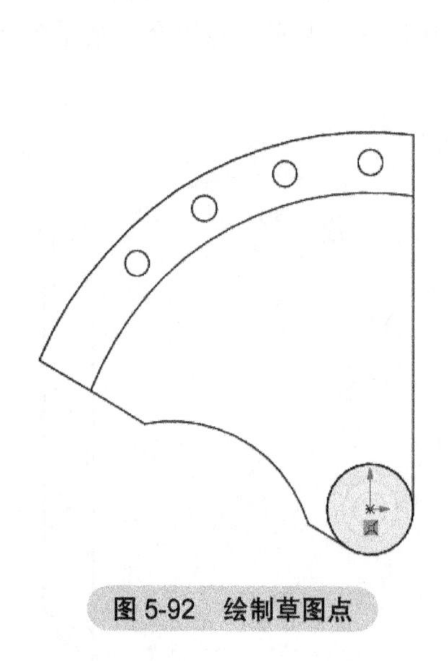

图5-92 绘制草图点

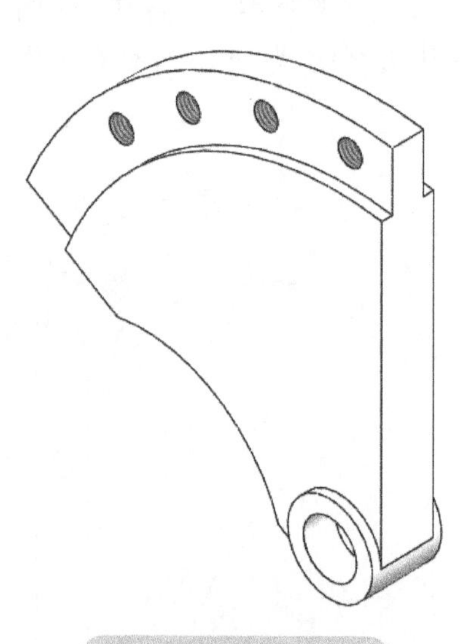

图5-93 生成沉头孔

16）以上部大平面为基准绘制图5-94所示草图。由于线条较多，注意草图的封闭性。

17）退出草图。单击工具栏中的【特征】/【拉伸切除】命令，拉伸方向为【完全贯穿】，结果如图5-95所示。

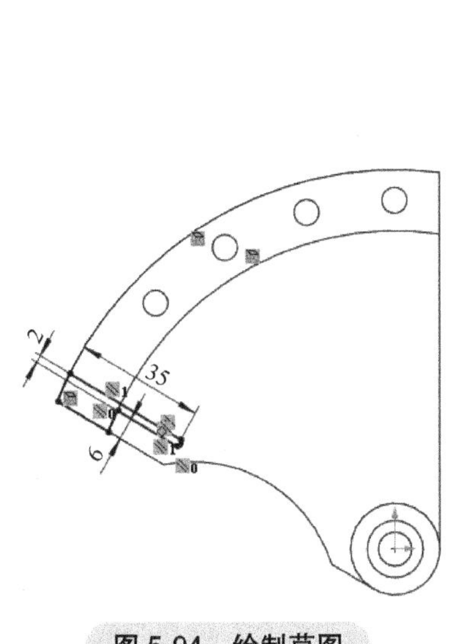

图 5-94　绘制草图

图 5-95　拉伸切除

18）单击工具栏中的【特征】/【异型孔向导】命令，孔类型选择【孔】，标准选择【GB】，类型选择【钻孔大小】，孔规格选择【 ϕ 7.0】，终止条件为【成形到下一面】。切换至【位置】选项卡，选择上一步切除的外侧面为参考面，并绘制图 5-96 所示草图点。

19）单击【确定】完成异型孔向导，结果如图 5-97 所示。

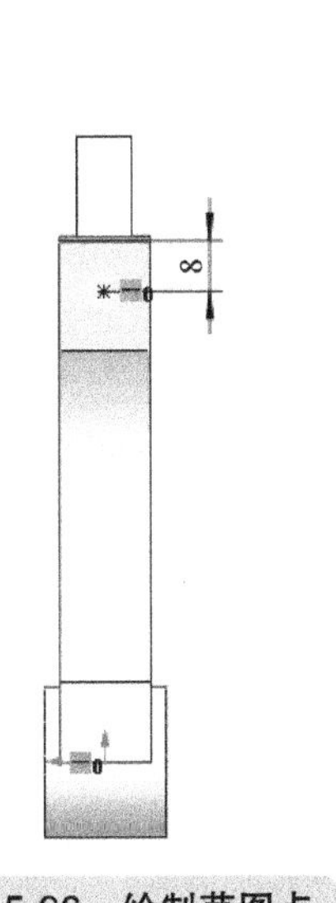

图 5-96　绘制草图点

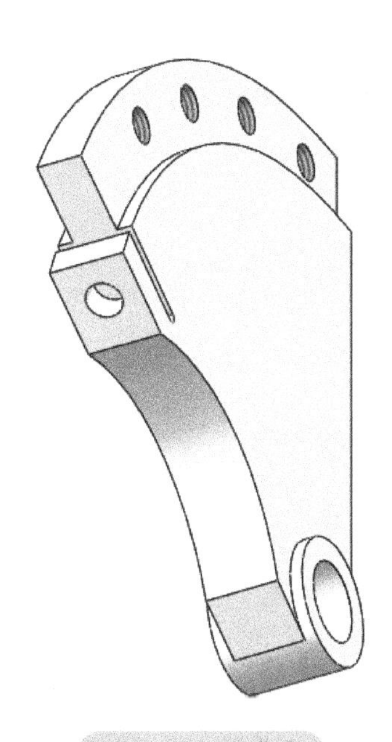

图 5-97　生成孔

20）单击工具栏中的【特征】/【异型孔向导】命令，孔类型选择【螺纹孔】，标准选择【GB】，类型选择【底部螺纹孔】，孔规格选择【M6】，终止条件为【给定深度】，深度为 10mm。切换至【位置】选项卡，选择上一步生成的孔内侧对面作为参考面，并绘制图 5-98 所示草图点。

21）单击【确定】完成异型孔向导，结果如图 5-99 所示。

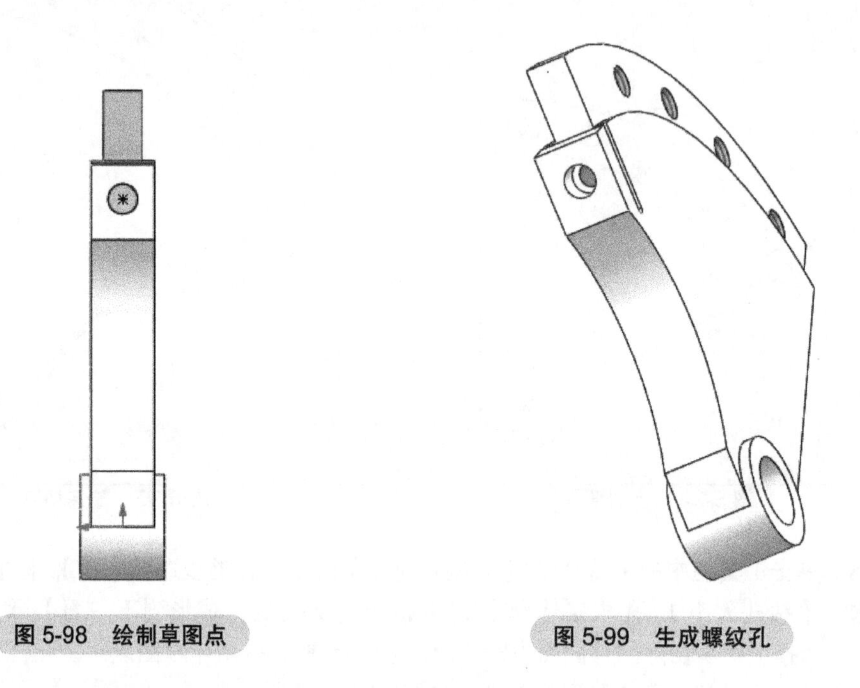

图 5-98　绘制草图点

图 5-99　生成螺纹孔

22）以上部大平面为基准绘制图 5-100 所示草图。

23）退出草图。单击工具栏中的【特征】/【拉伸切除】命令，拉伸方向为【完全贯穿】，结果如图 5-101 所示。

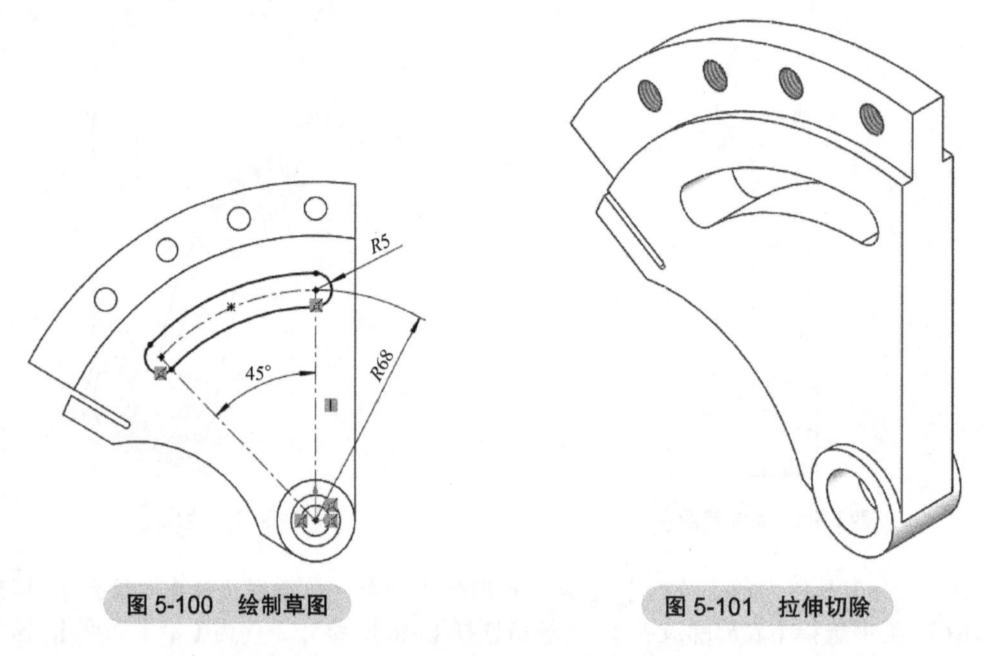

图 5-100　绘制草图

图 5-101　拉伸切除

24）单击工具栏中的【特征】/【异型孔向导】命令，孔类型选择【螺纹孔】，标准选择

【GB】，类型选择【底部螺纹孔】，孔规格选择【M6】，终止条件为【给定深度】，深度为 10mm。切换至【位置】选项卡，选择零件右侧面为参考面，并绘制图 5-102 所示草图点。

25）单击【确定】完成异型孔向导，结果如图 5-103 所示。

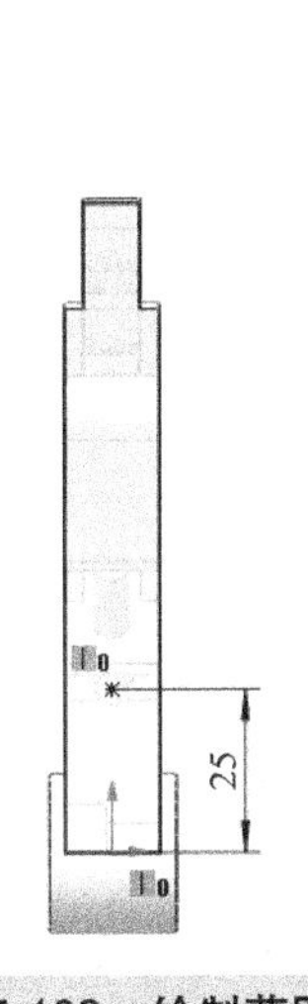

图 5-102　绘制草图点

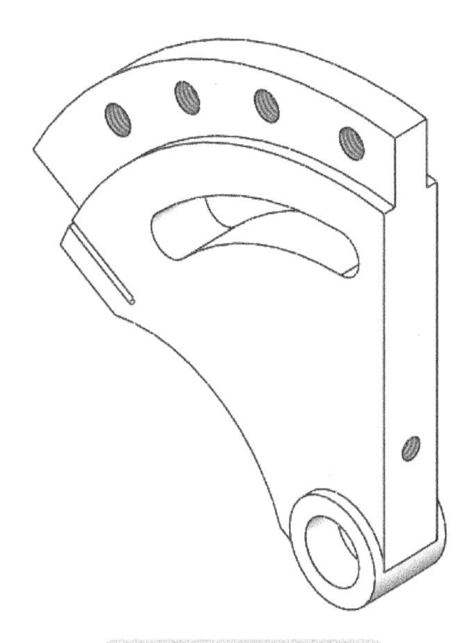

图 5-103　生成螺纹孔

26）单击工具栏中的【特征】/【线性阵列】命令，以右侧面竖边线为阵列方向，间距为 15mm，阵列数量为 3，阵列特征为上一步生成的螺纹孔，结果如图 5-104 所示。

27）单击工具栏中的【特征】/【倒角】命令，选择大圆弧的两条侧边线，倒角尺寸为 3mm × 45°，结果如图 5-105 所示。

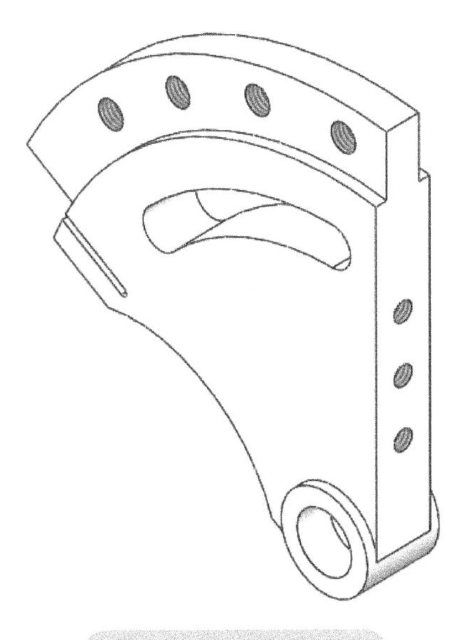

图 5-104　阵列螺纹孔

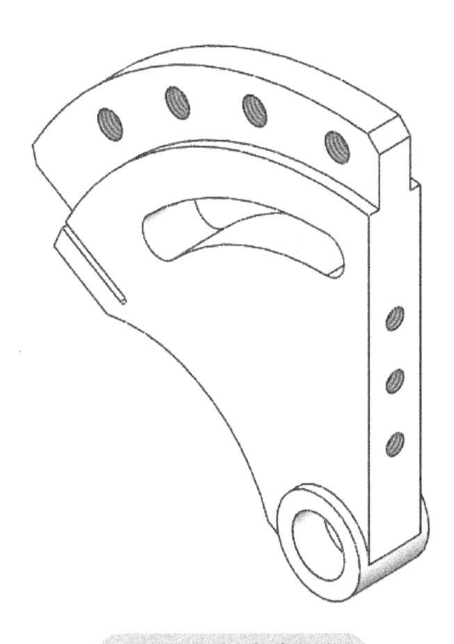

图 5-105　生成倒角

28）完成模型创建，保存并关闭此模型。

5.5.3 异型孔练习

根据图 5-106 所示二维工程图进行三维模型的创建，要求以拉伸、异型孔向导等功能完成，草图完全定义。

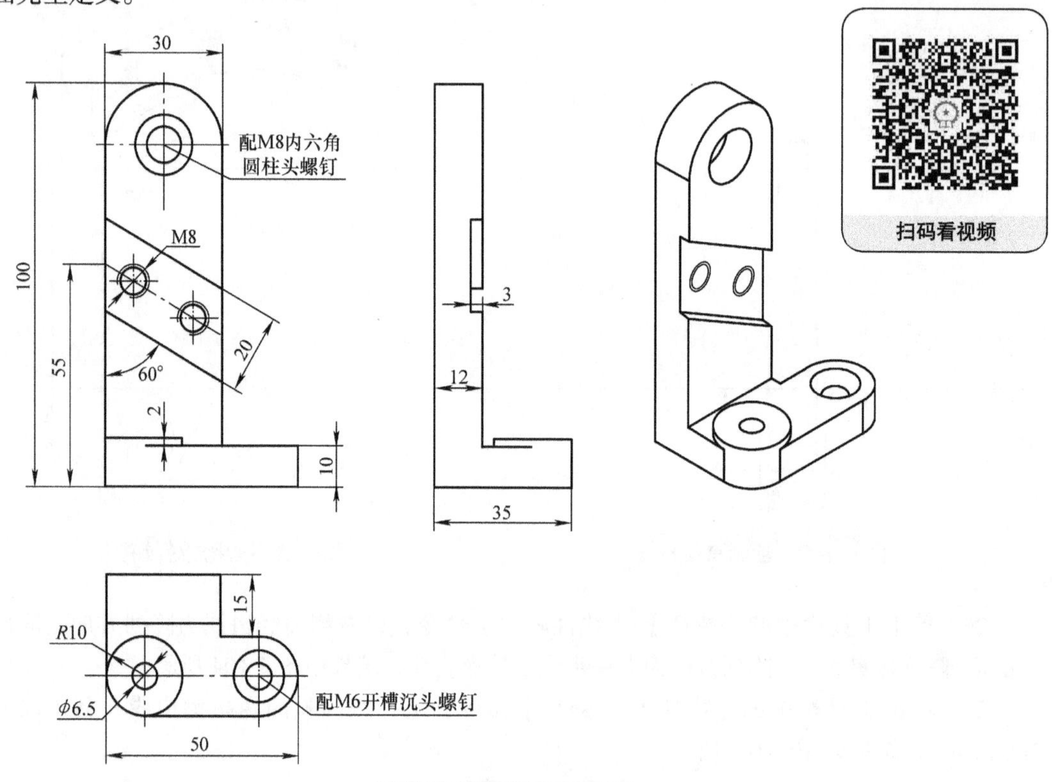

图 5-106 异型孔练习

5.6 高级建模例题

例题 1：在 SOLIIDWORKS 中创建图 5-107 所示零件（如果必须审阅零件，则在每个问题后面保存零件）。

使用单位：MMGS（毫米、克、秒）

小数位数：2 位

零件原点：不拘

除非有特别指示，否则所有孔洞皆贯穿

材料：1060 合金

密度 = 0.0027g/mm^3

A = 100.00

B = 80.00

C = 18.00

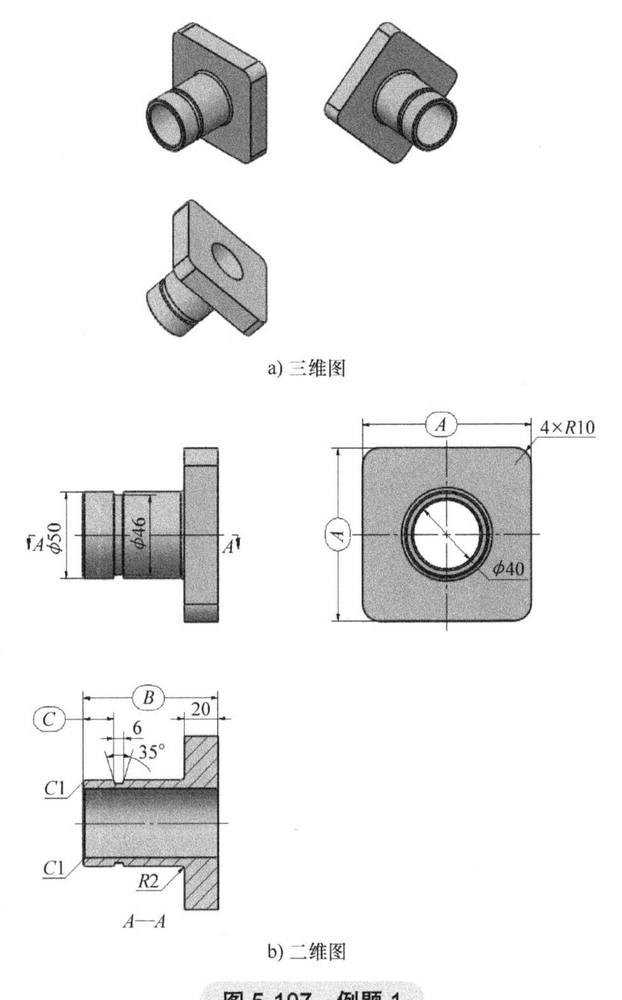

a) 三维图

b) 二维图

图 5-107　例题 1

零件的整体质量是（　　　）g。

A. 311.59　　B. 650.23　　C. 414.24　　D. 577.63

提示：如果您找到与您答案相差 1% 之内的选项，请重新检查您的模型。

答案：D

解析：该题类型与基本建模的题型一致，是通过给定的二维图进行三维建模，并求解正确答案。如果建模过程中产生错误，就无法得到与某一选项接近的答案。

需要注意的是，本题中的 3 个尺寸是以全局变量形式给定的，由于下一题与本题相关联，所以建模时不能只按尺寸进行建模，而必须给定全局变量。

对于同一模型，不同的应试人员所采用的建模步骤也不尽相同，不管采用何种建模思路，都要注意过程简洁合理、检查方便、要素完整。

操作步骤如下。

1）通过【方程式】创建“A”“B”“C”3 个全局变量并赋值，如图 5-108 所示。

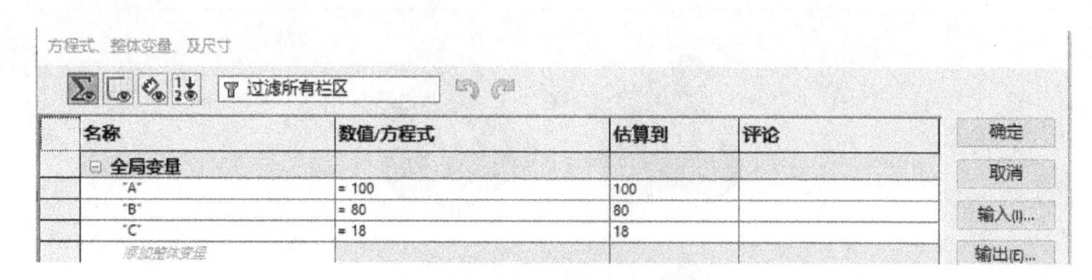

名称	数值/方程式	估算到	评论
全局变量			
"A"	= 100	100	
"B"	= 80	80	
"C"	= 18	18	
添加整体变量			

图 5-108 添加全局变量

2）通过【拉伸凸台 / 基体】命令生成基本的长方体，如图 5-109 所示（注意变量的引用）。

3）生成 4 个半径为 10mm 的圆角，如图 5-110 所示。

图 5-109 拉伸凸台

图 5-110 生成圆角

4）通过【旋转凸台 / 基体】命令生成回转体，如图 5-111 所示（注意草图基准面的选择）。

5）通过【拉伸切除】命令生成中间的圆形通孔，如图 5-112 所示。

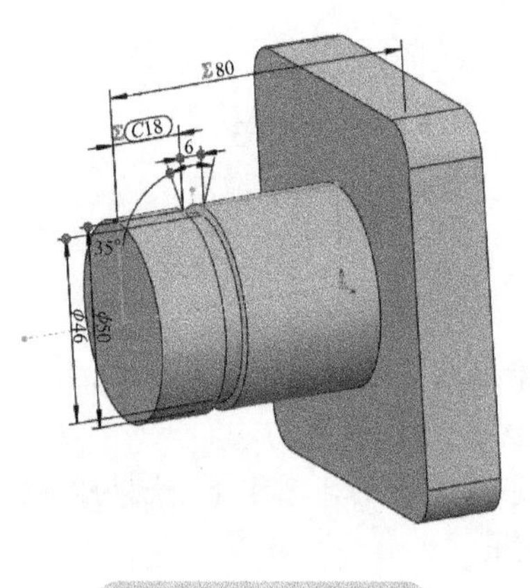

图 5-111 旋转凸台

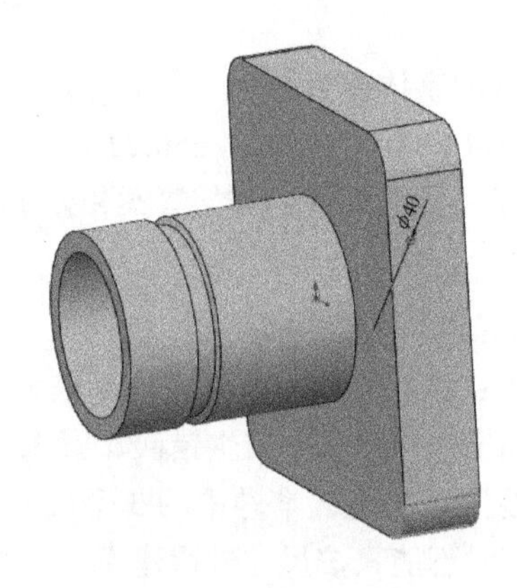

图 5-112 切除通孔

6）通过【倒角】命令完成两处 *C*1 的倒角，如图 5-113 所示。

7）通过【圆角】命令完成连接处的 *R*2 圆角，如图 5-114 所示。

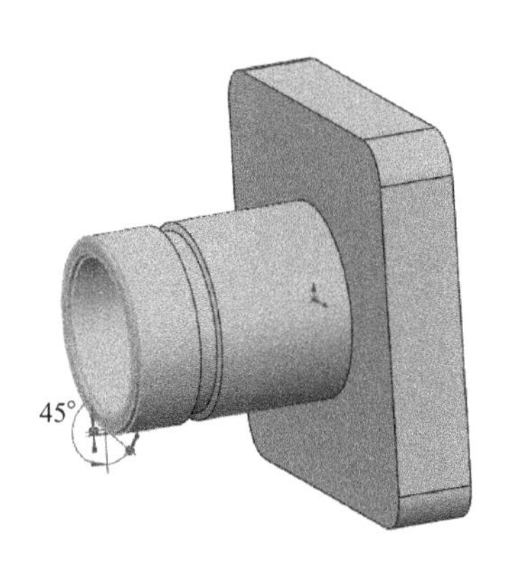

图 5-113　生成倒角

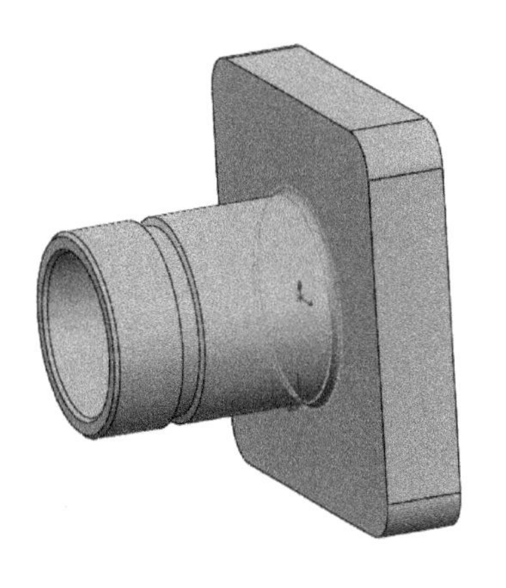

图 5-114　生成圆角

8）赋予零件材料为“1060 合金”，如图 5-115 所示。

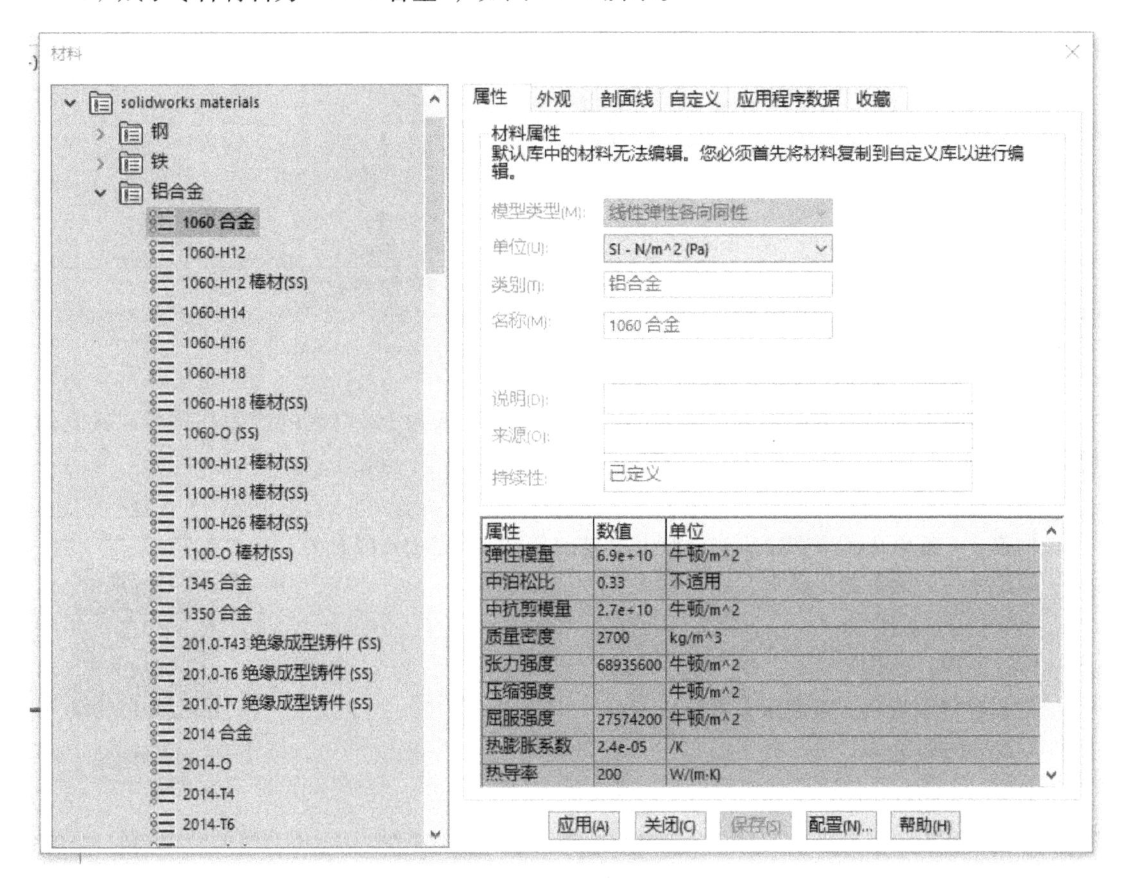

图 5-115　赋予材料

9）通过评估中的【质量属性】查询零件质量。注意单位默认为 kg，而题目要求是 g，可单击【选项】按钮进行更改，如图 5-116 所示。

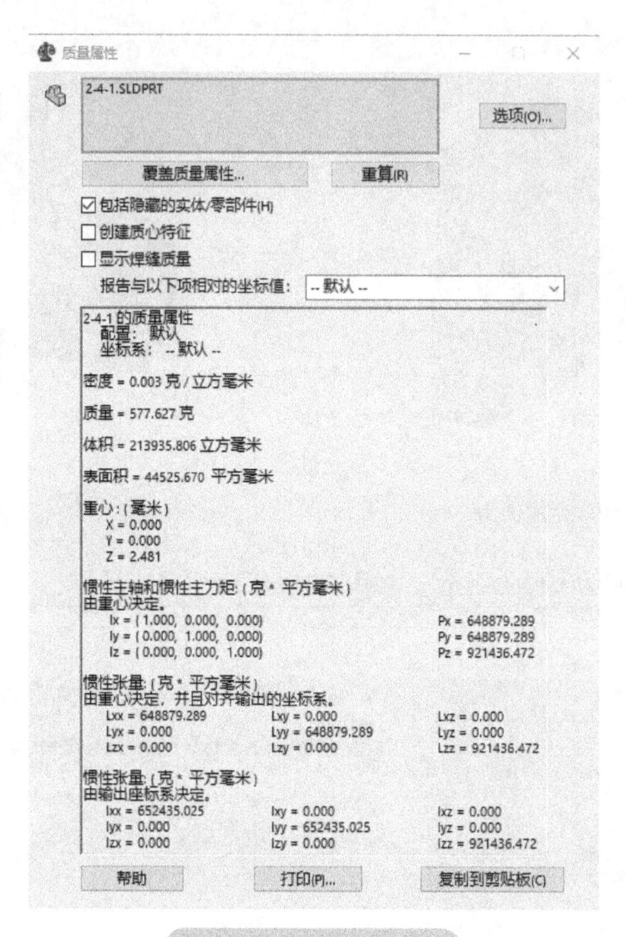

图 5-116　查询质量属性

10）根据查询到的质量选择正确的答案。虽然系统认为 1% 以内的误差都是可以接受的，但实际只要建模没有问题，那么答案应该与其中一个选项是一样的。

例题 2：在 SOLIDWORKS 中修改上一题的零件，如图 5-117 所示。

使用单位：MMGS（毫米、克、秒）

小数位数：2 位

零件原点：不拘

除非有特别指示，否则所有孔洞皆贯穿

材料：1060 合金

密度 = $0.0027g/mm^3$

$A = 102.00$

$B = 85.00$

$C = 21.00$

使用上一题创建的零件，通过显示区域对其进行修改。

注：假设所有未显示尺寸与前一题相同，新特征的所有尺寸已显示。

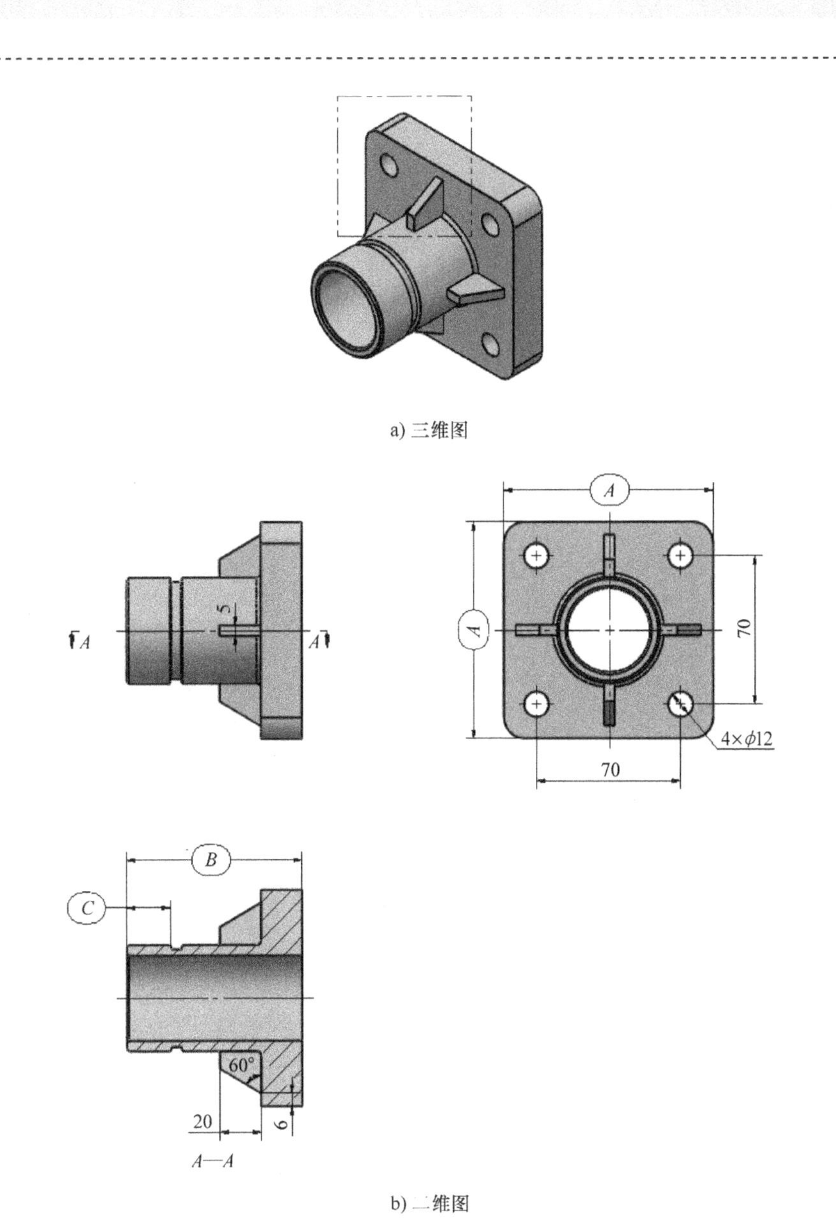

a) 三维图

b) 二维图

图 5-117　例题 2

零件的整体质量是（　　）g。
［使用 .（点）作为十进制分隔符］

答案：599.92

解析：该题是通过对上一题的模型进行编辑修改，来求解零件质量。其修改主要集中在两个地方，一是修改 *A*、*B*、*C* 3 个变量的尺寸，二是增加圆孔及筋。这两处变更完成后通过【质量属性】来查询最终质量，填入相应区域即可。

操作步骤如下。

1）通过【方程式】修改“A”“B”“C” 3 个全局变量为本题尺寸，如图 5-118 所示。

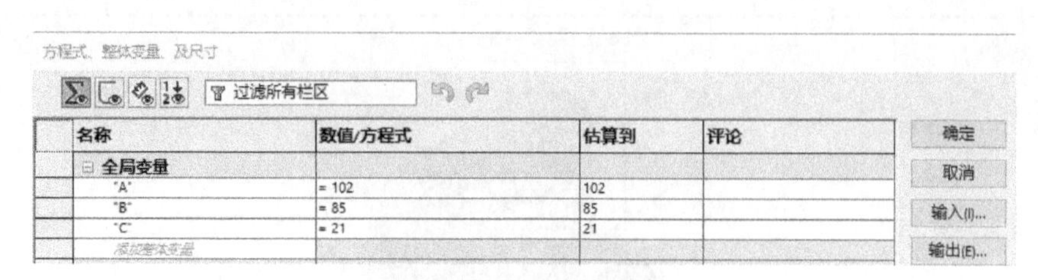

图 5-118　修改全局变量

2）以模型底面为基准面绘制草图，通过【拉伸切除】切除底座上的一个圆孔，如图 5-119 所示。

3）使用【线性阵列】阵列出另外 3 个孔，如图 5-120 所示。

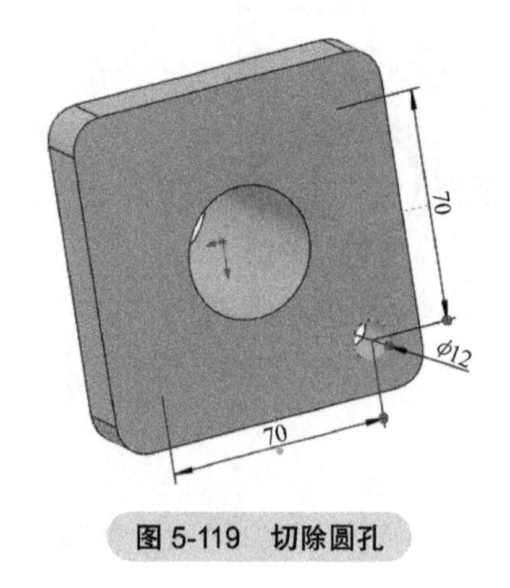

图 5-119　切除圆孔

图 5-120　阵列圆孔

4）通过【筋】创建其中一个筋板，如图 5-121 所示。注意筋的草图无须全封闭，只需画出外侧轮廓即可。

5）通过【圆周阵列】阵列出另外 3 个筋，如图 5-122 所示。

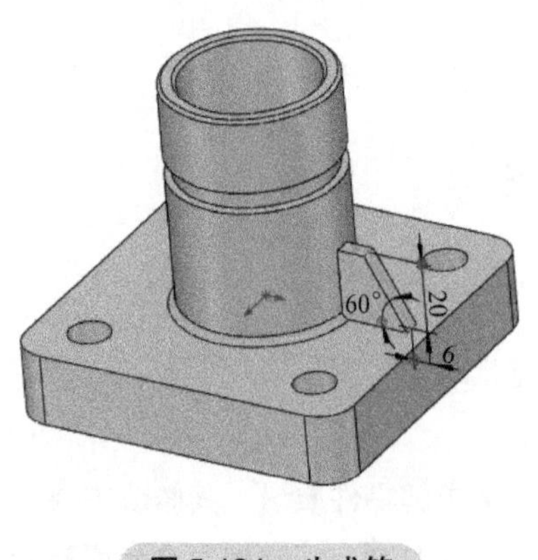

图 5-121　生成筋

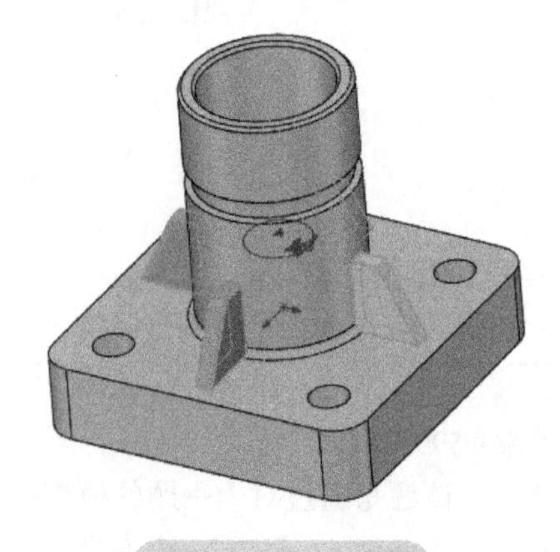

图 5-122　阵列筋

6）通过评估功能里的【质量属性】查询零件质量。注意单位默认为 kg，而题目要求是 g，可单击【选项】按钮进行更改，如图 5-123 所示。

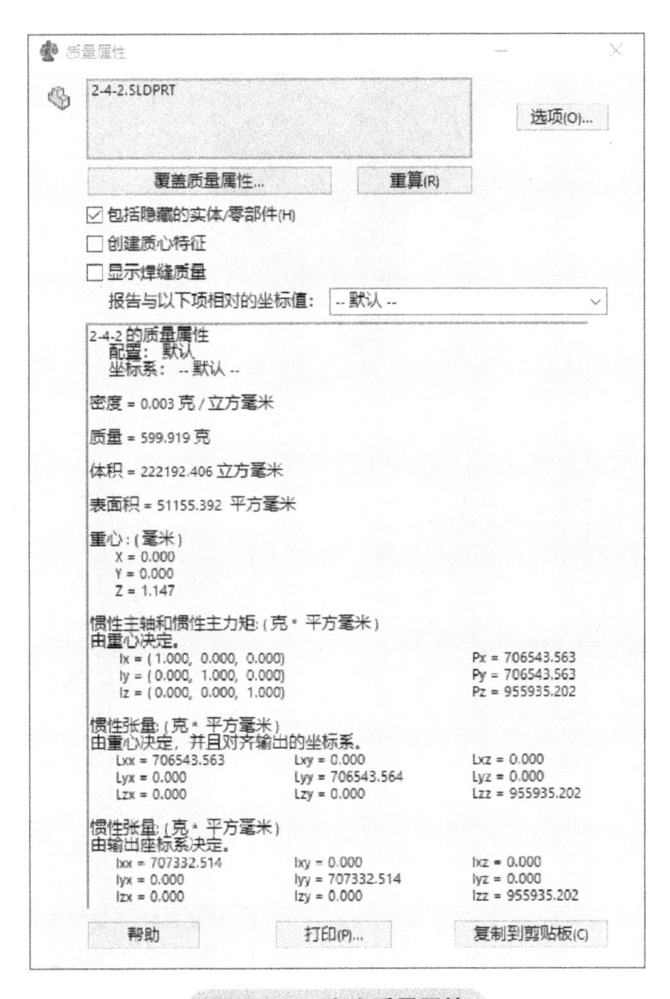

图 5-123　查询质量属性

7）将查询到的质量填入相应位置。注意小数点及小数位数。

例题 3：在 SOLIDWORKS 中修改上一题的零件，如图 5-124 所示。

使用单位：MMGS（毫米、克、秒）

小数位数：2 位

零件原点：不拘

除非有特别指示，否则所有孔洞皆贯穿

材料：1060 合金

密度 = 0.0027g/mm^3

$A = 98.00$

$B = 83.00$

$C = 19.00$

使用上一题创建的零件，通过显示区域对其进行修改，增加一个槽。

注：假设所有未显示尺寸与前一题相同，新特征的所有尺寸已显示。

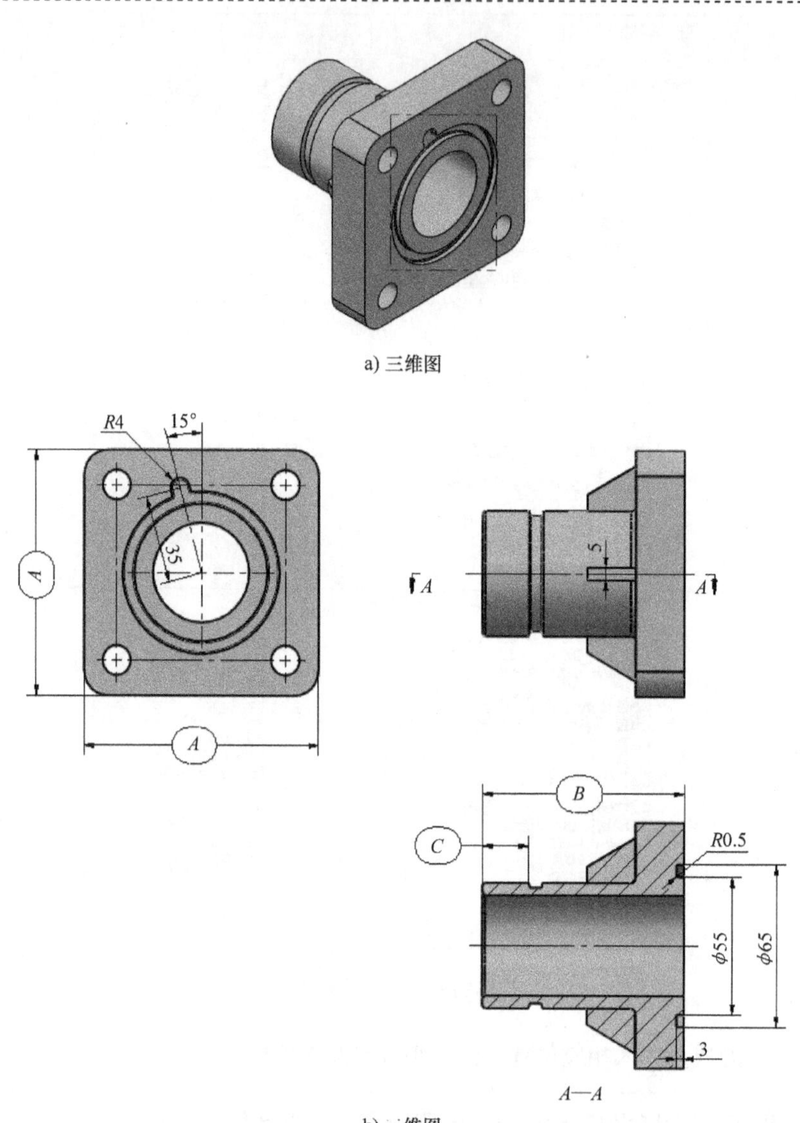

a) 三维图

b) 二维图

图 5-124 例题 3

零件的整体质量是（ ）g。

［使用 .（点）作为十进制分隔符］

答案：542.79

解析：该题是通过对上一题的模型进行编辑修改，来求解零件质量。其修改主要集中在两个地方，一是修改 *A*、*B*、*C* 3 个变量的尺寸，二是在底部增加圆环槽。这两处变更完成后通过【质量属性】来查询最终质量，填入相应区域即可。

操作步骤如下。

1）通过【方程式】修改“*A*”“*B*”“*C*” 3 个全局变量为本题尺寸，如图 5-125 所示。

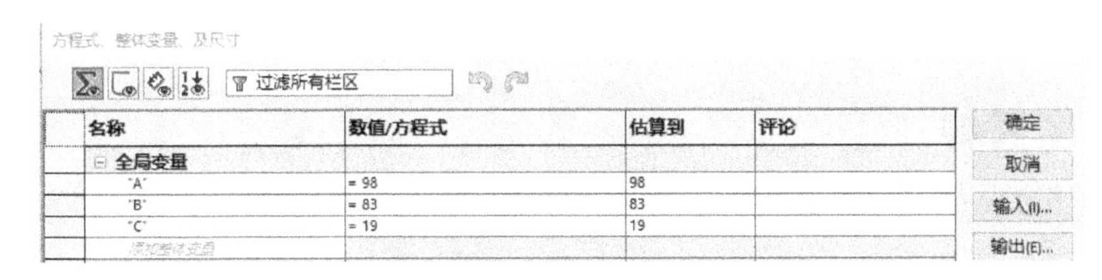

图 5-125　修改全局变量

2）以底部为草图平面，通过【拉伸切除】切除底部的环形槽，如图 5-126 所示（特别要注意缺口的偏转方向）。

3）创建半径为 0.5mm 的圆角，如图 5-127 所示（注意不要遗漏）。

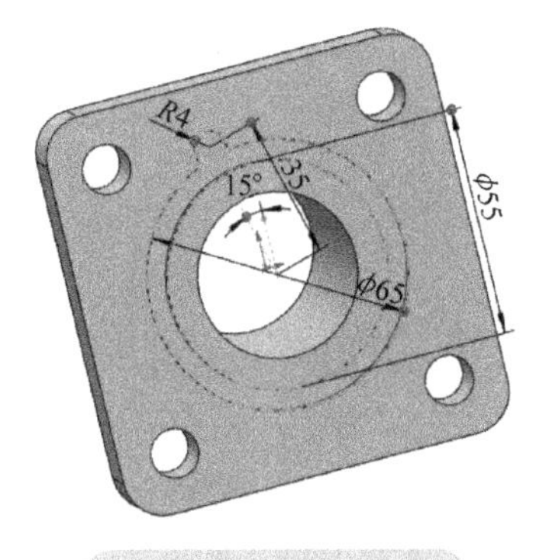

图 5-126　切除环槽

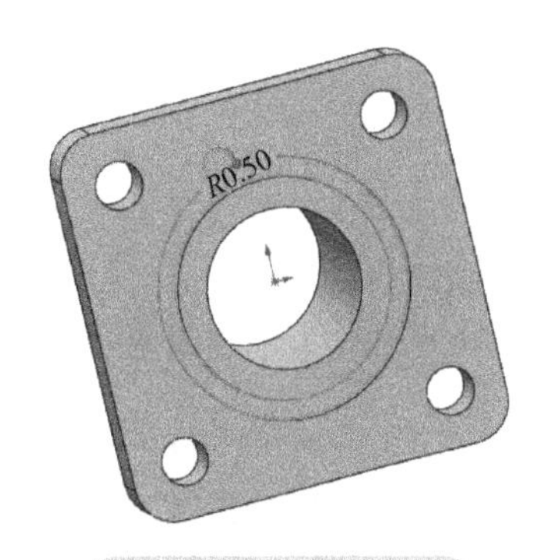

图 5-127　生成圆角

4）通过评估功能里的【质量属性】查询零件质量。注意单位默认为 kg，而题目要求是 g，可单击【选项】按钮进行更改，如图 5-128 所示。

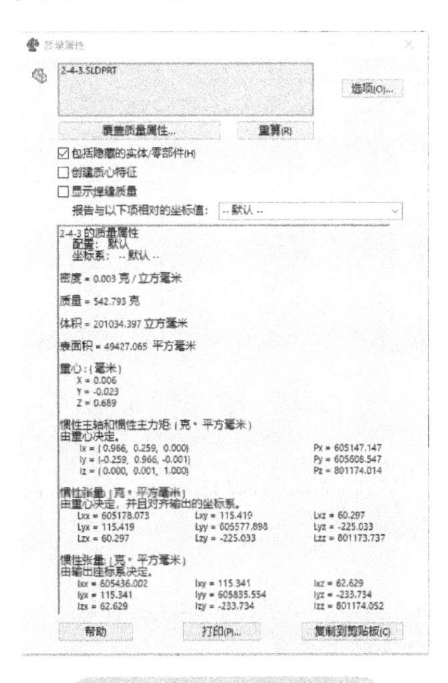

图 5-128　查询质量属性

5）将查询到的质量填入相应位置。注意小数点及小数位数。

5.7 认证样题

1. 在 SOLIDWORKS 中创建图 5-129 所示零件（将每一题的零件保存为不同文件，供之后参考使用）。

扫码看视频

使用单位：MMGS（毫米、克、秒）

小数位数：2 位

零件原点：不拘

除非有特别指示，否则所有孔洞皆贯穿

材料：1060 合金

密度 = $0.0027g/mm^3$

$A = 40.00$

$B = 45.00$

$C = 4.00$

零件的整体质量是（　　）g。

［使用 .（点）作为十进制分隔符］

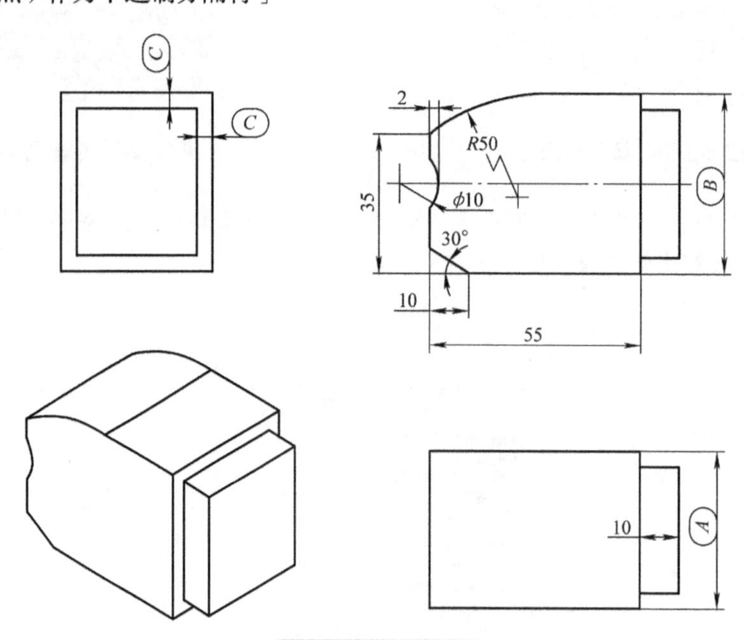

图 5-129　样题 1

2. 在 SOLIDWORKS 中修改上一题的零件，如图 5-130 所示。

扫码看视频

使用单位：MMGS（毫米、克、秒）

小数位数：2 位

零件原点：不拘

除非有特别指示，否则所有孔洞皆贯穿

材料：1060 合金

密度 = $0.0027g/mm^3$

A = 42.00

B = 46.00

C = 5.00

使用上一题创建的零件，通过显示区域对其进行修改。

注：假设所有未显示尺寸与前一题相同，新特征的所有尺寸已显示。

零件的整体质量是（　　）g。

[使用 .（点）作为十进制分隔符]

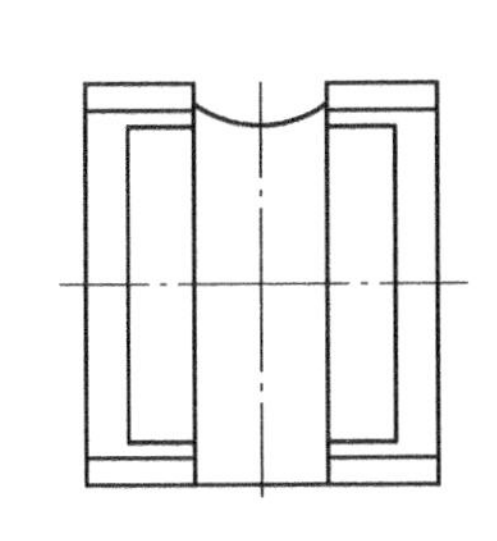

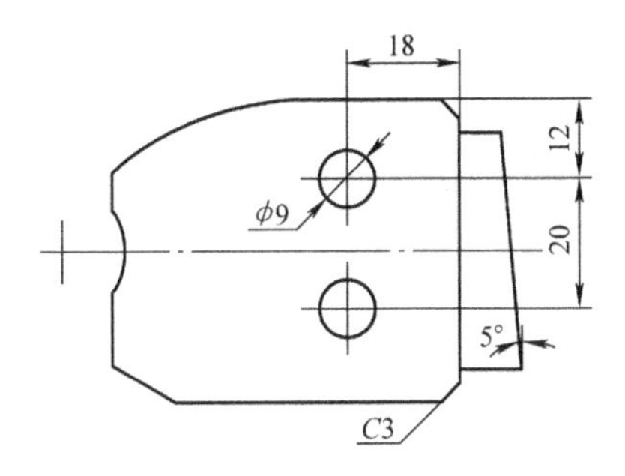

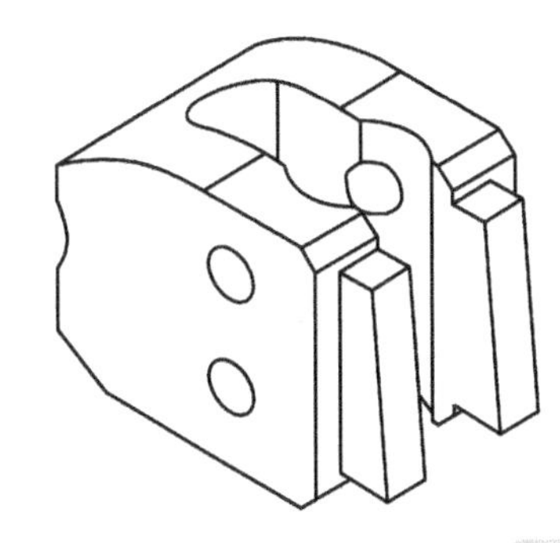

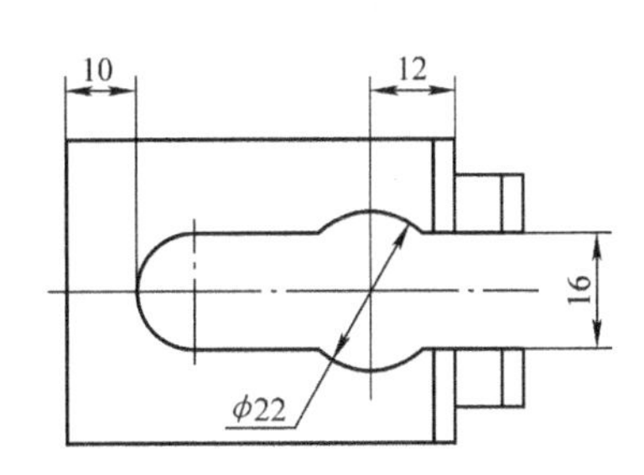

图 5-130　样题 2

3. 在 SOLIDWORKS 中修改上一题的零件，如图 5-131 所示。

使用单位：MMGS（毫米、克、秒）

小数位数：2 位

零件原点：不拘

除非有特别指示，否则所有孔洞皆贯穿

材料：1060 合金

密度 = $0.0027g/mm^3$

A = 42.00

B = 43.00

C = 4.50

使用上一题创建的零件，通过显示区域对其进行修改。

注：假设所有未显示尺寸与前一题相同，新特征的所有尺寸已显示。

零件的整体质量是（　　）g。

［使用 .（点）作为十进制分隔符］

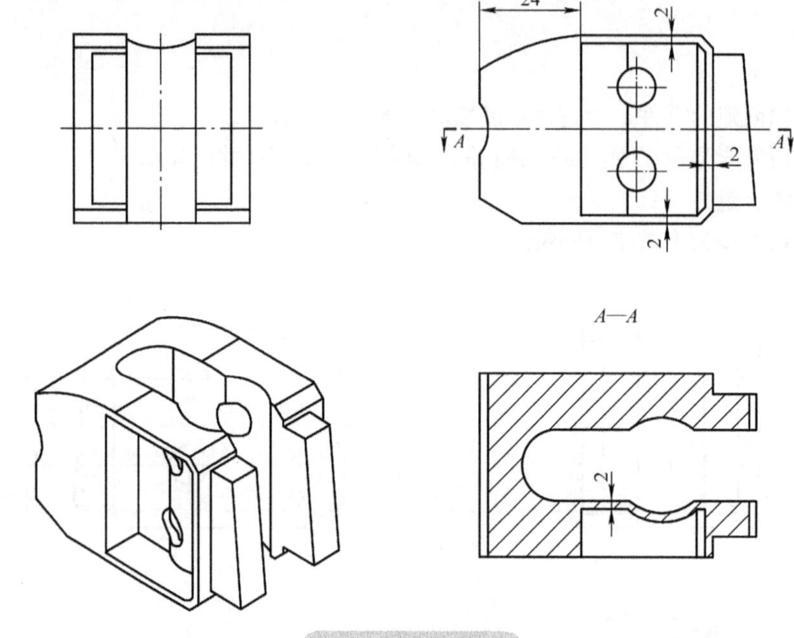

图 5-131　样题 3

本章小结

本章介绍了零件高级建模的常用功能。在考试中高级建模部分为 3 道题，3 道题是相互关联的，第一题选择正确的答案后，后面的两道题还是比较容易完成的。其比基础建模稍复杂些，涉及的功能也较多，如线性阵列、圆周阵列、筋、壳等功能均会在高级建模的题目中有所体现，其草图也比基础建模要复杂些。在第二题与第三题审图时尤其要注意，只要审图不出错，通过考试的把握还是比较大的。

第6章 训练题库

6.1　认证套题1

1. SOLIDWORKS 中草图未完全定义能否生成特征？

A. 能　　B. 不能

2. 如图6-1所示，从图6-1a生成图6-1b要插入SOLIDWORKS的哪种视图类型？

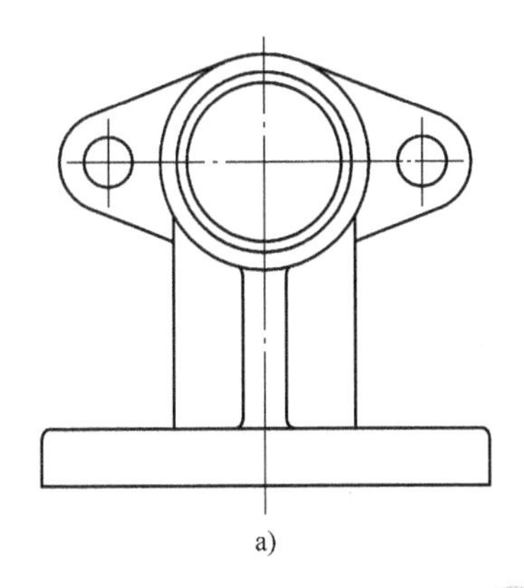

a)

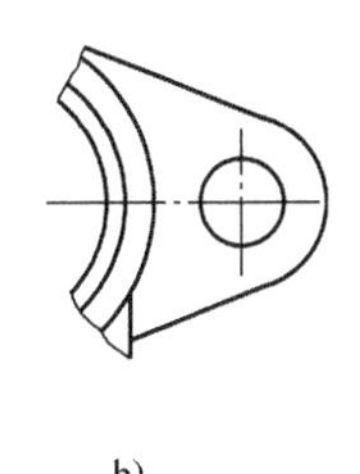

b)

图6-1　题2

A. 投影视图　　B. 局部视图　　C. 剪裁视图　　D. 剖视图

3. 如图6-2所示，要生成图6-2b，必须选择图6-2a并插入SOLIDWORKS哪种视图类型？

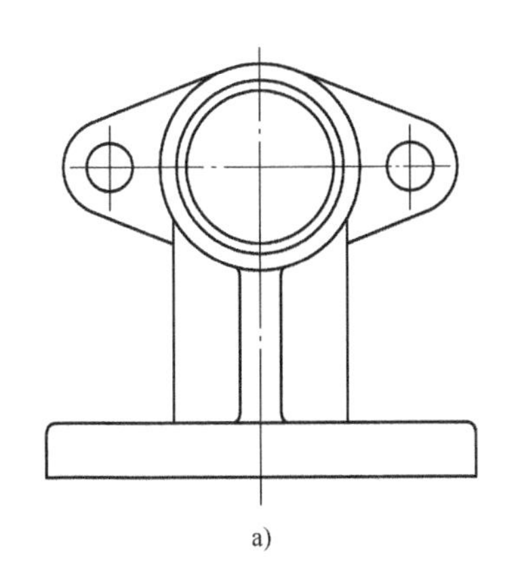

a)

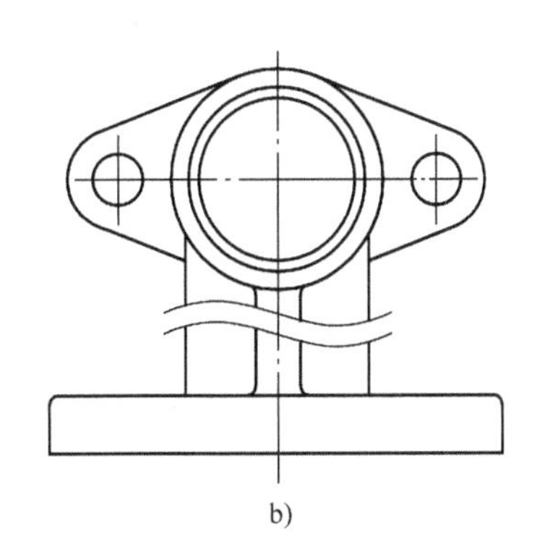

b)

图6-2　题3

A. 辅助视图　　B. 投影视图　　C. 局部视图　　D. 断裂视图

4. 基础零件 1——步骤 1

在 SOLIDWORKS 中创建图 6-3 所示零件（将每一题的零件保存为不同文件，供之后参考使用）。

扫码看视频

使用单位：MMGS（毫米、克、秒）

小数位数：2 位

零件原点：不拘

除非有特别指示，否则所有孔洞皆贯穿

材料：1060 合金

密度 = 0.0027g/mm^3

A = 90.00

B = 34.00

C = 4.00

零件的整体质量是（　　）g。

A. 237.12　　B. 210.36　　C. 705.37　　D. 984.79

提示：如果未找到与您答案相差 1% 的选项，请重新检查您的模型。

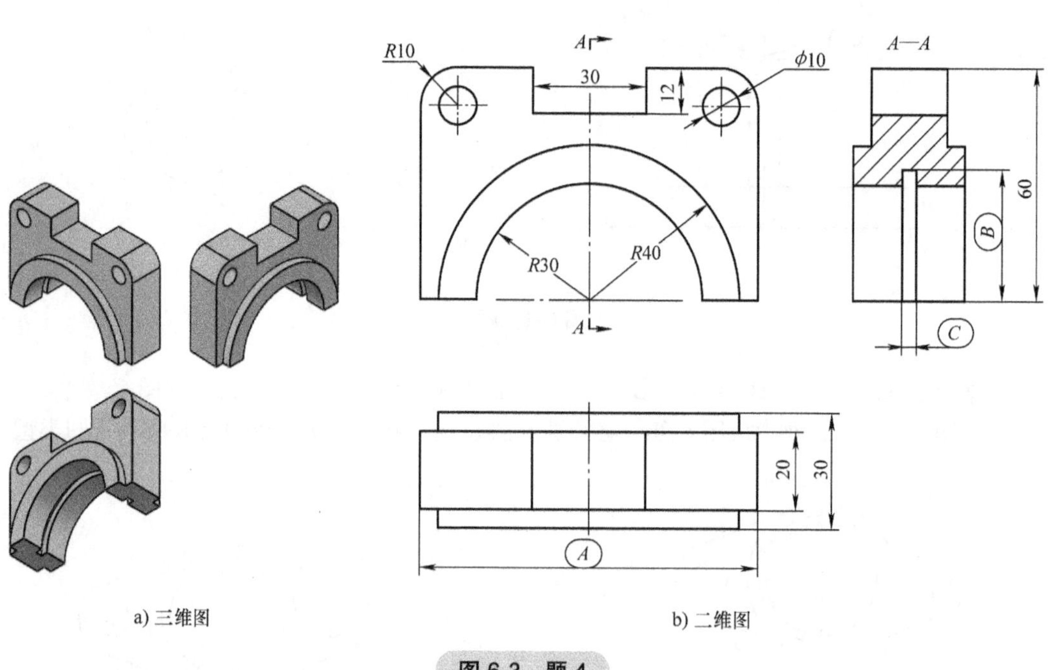

a) 三维图　　b) 二维图

图 6-3　题 4

5. 基础零件 1——步骤 2

在 SOLIDWORKS 中修改上一题的零件，如图 6-4 所示。

使用单位：MMGS（毫米、克、秒）

小数位数：2 位

零件原点：不拘

除非有特别指示，否则所有孔洞皆贯穿

扫码看视频

材料：1060 合金

密度 = 0.0027g/mm^3

A = 92.00

B = 35.00

C = 3.00

使用上一题创建的零件，通过显示区域对其进行修改。

注：假设所有未显示尺寸与前一题相同，新特征的所有尺寸已显示。

零件的整体质量是（　　）g。

［使用 .（点）作为十进制分隔符］

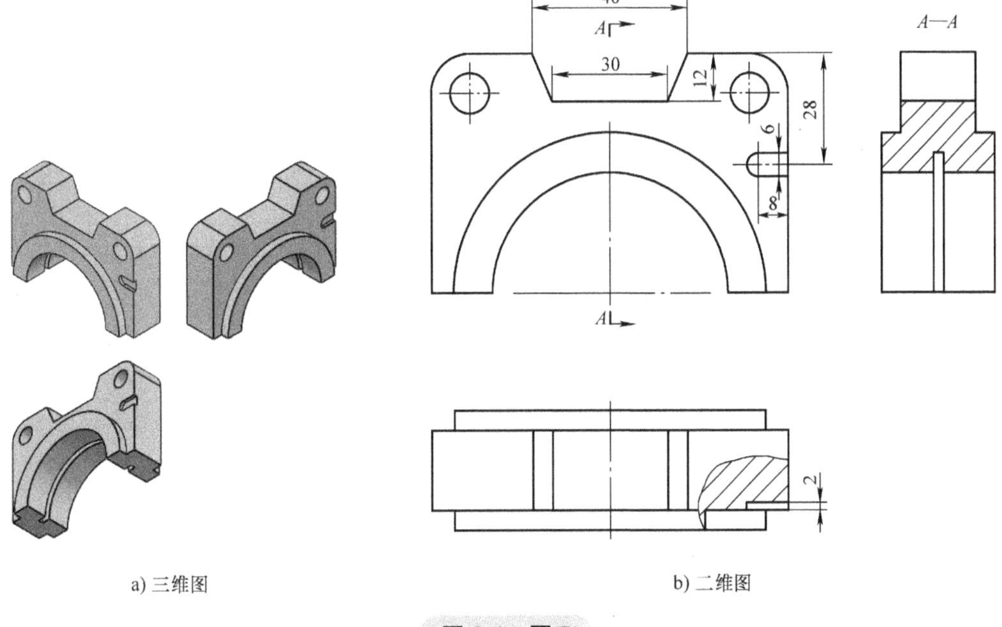

a) 三维图　　b) 二维图

图 6-4　题 5

6. 基础零件 2——步骤 1

在 SOLIDWORKS 中创建图 6-5 所示零件（将每一题的零件保存为不同文件，供之后参考使用）。

使用单位：MMGS（毫米、克、秒）

小数位数：2 位

零件原点：不拘

除非有特别指示，否则所有孔洞皆贯穿

材料：合金钢

密度 = 0.0077g/mm^3

A = 60.00

B = 10.00

零件的整体质量是（　　）g。

A. 140.06　　B. 110.39　　C. 275.37　　D. 514.75

提示：如果未找到与您答案相差 1% 的选项，请重新检查您的模型。

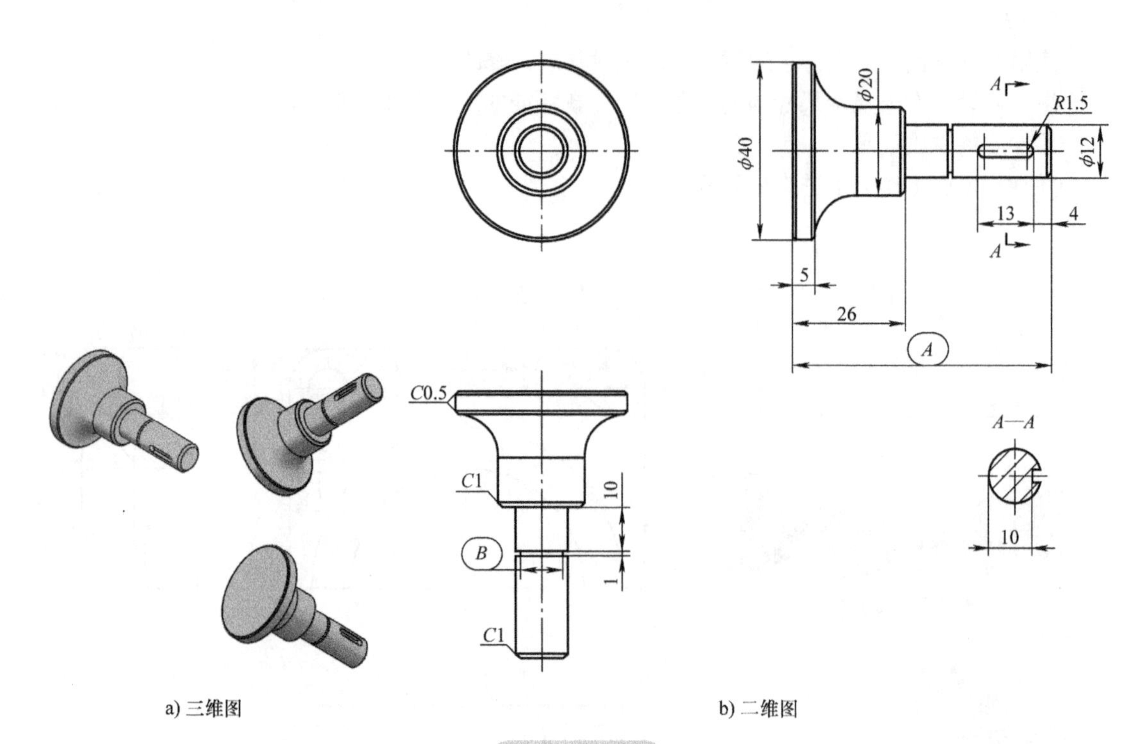

a) 三维图　　b) 二维图

图 6-5　题 6

7. 基础零件 2——步骤 2

在 SOLIDWORKS 中修改上一题的零件，如图 6-6 所示。

使用单位：MMGS（毫米、克、秒）

小数位数：2 位

零件原点：不拘

除非有特别指示，否则所有孔洞皆贯穿

材料：合金钢

密度 = 0.0077g/mm³

A = 65.00

B = 10.50

使用上一题创建的零件，通过显示区域对其进行修改。

注：假设所有未显示尺寸与前一题相同，新特征的所有尺寸已显示。

零件的整体质量是（　　）g。

［使用 .（点）作为十进制分隔符］

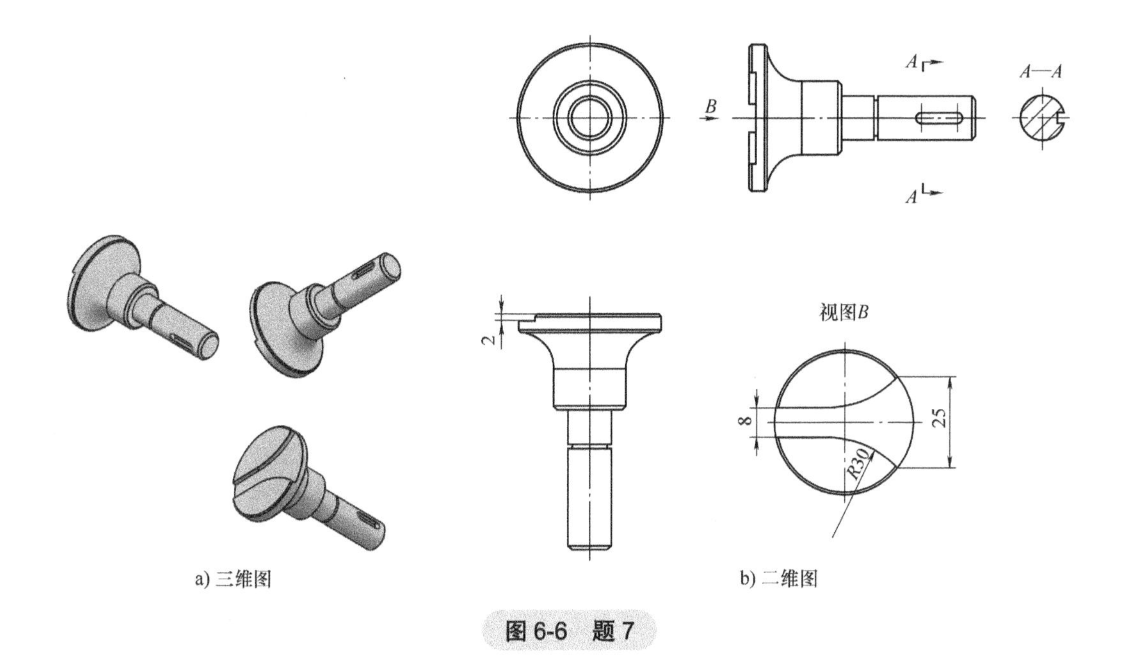

a) 三维图　　b) 二维图

图 6-6　题 7

8. 在 SOLIDWORKS 中创建图 6-7 所示装配体［连杆机构（Lever Linkage）］。

该装配体包含 1 个底座（Support）①、1 个滑块（SliderBlock）②、1 个球铰（Spheric）③、1 个连杆（Linkage）④、1 个杠杆臂（Lever）⑤、1 个连接轴（Axis）⑥。

扫码看视频

使用单位：MMGS（毫米、克、秒）

小数位数：2 位

零件原点：不拘

• 下载附带的 zip 文件，然后打开。

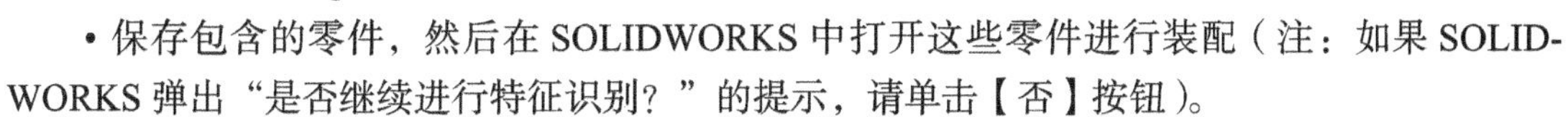

• 保存包含的零件，然后在 SOLIDWORKS 中打开这些零件进行装配（注：如果 SOLIDWORKS 弹出“是否继续进行特征识别？”的提示，请单击【否】按钮）。

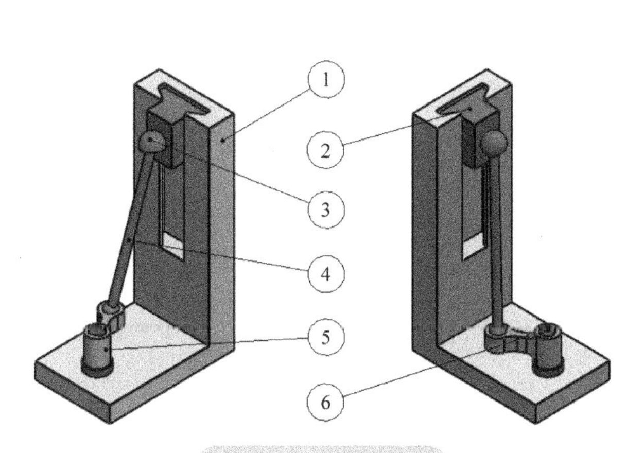

图 6-7　装配示意 1

使用以下条件创建装配体。

1）底座①作为装配基准，连接轴⑥与底座①的孔同轴，轴肩台阶侧面与底座①上侧面重合，如图 6-8 所示。

2）杠杆臂⑤的长圆柱与连接轴⑥同轴，长圆柱侧面与连接轴⑥轴肩台阶重合，如图 6-8 所示。

3）连杆④的一端与杠杆臂⑤的球孔同轴连接，另一端与球铰③的球孔同轴连接，如图 6-9 所示。

4）球铰③的轴端与滑块②的孔同轴连接，如图 6-9 所示。

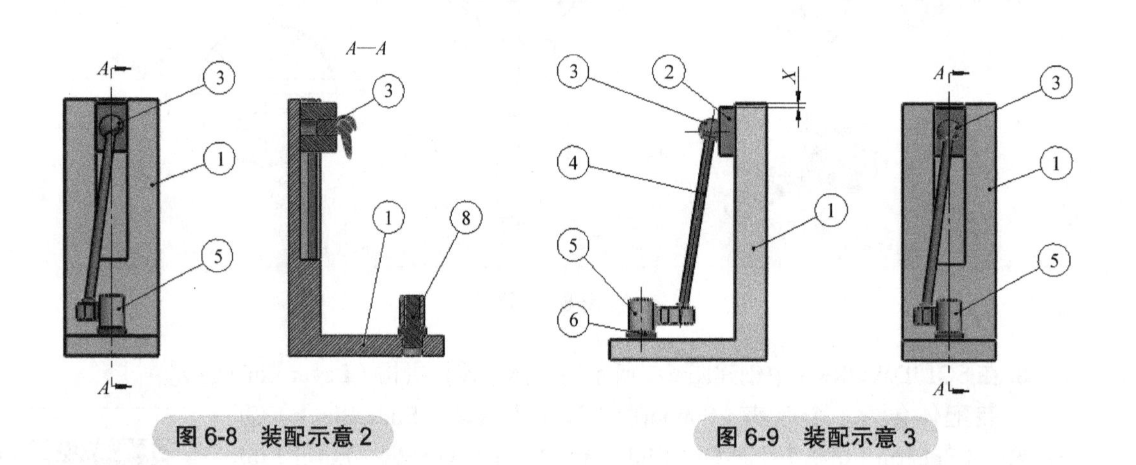

图 6-8　装配示意 2　　图 6-9　装配示意 3

5）滑块②与底座①对应的 V 形槽重合连接，如图 6-10 所示。

6）杠杆臂⑤的对称中心线（装配基准面）与底座中心线形成的夹角为 A，如图 6-10 所示。

——$A = 30.00°$

测量距离 X 是多少（mm）。______（距离 X 位置见图 6-9）

A.11.57　　B.18.19

C.60.26　　D.5.01

提示：如果未找到与您答案相差 1% 的选项，请重新检查您的模型。

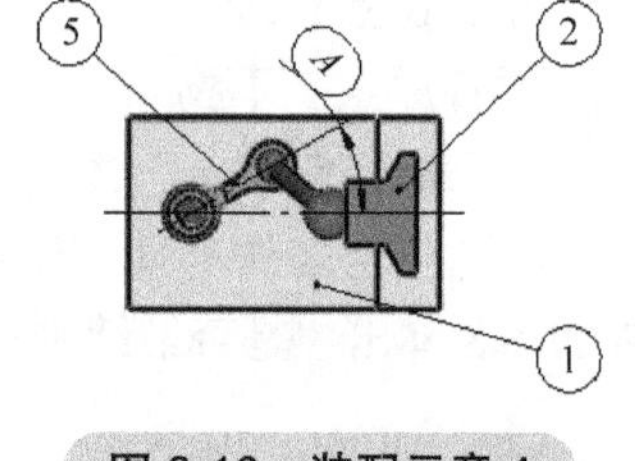

图 6-10　装配示意 4

9. 在 SOLIDWORKS 中修改上一题生成的装配体［连杆机构（Lever Linkage）]，如图 6-11 所示。

使用单位：MMGS（毫米、克、秒）

小数位数：2 位

零件原点：不拘

使用上一题创建的装配体，然后修改以下参数：

——$A = 32.80°$

测量距离 X 是多少（mm）。______（距离 X 位置见图 6-11b）

［使用 .（点）作为十进制分隔符］

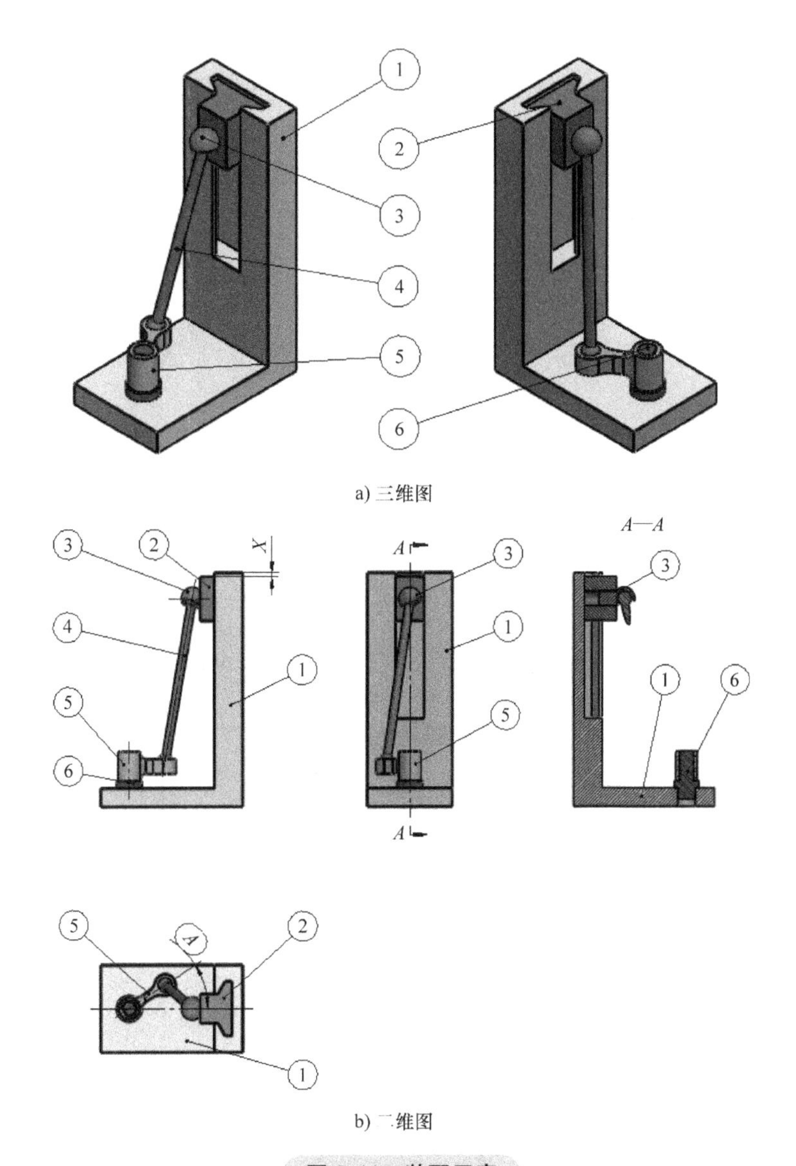

图 6-11　装配示意

10. 在 SOLIDWORKS 中创建图 6-12 所示装配体［连杆装配（Linkage Asm）］。

该装配体包含 1 个底座（Base）①、1 个气缸（Cylinder）②、1 个活塞（Piston）③、1 个短连杆（Linkage_Short）④、1 个长连杆（Linkage_Long）⑤、1 个连接杆（Linkage_Coupling）⑥、1 个螺栓（Bolt）⑦。

使用单位：MMGS（毫米、克、秒）

小数位数：2 位

零件原点：已显示

• 下载附带的 zip 文件，然后打开。

• 保存包含的零件，然后在 SOLIDWORKS 中打开这些零件进行装配（注：如果 SOLID-

WORKS 弹出“是否继续进行特征识别？”的提示，请单击【否】按钮）。

使用以下条件创建装配体。

1）底座①作为装配基准，气缸②的短圆柱与底座①上方的孔同轴，侧面与其上表面重合，如图 6-13 所示。

2）活塞③的杆部与气缸②的长圆柱同轴，如图 6-13 所示。

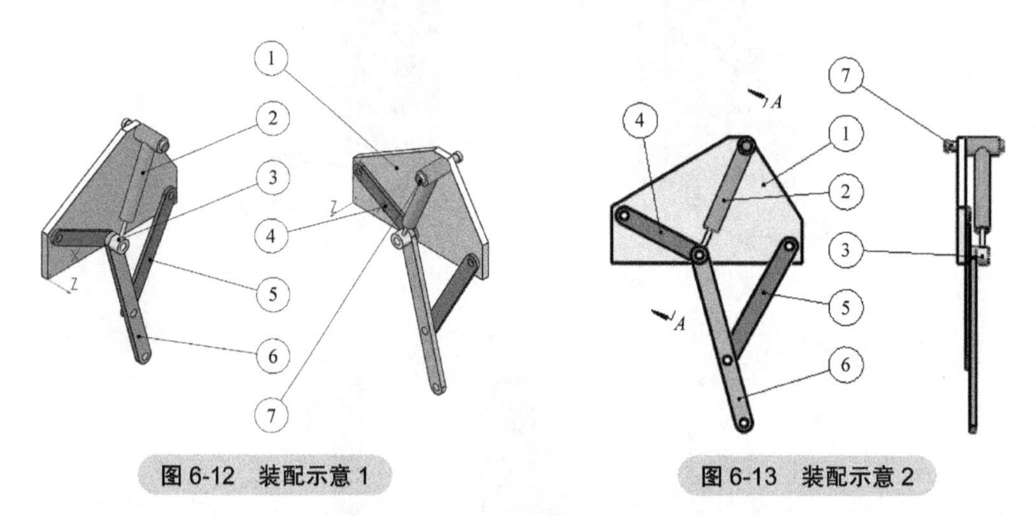

图 6-12　装配示意 1

图 6-13　装配示意 2

3）短连杆④一端的孔与底座①左侧孔同轴连接，其侧面与底座上表面重合，如图 6-14 所示；短连杆④另一端的孔与活塞③的孔同轴，如图 6-13 所示。

4）长连杆⑤一端的孔与底座①右侧孔同轴，其侧面与底座上表面重合，如图 6-14 所示。

5）连接杆⑥孔距较长一端的孔与活塞③的孔同轴连接，其中间孔与长连杆⑤另一端的孔同轴连接，如图 6-13 所示；其侧面与长连杆⑤的上表面重合，如图 6-14 所示。

6）螺栓⑦与底座①上方的孔同轴，其台阶内侧面与气缸②的上表面重合，如图 6-15 所示。

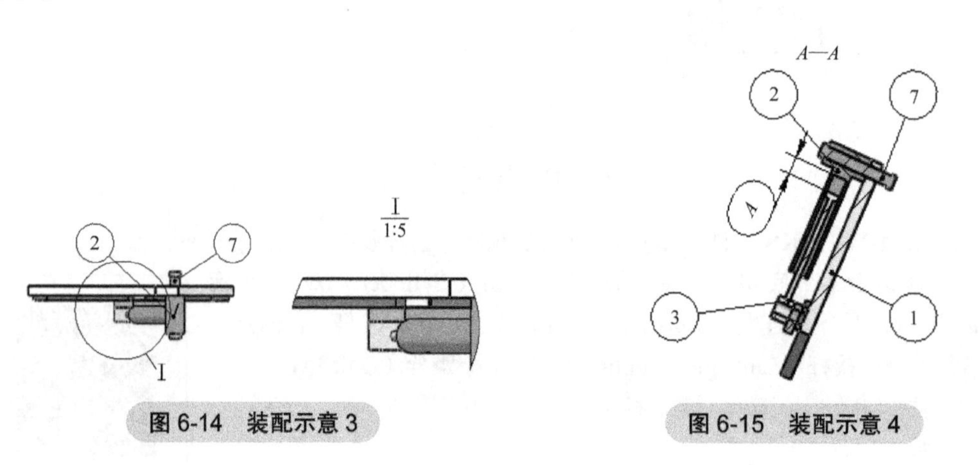

图 6-14　装配示意 3

图 6-15　装配示意 4

7）活塞③的端面与气缸②长孔底面的距离为 A，如图 6-15 所示。

——$A = 30\text{mm}$

装配体的质量中心是多少（mm）？ ______（相对于图 6-12 所示坐标系）

A. X = 413.42，Y = 84.35，Z = −21.04

B. X = 240.19，Y = −115.78，Z = −16.38

C. X = 242.85，Y = 84.35，Z = −1.58

D. X = 41.01，Y = 175.83，Z = −9.57

提示：如果未找到与您答案相差 1% 的选项，请重新检查您的模型。

11. 在 SOLIDWORKS 中修改上一题生成的装配体［连杆装配（Linkage Asm）］，如图 6-16 所示。

扫码看视频

使用单位：MMGS（毫米、克、秒）

小数位数：2 位

零件原点：已显示

使用上一题创建的装配体，然后修改以下参数：

——A = 42mm

装配体的质量中心是多少（mm）？ ______（相对于图 6-16a 所示坐标系）

［使用 .（点）作为十进制分隔符］

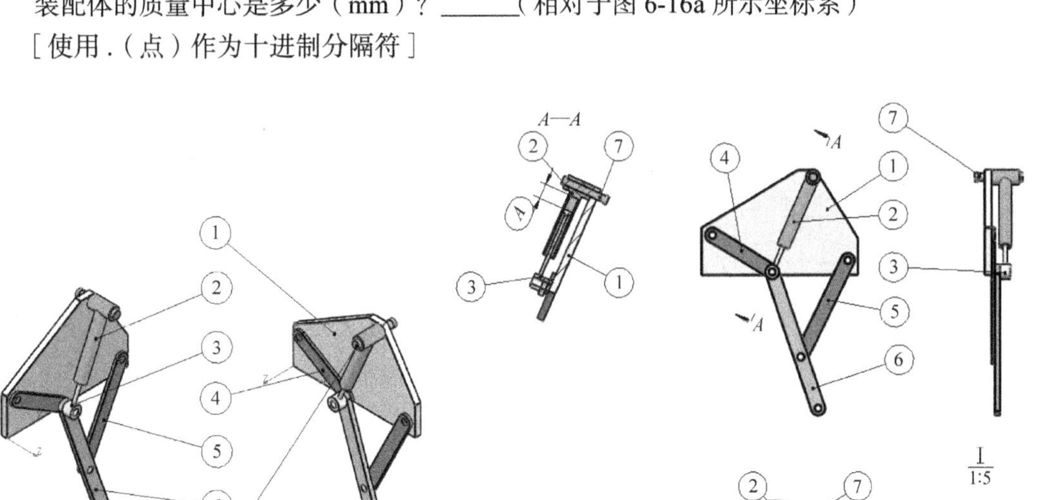

a) 三维图　　b) 二维图

图 6-16　装配示意

12. 高级零件——步骤 1

在 SOLIDWORKS 中创建图 6-17 所示零件（将每一题的零件保存为不同文件，供之后参考使用）。

使用单位：MMGS（毫米、克、秒）

小数位数：2 位

零件原点：不拘

除非有特别指示，否则所有孔洞皆贯穿

材料：合金钢

密度 = 0.0077g/mm^3

$A = 150.00$

$B = 30.00$

$C = 20.00$

零件的整体质量是（　　）g。

A. 1229.29　　B. 1110.39　　C. 1275.97　　D. 524.74

提示：如果未找到与您答案相差 1% 的选项，请重新检查您的模型。

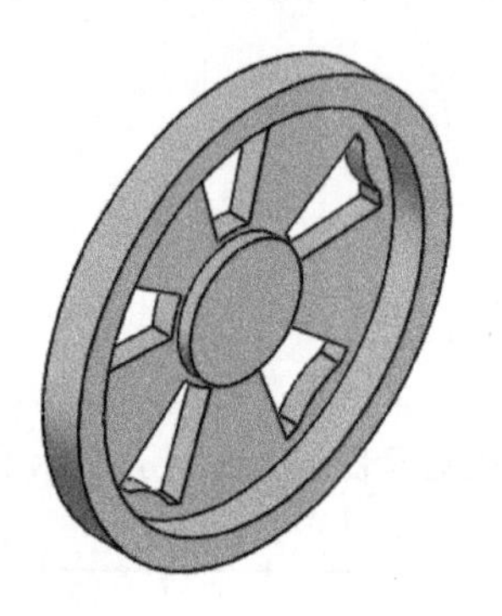

a) 三维图

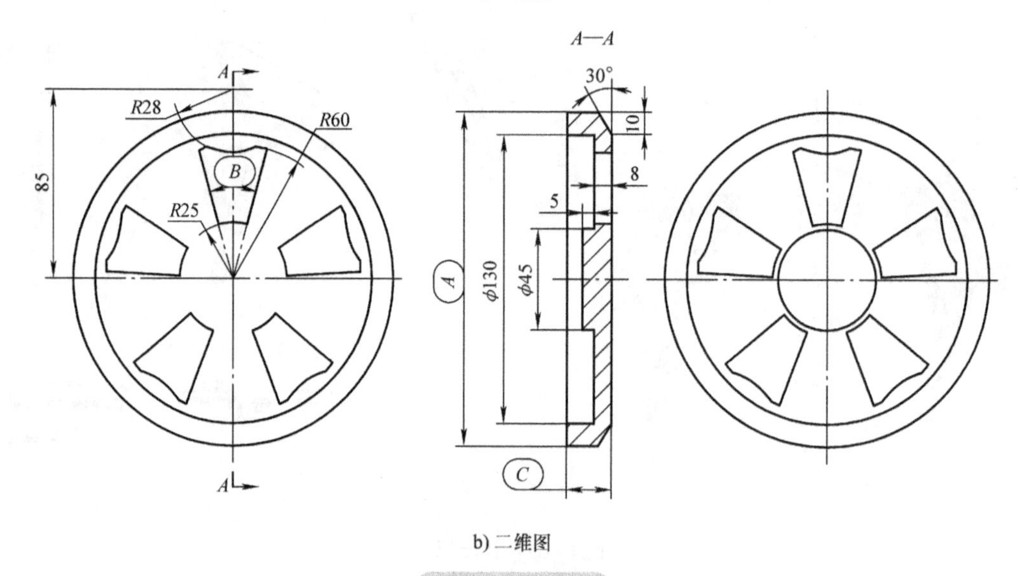

b) 二维图

图 6-17　题 12

13. 高级零件——步骤 2

在 SOLIDWORKS 中修改上一题的零件，如图 6-18 所示。

使用单位：MMGS（毫米、克、秒）

小数位数：2 位

零件原点：不拘

除非有特别指示，否则所有孔洞皆贯穿

材料：合金钢

密度 = 0.0077g/mm^3

$A = 155.00$

$B = 32.00$

$C = 21.00$

使用上一题创建的零件，通过显示区域对其进行修改。

注：假设所有未显示尺寸与前一题相同，新特征的所有尺寸已显示。

零件的整体质量是（　　）g。

［使用 .（点）作为十进制分隔符］

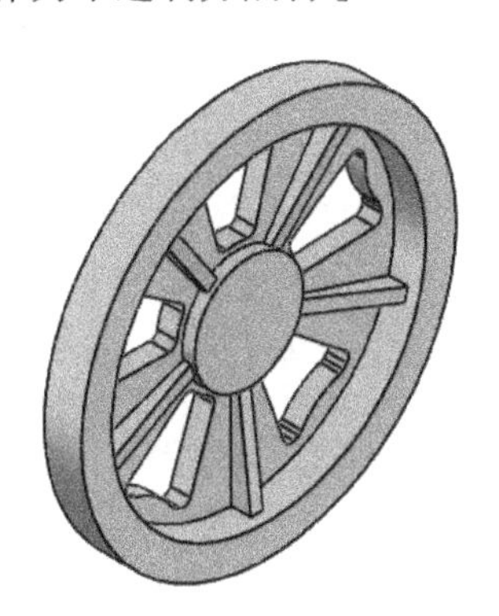
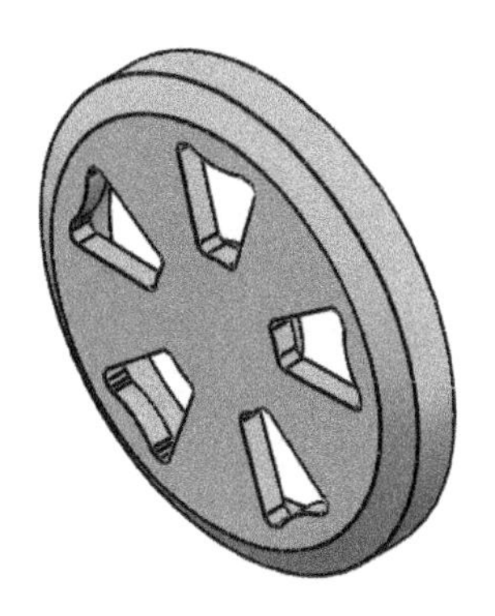

a) 三维图

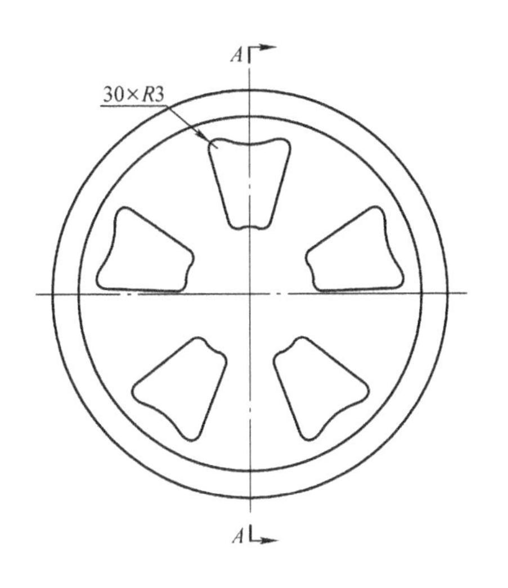

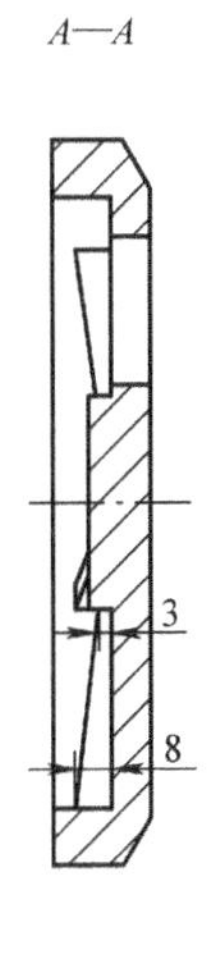

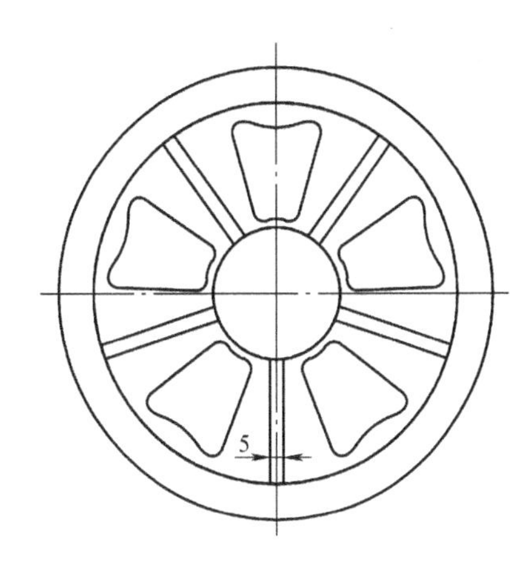

b) 二维图

图 6-18　题 13

14. 高级零件——步骤 3

在 SOLIDWORKS 中修改上一题的零件，如图 6-19 所示。

使用单位：MMGS（毫米、克、秒）

小数位数：2 位

零件原点：不拘

除非有特别指示，否则所有孔洞皆贯穿

材料：合金钢

密度 = 0.0077g/mm^3

A = 153.00

B = 33.00

C = 19.00

使用上一题创建的零件，通过显示区域对其进行修改。

注：假设所有未显示尺寸与前一题相同，新特征的所有尺寸已显示。

零件的整体质量是（　　）g。

［使用 .（点）作为十进制分隔符］

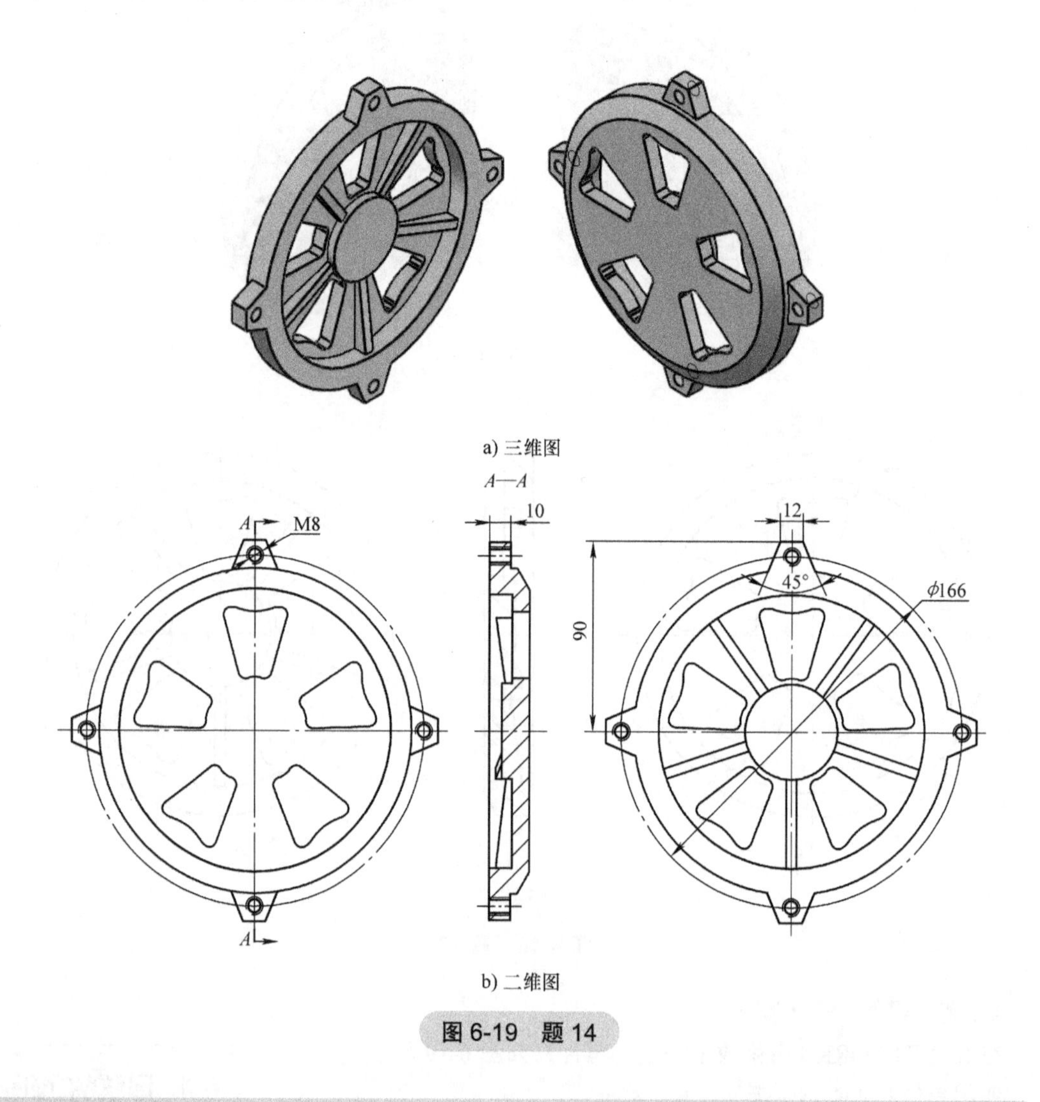

a) 三维图

b) 二维图

图 6-19　题 14

6.2　认证套题 2

1. SOLIDWORKS 草图中两条直线间下列（　　）约束无法添加。

A. 共线　　B. 相交　　C. 相等　　D. 平行

2. 如图 6-20 所示，从图 6-20a 生成图 6-20b 要插入 SOLIDWORKS 的（　　）视图类型。

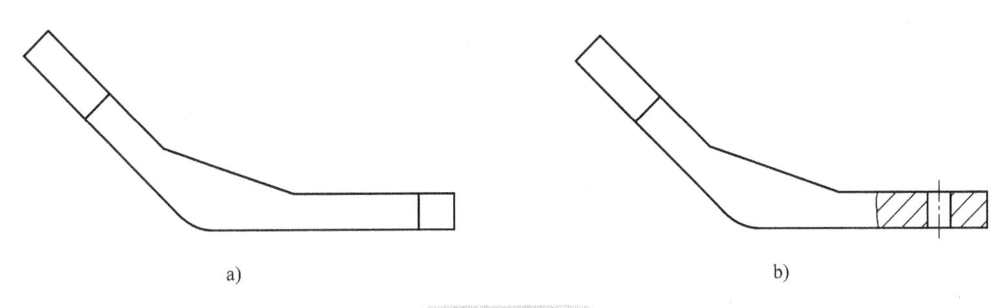

图 6-20 题 2

A. 模型视图　　B. 剪裁视图　　C. 局部视图　　D. 断开的剖视图

3. 如图 6-21 所示，要生成图 6-21b，必须选择图 6-21a 并插入 SOLIDWORKS（　　）视图类型。

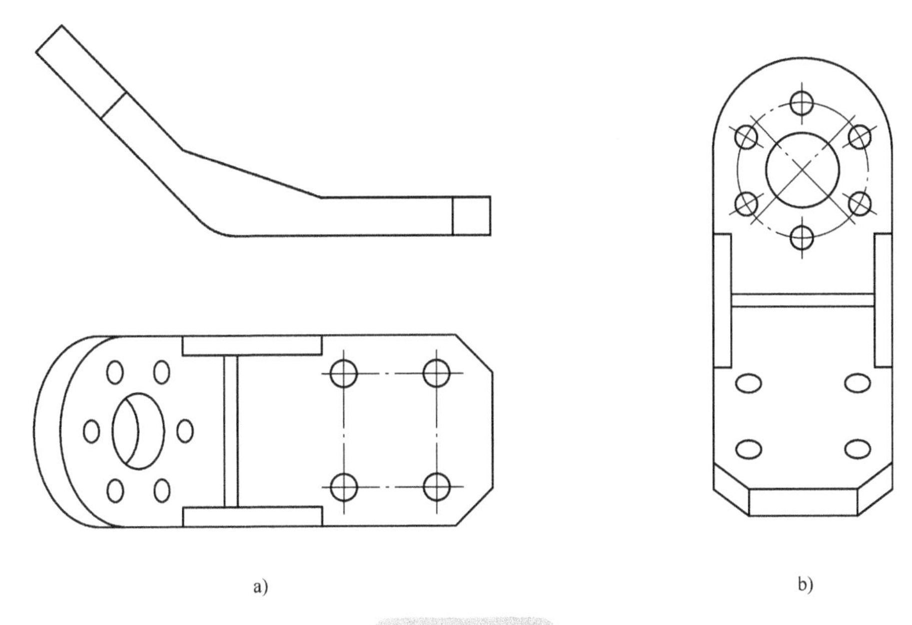

图 6-21 题 3

A. 局部视图　　B. 投影视图　　C. 辅助视图　　D. 剖视图

4. 基础零件 1——步骤 1

在 SOLIDWORKS 中创建图 6-22 所示零件（将每一题的零件保存为不同文件，供之后参考使用）。

使用单位：MMGS（毫米、克、秒）

小数位数：2 位

零件原点：不拘

除非有特别指示，否则所有孔洞皆贯穿

材料：1060 合金

密度 = 0.0027g/mm^3

A = 120.00

B = 60.00

C = 40.00

零件的整体质量是（　　）g。

A. 1237.12　　B. 2010.36　　C. 1705.37　　D. 1534.80

提示：如果未找到与您答案相差 1% 的选项，请重新检查您的模型。

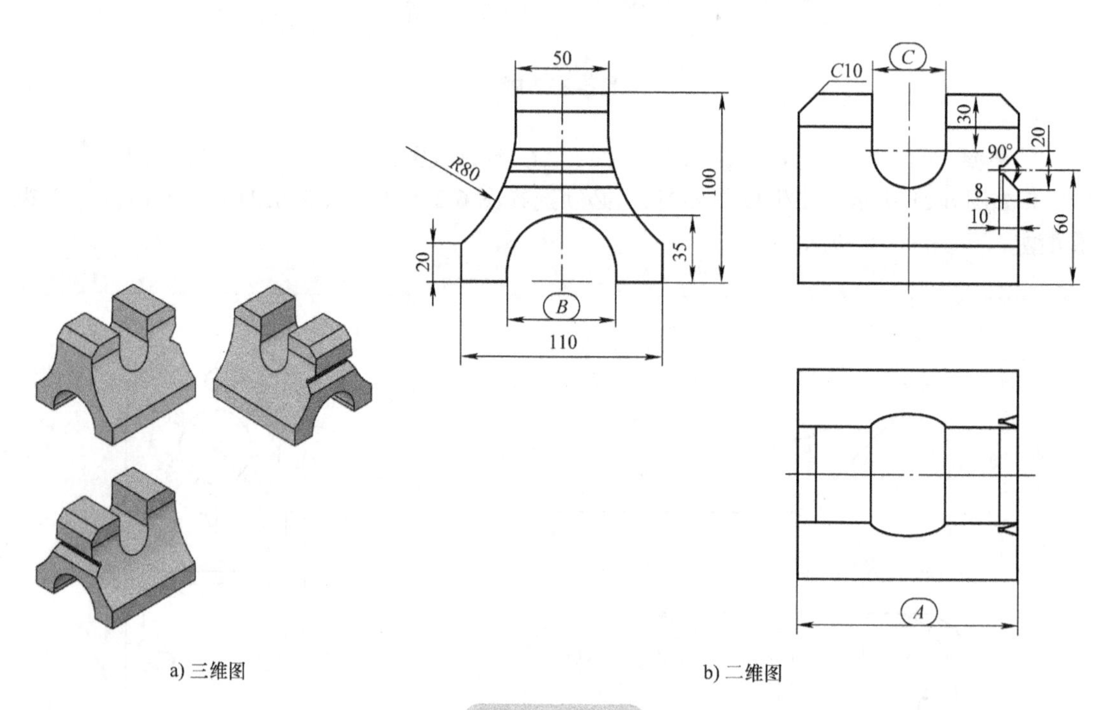

a) 三维图　　b) 二维图

图 6-22　题 4

5. 基础零件 1——步骤 2

在 SOLIDWORKS 中修改上一题的零件，如图 6-23 所示。

使用单位：MMGS（毫米、克、秒）

小数位数：2 位

零件原点：不拘

除非有特别指示，否则所有孔洞皆贯穿

材料：1060 合金

密度 = 0.0027g/mm^3

A = 122.00

B =59.00

C = 43.00

使用上一题创建的零件，通过显示区域对其进行修改。

注：假设所有未显示尺寸与前一题相同，新特征的所有尺寸已显示。

零件的整体质量是（　　）g。
[使用 .（点）作为十进制分隔符]

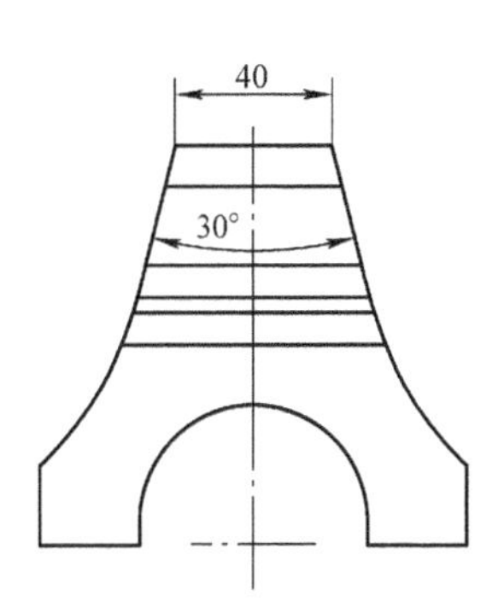

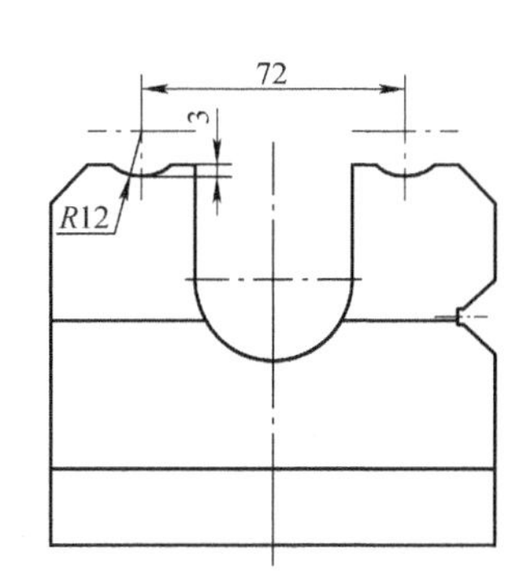

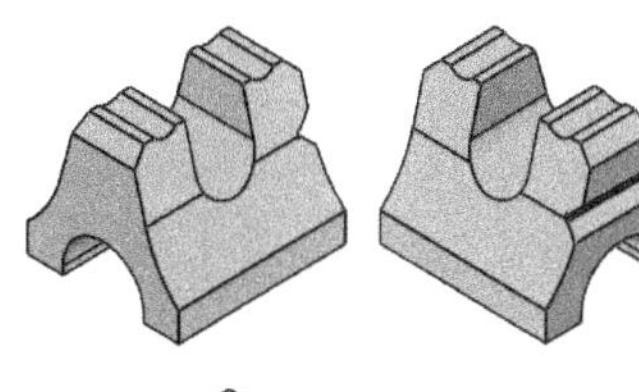

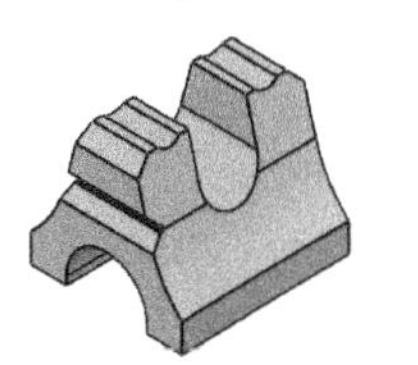

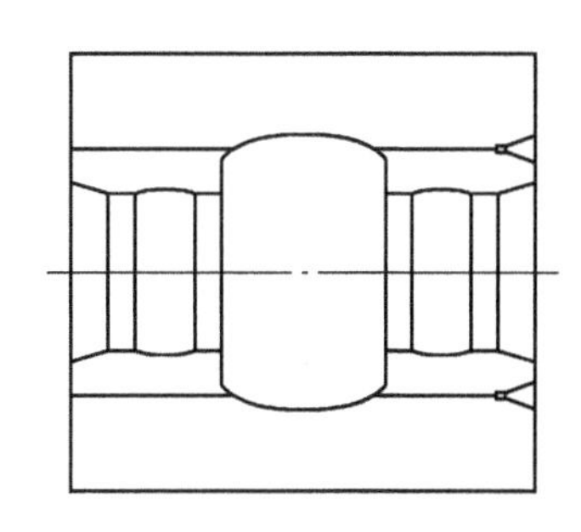

a) 三维图　　b) 二维图

图 6-23　题 5

6. 基础零件 2——步骤 1

在 SOLIDWORKS 中创建图 6-24 所示零件（将每一题的零件保存为不同文件，供之后参考使用）。

使用单位：MMGS（毫米、克、秒）

小数位数：2 位

零件原点：不拘

除非有特别指示，否则所有孔洞皆贯穿

材料：合金钢

密度 = $0.0077 g/mm^3$

A = 70.00

B = 50.00

C = 3.00

零件的整体质量是（　　）g。

A. 140.36　　B. 1120.19　　C. 156.11　　D. 517.25

提示：如果未找到与您答案相差 1% 的选项，请重新检查您的模型。

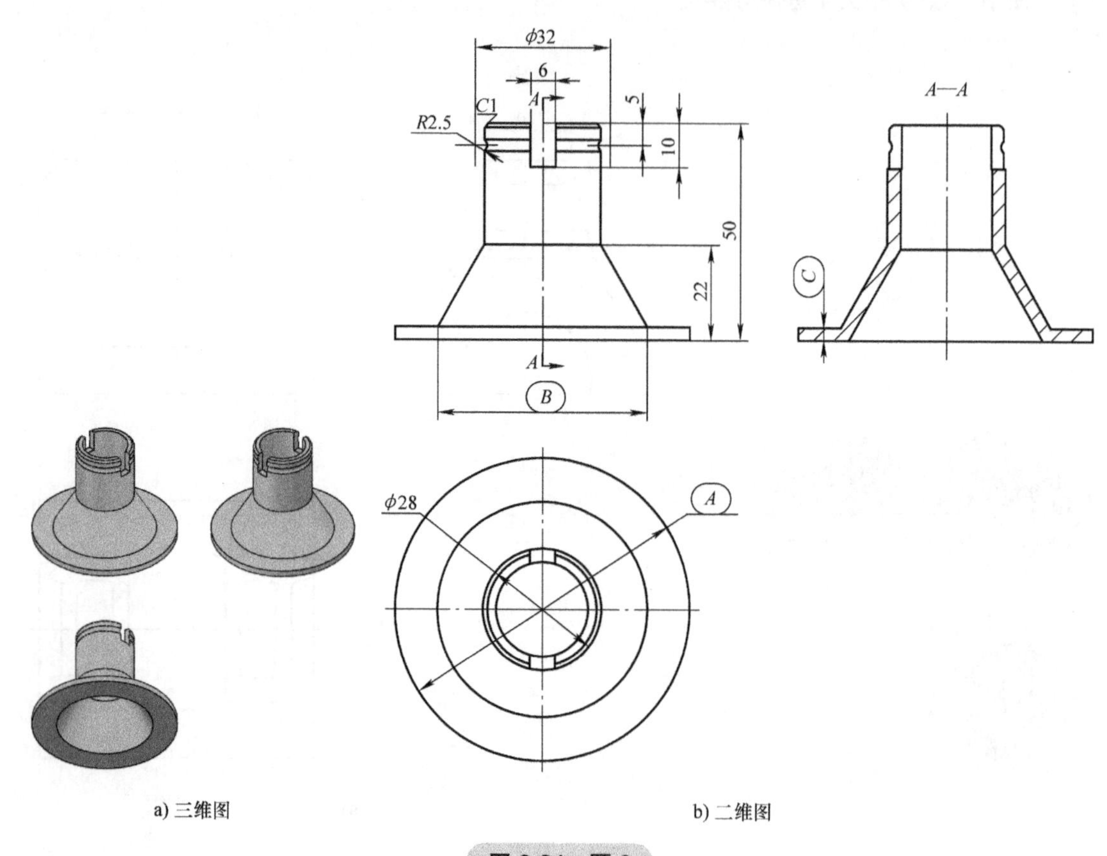

a) 三维图　　　　b) 二维图

图 6-24　题 6

7. 基础零件 2——步骤 2

在 SOLIDWORKS 中修改上一题的零件，如图 6-25 所示。

使用单位：MMGS（毫米、克、秒）

小数位数：2 位

零件原点：不拘

除非有特别指示，否则所有孔洞皆贯穿

材料：合金钢

密度 = 0.0077g/mm^3

A = 75.00

B = 53.00

C = 2.00

使用上一题创建的零件，通过显示区域对其进行修改。

注：假设所有未显示尺寸与前一题相同，新特征的所有尺寸已显示。

零件的整体质量是（　　）g。

［使用 .（点）作为十进制分隔符］

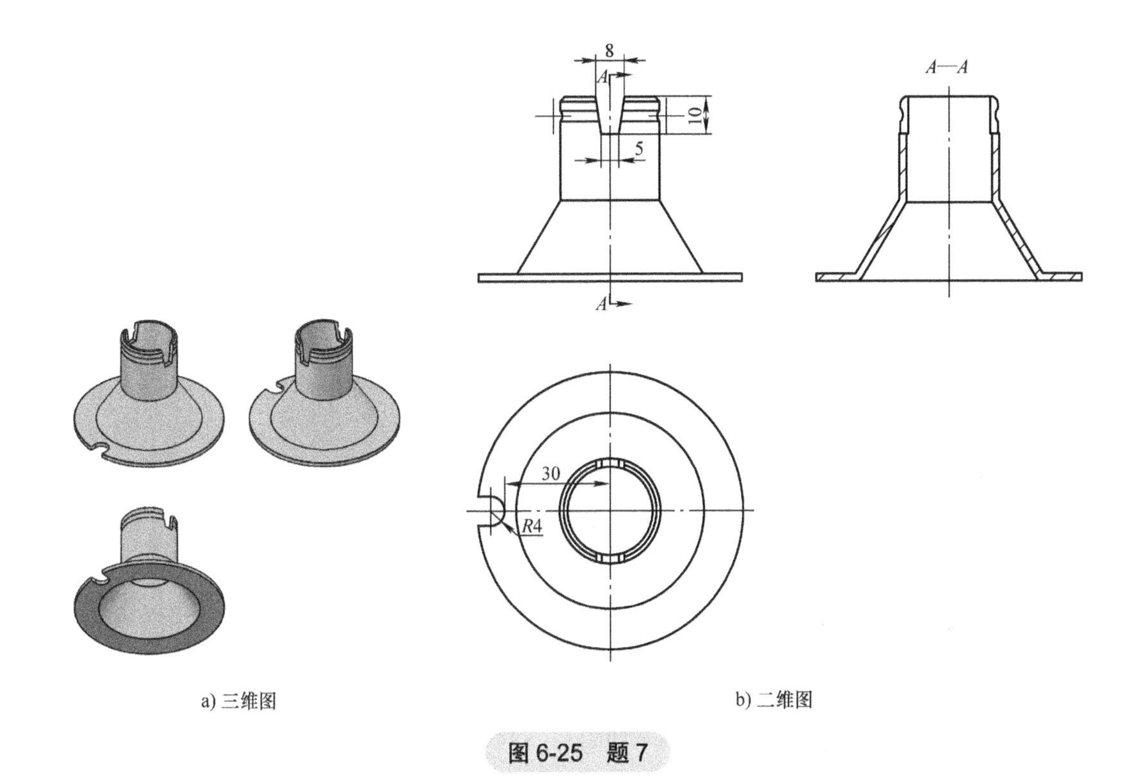

图 6-25　题 7

8. 在 SOLIDWORKS 中创建图 6-26 所示装配体［夹持器（Gripper）］。

该装配体包含 1 个本体（Body）①、1 个活塞（Piston）②、1 个卡爪 1（Arm1）③、1 个卡爪 2（Arm2）④、2 个夹块（Grip）⑤、1 个短轴（Short_Pin）⑥、2 个长轴（Long_Pin）⑦，未特别说明的零部件默认基于中心对称。

扫码看视频

使用单位：MMGS（毫米、克、秒）

小数位数：2 位

零件原点：不拘

• 下载附带的 zip 文件，然后打开。

• 保存包含的零件，然后在 SOLIDWORKS 中打开这些零件进行装配（注：如果 SOLIDWORKS 弹出“是否继续进行特征识别？”的提示，请单击【否】按钮）。

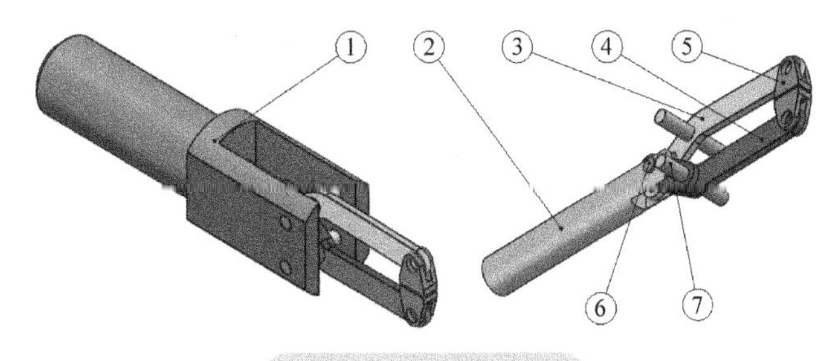

图 6-26　装配示意 1

使用以下条件创建装配体。

1）本体①作为装配基准，活塞②与本体①的孔同轴，如图 6-27 所示。

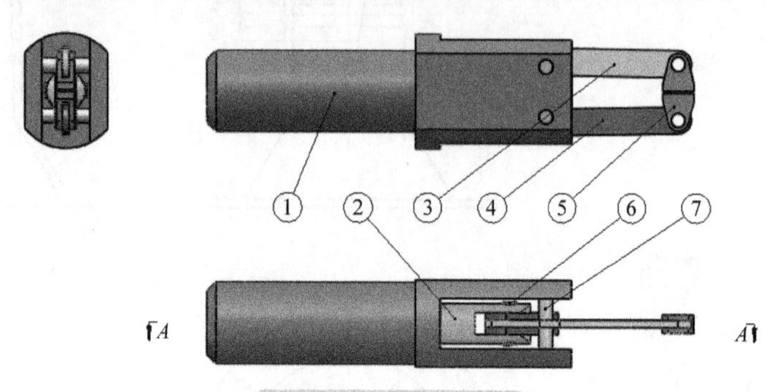

图 6-27　装配示意 2

2）卡爪 1 ③的长槽与活塞②的孔相切，其中间孔与本体①右上角的孔同轴，如图 6-28 所示。

3）卡爪 2 ④的长槽与活塞②的孔相切，其中间孔与本体①右下角的孔同轴，如图 6-28 所示。

4）两个夹块⑤分别与卡爪 1 ③、卡爪 2 ④的右侧孔同轴，且两夹块⑤的对面保持平行，如图 6-28 所示。

5）短轴⑥与活塞②的孔同轴且对称，如图 6-29 所示。

6）两个长轴⑦分别与卡爪 1 ③、卡爪 2 ④的中间孔同轴且对称，如图 6-29 所示。

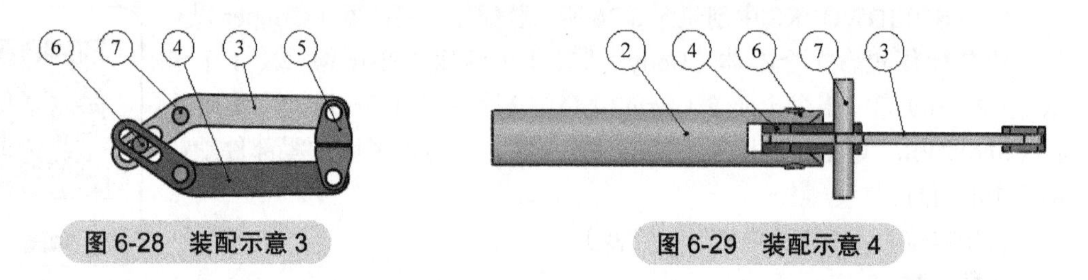

图 6-28　装配示意 3　　图 6-29　装配示意 4

7）活塞②的左侧端面与本体①中间孔底面的距离为 *A*，如图 6-30 所示。

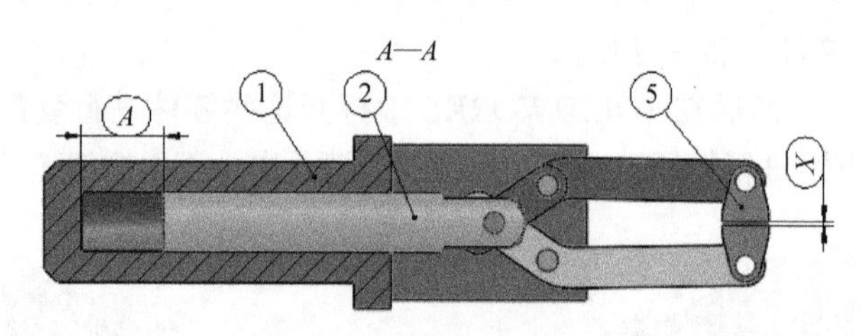

图 6-30　装配示意 5

——A = 32.00mm

测量距离 X 是多少（mm）？ ______（距离 X 位置见图 6-30）

A. 1.28　　B. 8.19　　C. 0.26　　D. 3.01

提示：如果未找到与您答案相差 1% 的选项，请重新检查您的模型。

9. 在 SOLIDWORKS 中修改上一题生成的装配体［夹持器（Gripper）］，如图 6-31 所示。

使用单位：MMGS（毫米、克、秒）

小数位数：2 位

零件原点：不拘

使用上一题创建的装配体，然后修改以下参数：

——A = 33.50mm

测量距离 X 是多少（mm）。______（距离 X 位置见图 6-31）

［使用 .（点）作为十进制分隔符］

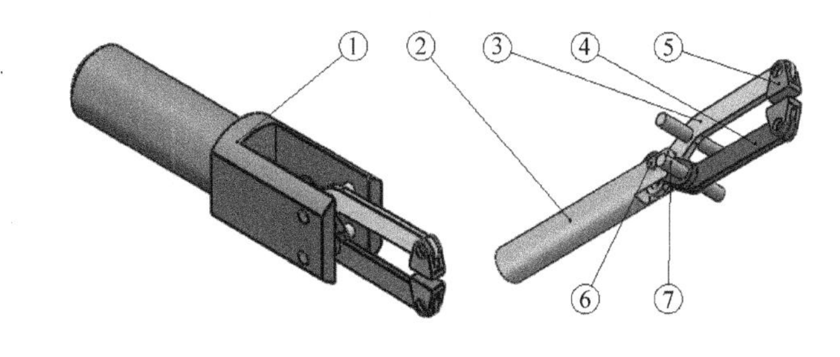

a) 三维图

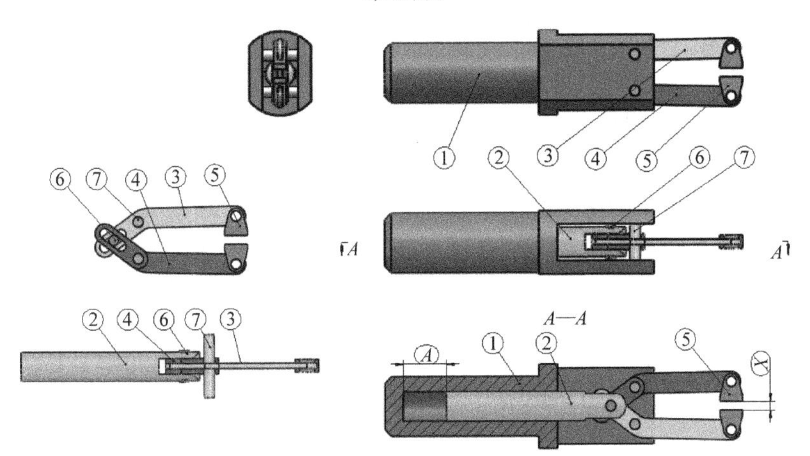

b) 二维图

图 6-31　装配示意

10. 在 SOLIDWORKS 中创建图 6-32 所示装配体［回转连杆装配（Wheel Linkage）］。

该装配体包含 1 个底座（Base）①、1 个支撑（Support）②、1 个滑块（SliderBlock）③、1 个轴（Pin）④、1 个连杆（Linkage）⑤、1 个回转盘（Wheel）⑥、1 个螺栓（Bolt）⑦。

使用单位：MMGS（毫米、克、秒）

小数位数：2 位

零件原点：已显示

• 下载附带的 zip 文件，然后打开。

• 保存包含的零件，然后在 SOLIDWORKS 中打开这些零件进行装配（注：如果 SOLIDWORKS 弹出“是否继续进行特征识别？”的提示，请单击【否】按钮）。

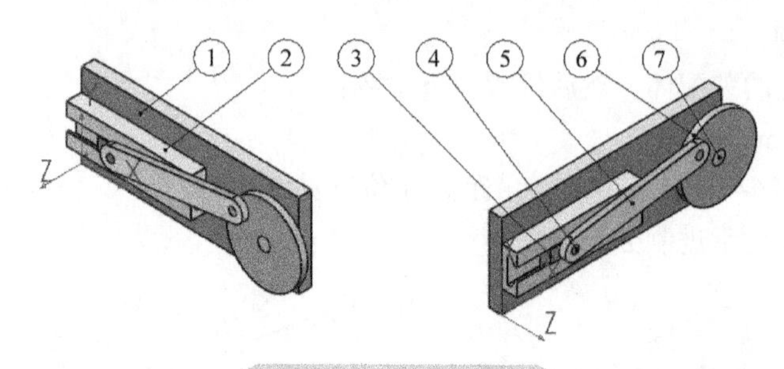

图 6-32 装配示意 1

使用以下条件创建装配体。

1）底座①作为装配基准，支撑②的底面与底座①的顶面重合，其两个圆柱体与相应孔同轴，注意方向，如图 6-33 所示。

图 6-33 装配示意 2

2）滑块③的底部与支撑②的槽底面重合，两侧面对称，如图 6-33 所示。

3）轴④与滑块③的孔同轴，如图 6-33 所示。

4）连杆⑤一端的孔与轴④同轴，一个侧面与滑块③顶面重合，另一个侧面与轴④端面重合，如图 6-34 所示。

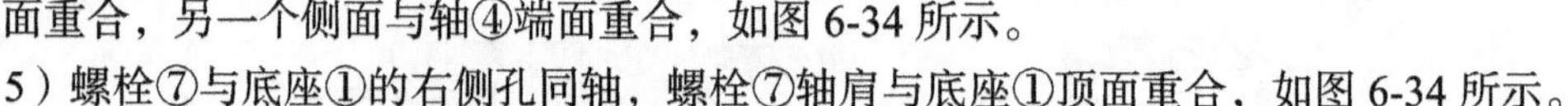

5）螺栓⑦与底座①的右侧孔同轴，螺栓⑦轴肩与底座①顶面重合，如图 6-34 所示。

6）回转盘⑥孔与螺栓⑦同轴，侧面与螺栓⑦另一侧的轴肩重合，回转盘⑥的圆柱凸台与连杆⑤的另一孔同轴，如图 6-34 所示。

7）回转盘⑥中心和圆柱凸台的连线与底座①中心线的夹角为 A，如图 6-35 所示。

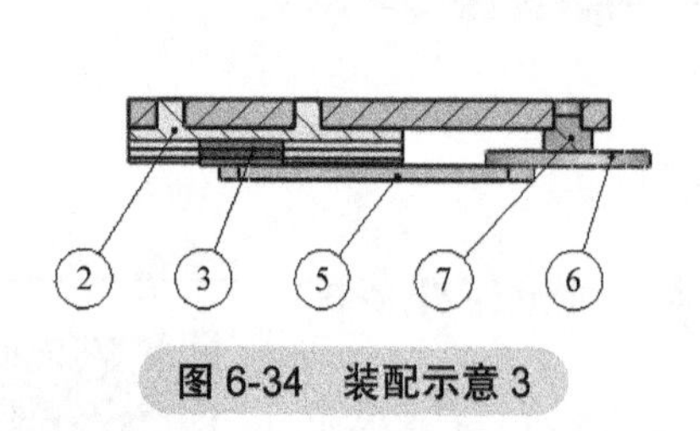

图 6-34 装配示意 3

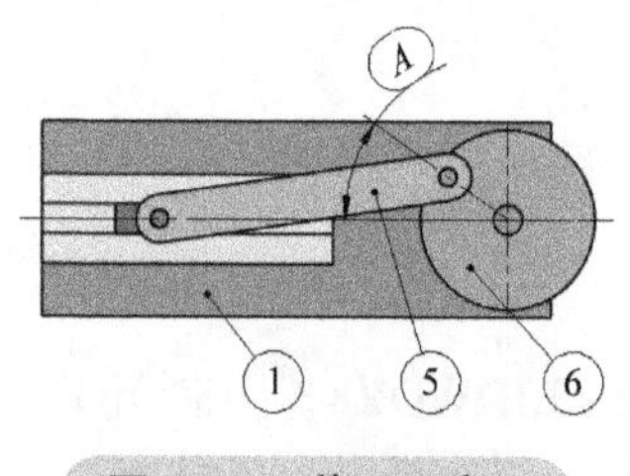

图 6-35 装配示意 4

——$A = 35.00°$

装配体的质量中心是多少（mm）？______（相对于图 6-32 所示坐标系）

A. $X = 13.42$，$Y = 84.35$，$Z = -1.04$

B. $X = 240.19$，$Y = -915.78$，$Z = -116.38$

C. $X = 176.50$，$Y = -66.41$，$Z = -1.58$

D. $X = 176.50$，$Y = 66.41$，$Z = 5.95$

提示：如果未找到与您答案相差 1% 的选项，请重新检查您的模型。

11. 在 SOLIDWORKS 中修改上一题生成的装配体［回转连杆装配（Wheel Linkage）］，如图 6-36 所示。

扫码看视频

使用单位：MMGS（毫米、克、秒）

小数位数：2 位

零件原点：已显示

使用上一题创建的装配体，然后修改以下参数：

——$A = 60.00°$

装配体的质量中心是多少（mm）？______（相对于图 6-36a 所示坐标系）

［使用 .（点）作为十进制分隔符］

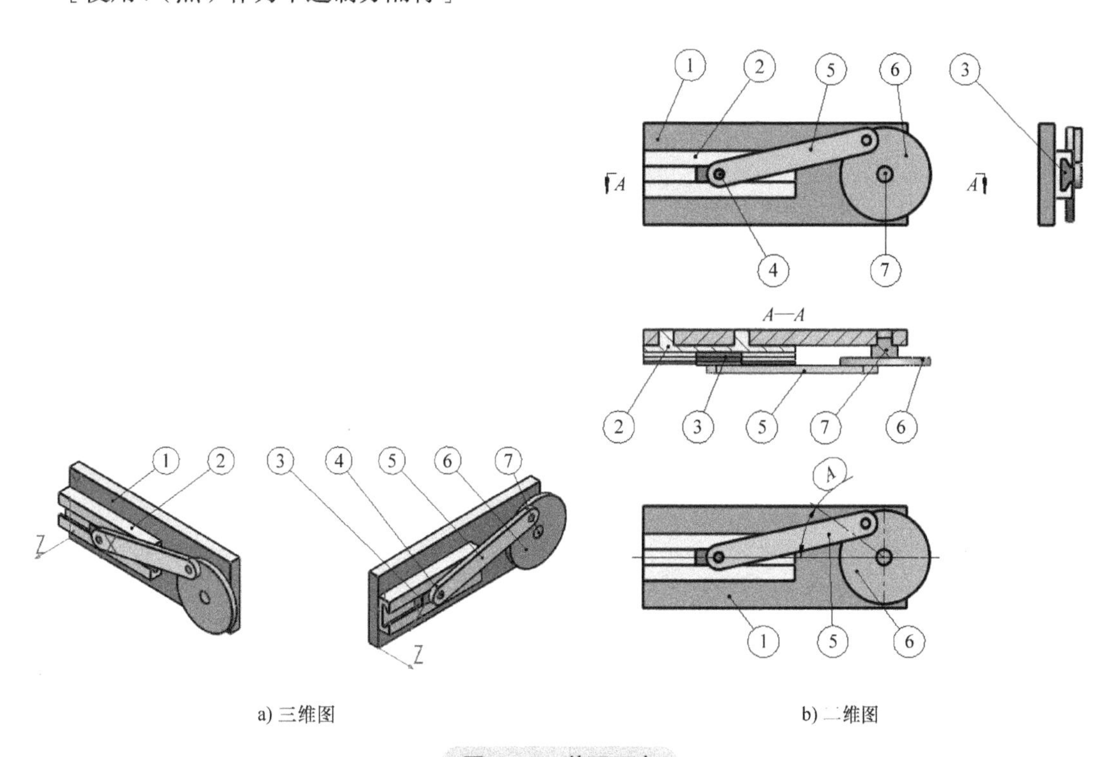

a) 三维图　　b) 二维图

图 6-36　装配示意

12. 高级零件——步骤 1

在 SOLIDWORKS 中创建图 6-37 所示零件（将每一题的零件保存为不同文件，供之后参考使用）

扫码看视频

使用单位：MMGS（毫米、克、秒）

小数位数：2 位

零件原点：不拘

除非有特别指示，否则所有孔洞皆贯穿

材料：合金钢

密度 = $0.0077 g/mm^3$

$A = 60.00$

$B = 30.00$

$C = 20.00$

零件的整体质量是（　　）g。

A. 229.25　　B. 644.32　　C. 175.97　　D. 524.64

提示：如果未找到与您答案相差 1% 的选项，请重新检查您的模型。

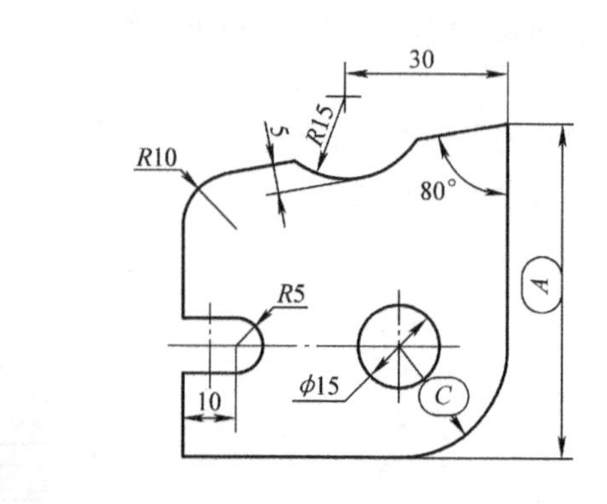

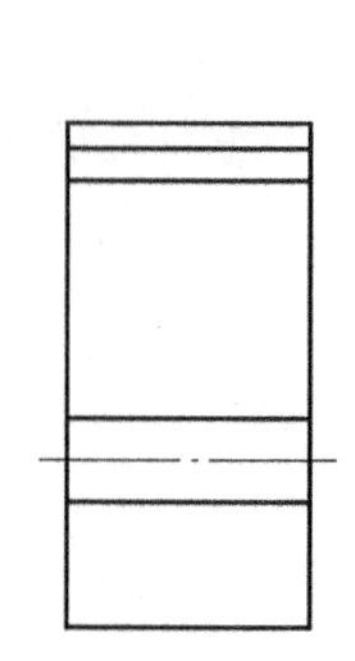

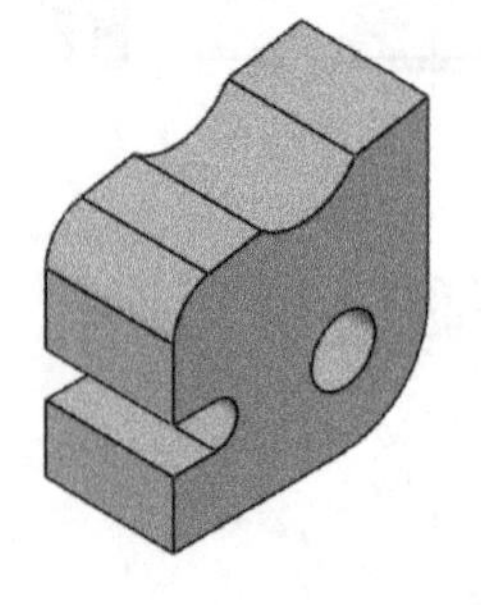

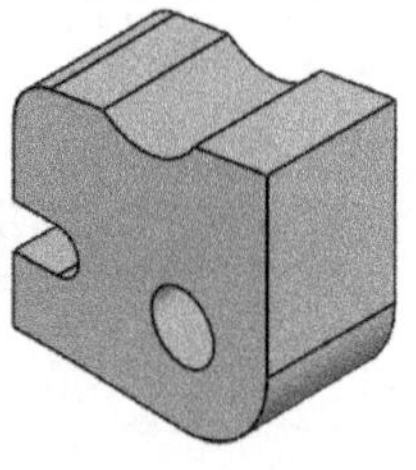

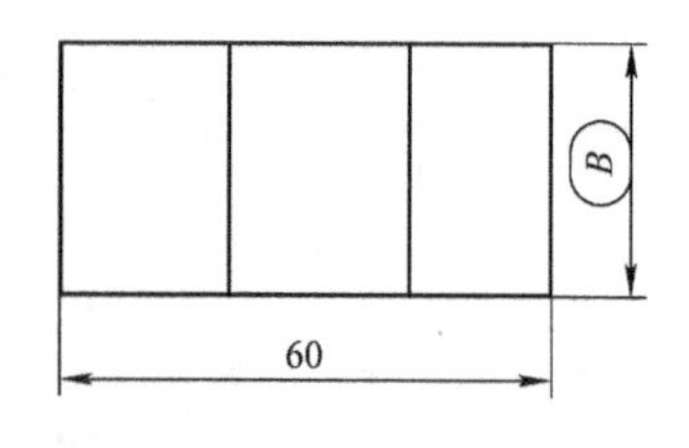

a) 三维图　　b) 二维图

图 6-37　题 12

13. 高级零件——步骤 2

在 SOLIDWORKS 中修改上一题的零件，如图 6-38 所示。

使用单位：MMGS（毫米、克、秒）

小数位数：2 位

零件原点：不拘

除非有特别指示，否则所有孔洞皆贯穿

材料：合金钢

密度 = $0.0077g/mm^3$

$A = 68.00$

$B = 36.00$

$C = 18.00$

使用上一题创建的零件，通过显示区域对其进行修改。

注：假设所有未显示尺寸与前一题相同，新特征的所有尺寸已显示。

零件的整体质量是（　　）g。

[使用 .（点）作为十进制分隔符]

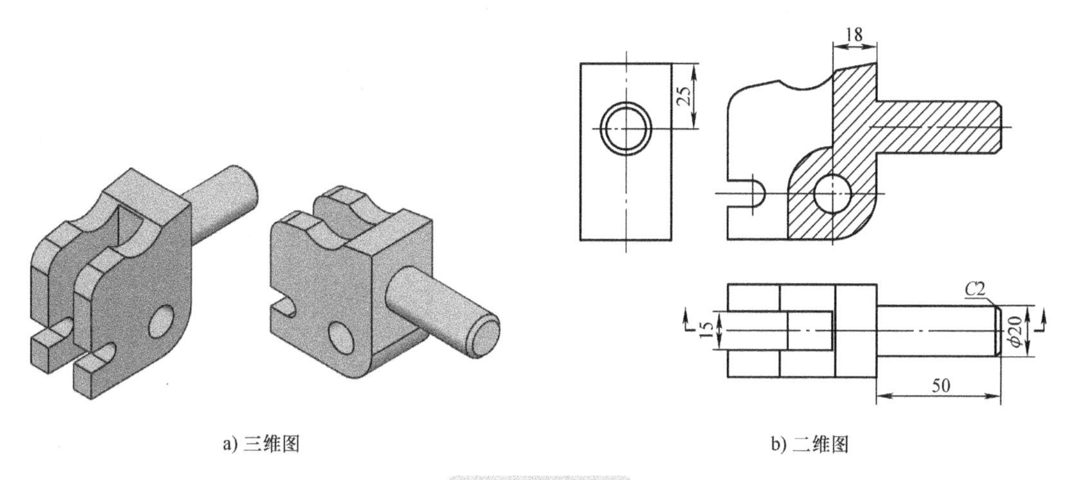

a) 三维图 b) 二维图

图 6-38 题 13

14. 高级零件——步骤 3

在 SOLIDWORKS 中修改上一题的零件，如图 6-39 所示。

使用单位：MMGS（毫米、克、秒）

小数位数：2 位

零件原点：不拘

除非有特别指示，否则所有孔洞皆贯穿

材料：合金钢

密度 = 0.0077g/mm^3

A = 67.00

B = 38.00

C = 19.00

使用上一题创建的零件，通过显示区域对其进行修改。

注：假设所有未显示尺寸与前一题相同，新特征的所有尺寸已显示。

零件的整体质量是（ ）g。

［使用 .（点）作为十进制分隔符］

扫码看视频

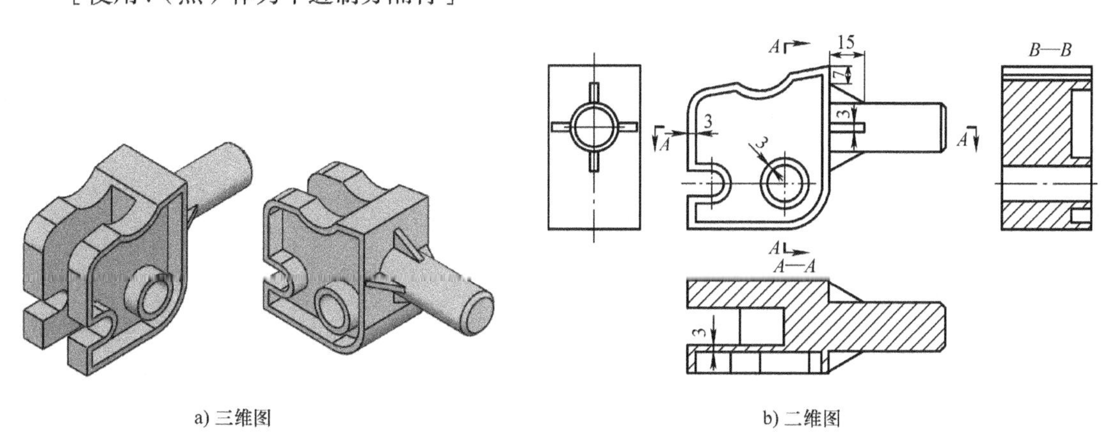

a) 三维图 b) 二维图

图 6-39 题 14

附录

各章练习参考答案

第 2 章

1. A　2. B　3. B　4. B　5. D

第 3 章

1. B　2. 2392.69

第 4 章

1. C　2. 11.68

第 5 章

1. 284.06　2. 181.15　3. 146.02

第 6 章

6.1　认证套题 1

1. A　2. C　3. D　4. B　5. 213.48　6. A　7. 137.28　8.D　9. 5.62　10. C

11. X：243.55　Y：83.27　Z：−1.58　12. A　13. 1484.67　14. 1385.28

6.2　认证套题 2

1. B　2. D　3. C　4.D　5. 1570.26　6. C　7. 113.35　8. A　9. 6.70　10. D

11. X：178.73　Y：67.13　Z：5.95　12. B　13. 827.73　14. 730.41

参考文献

[1] PLANCHARD D C，PLANCHARD M P. SolidWorks® 官方认证考试习题集：CSWA 考试指导 [M]. 陈超祥，胡其登，编译 . 北京：机械工业出版社，2009.
[2] 乐崇年，严海军，娄海滨 . CAD/CAM 技术应用：SolidWorks 项目教程 [M]. 北京：高等教育出版社，2017.
[3] DS SOLIDWORKS® 公司 . SOLIDWORKS® 零件与装配体教程：2018 版 [M]. 杭州新迪数字工程系统有限公司，编译 . 北京：机械工业出版社，2018.
[4] DS SOLIDWORKS® 公司 . SOLIDWORKS® 高级教程简编：2018 版 [M]. 杭州新迪数字工程系统有限公司，编译 . 北京：机械工业出版社，2018.
[5] DS SOLIDWORKS® 公司 . SOLIDWORKS® 工程图教程:2018 版 [M]. 杭州新迪数字工程系统有限公司，编译 . 北京：机械工业出版社，2018.